식품위생직 / 보건연구사

장식노트
품
화
학

장미의
식품화학 요약노트

식품위생직 / 보건연구사

장식노트
식품화학

장미의 **식품화학** 요약노트

6판 1쇄   2025년 3월 10일

편저자_ 장미
발행인_ 원석주
발행처_ 하이앤북
주소_ 서울시 영등포구 영등포로 347 베스트타워 11층
고객센터_ 1588-6671
팩스_ 02-841-6897
출판등록_ 2018년 4월 30일 제2018-000066호
홈페이지_ gosi.daebanggosi.com
ISBN_ 979-11-6533-552-6

정가_ 17,000원

머리말

식품화학은 식품의 화학적인 본질을 이해하며, 식품 성분의 종류와 구조, 반응성 및 기능성에 대한 내용을 바탕으로 조리, 가공, 저장, 유통 중에 일어나는 다양한 화학적 변화를 다루므로 식품 관련 전공자들에게는 가장 기초가 되는 과목입니다.

하지만, 대대수의 수험생들이 전공과목으로 접했을 때와 달리 식품화학을 시험과목으로 공부하면서 지엽적이고 방대한 내용들을 이해하고 암기하는 데 많은 어려움을 느꼈을 것입니다.

장식노트(장미의 식품화학 요약노트)는 기본서의 이론적 깊이와 구조를 유지하면서 각 파트별 핵심 및 기출 내용을 간결하게 요약하고 정리한 핵심요약집입니다. 식품화학 기본서에서는 수험생들에게 과목의 전반적인 이해를 돕고자 노력했다면 요약집인 장식노트에서는 핵심적인 내용들과 시험에 기출된 내용들을 빠르게 암기하는 데 중점을 두었습니다.

본 교재의 특징은 다음과 같습니다.

첫째, 식품위생직과 보건연구사 시험에 기출된 내용들에 모두 [기출] 표기를 해두었으며, 반드시 암기해야 하는 핵심 단어들도 강조해 두었습니다.

둘째, 꼭 기억해야 할 구조나 반응식은 그림으로 첨부하여 암기할 내용을 다시 이해하는 데 도움이 되도록 구성하였습니다.

셋째, 수험생들이 어디서든 가볍게 휴대하며 반복해서 공부할 수 있도록 만든 교재로 각 단원별 핵심적이고 시험에 자주 출제되는 내용들을 밀도 있게 담으려고 노력하였습니다.

넷째, 최근 개정된 식품의약품안전처 「식품첨가물 기준 및 규격」 고시 내용을 부록으로 수록해 두었습니다. 다양한 식품첨가물을 각각의 용도에 따라 분류한 후 사용 가능한 식품을 함께 정리해 두었으니 암기에 큰 도움이 될 것입니다.

방대한 기본서 내용을 효과적으로 요약하는 데에는 어려움도 많았고, 수십 차례의 수정작업도 거쳐야만 했습니다. 하지만 수많은 고민의 시간들을 통해 시험을 준비하는 수험생들이 꼭 암기해야 하는 내용들로만 구성된 요약노트를 제작할 수 있었습니다.

저자가 최선을 다해 준비한 장식노트가 앞으로 식품화학을 시험과목으로 공부하는 많은 수험생들에게 도움이 될 수 있기를 소망하며, 여러분들의 합격의 순간까지 저도 함께 하겠습니다.

2025년 1월

장 미

목차

Part 01 수분

Chapter 1 식품 중의 수분

1. 식품에서의 수분의 역할

① 여러 가지 화학적 변화에서 용매로 작용

② 식품의 조직감 등 품질에 영향

③ 식품 내의 부패와 미생물의 성장에 직접적인 영향

④ 식품의 부피 및 중량에 영향

2. 물의 구조와 성질

(1) 물의 구조 기출

① 산소 1개와 수소 2개로 이루어진 매우 간단한 분자

② 수소원자와 산소원자 사이

• 공유결합(두 원자가 서로의 전자를 공유하여 전자쌍을 이루는 결합)

• 길이: 0.096nm

• 공유결합 간에 나타나는 각도: 104.5°

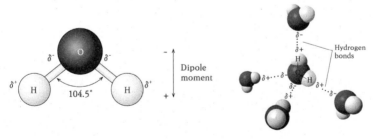

③ 쌍극자 성질 지님

• 산소 원자: 부분적 음전하(δ^-), 수소 원자: 부분적 양전하(δ^+)

④ 한 물분자의 산소원자는 다른 물분자의 수소원자를 당김

- 수소결합(전기음성도가 큰 F, O, N 중 하나가 H 원자와 직접 결합하여 생성된 분자 사이에 작용하는 인력으로 형성된 결합)
- 길이: 0.3nm

⑤ 물 한 분자는 이웃한 물 분자 네 개와 3차원적으로 수소결합 이룸 ▶ 물 분자 간의 결합력 강함

(2) 물의 성질 [기출]

① 녹는점(융점)↑ / 끓는점(비점)↑

② 비열↑ / 비중↑

③ 표면장력↑

④ 융해열↑(얼음 → 물: 80cal/g)

⑤ 기화열↑(물 → 수증기: 540cal/g)

▼
용어의 정의

- **비열**: 물 1g을 14.5℃에서 15.5℃로 올리는 데 필요한 열량(1cal/g)
- **융해열**: 0℃, 1g의 얼음을 같은 온도의 물로 전환시키는 데 소요되는 열량(80cal/g)
- **기화열**: 100℃, 1g의 물을 같은 온도의 수증기로 전환시키는 데 소요되는 열량(540cal/g)
- **표면장력**: 액체가 표면에서 그 표면적을 가능한 작게 하려는 힘(액체 내부에 있는 분자는 모든 방향에 있는 이웃 분자와 힘이 작용하지만, 표면에 있는 분자는 위쪽으로 작용하는 힘이 없기 때문에 아래쪽으로 끌리는 힘이 작용)

▼
유전상수(dielectric constant)

- **유전상수(dielectric constant)**: 액체에 있어서 극성을 나타내는 척도
- 용매의 유전상수

물	메탄올	에탄올	벤젠	클로로포름	아세톤
78.5	32.6	24.3	2.28	4.75	20.7

- 물은 쌍극자 모멘트가 크기 때문에 높은 유전상수를 나타내며, 물이 극성물질의 용매로서 매우 유용함
- 극성화합물은 유전상수값이 작은 벤젠, 클로로포름, 에테르와 같은 비극성 용매에서 잘 녹지 않음

(3) 식품 내 수분의 형태

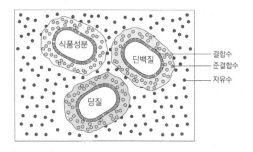

▌ 자유수와 결합수의 특성 [기출]

구분	자유수(free water)	결합수(bond water)
정의	식품 중에서 자유로이 이동할 수 있는 물	식품성분에 결합된물로 자유운동이 불가능한 물
특징	• 극성↑: 용질에 대해 용매로 작용 • 건조 ▶ 제거 • 0℃이하 냉각 ▶ 동결(부피팽창) • 4℃에서 밀도 가장 큼 • 쌍극자로서 전자파에 의해 분자가 발열 • 식품성분과 관계없이 이동 가능 • 미생물의 번식과 성장에 이용 가능 • 비점↑, 융점↑, 증발열↑, 융해열↑ 　비열↑, 표면장력↑, 점도↑ • 화학반응에 직·간접적으로 관여	• 용질에 대하여 용매로서 작용하지 않음 • 100℃ 이상에서도 건조 어려움 • -20℃이하에서도 얼지 않음 • 자유수보다 밀도가 큼 • 전자파에 의한 분자 회전이 제한되어 가열 　에 관여하지 못함 • 식품성분에 침전, 점도, 확산 등이 일어날 때 　함께 이동 • 미생물의 번식과 성장에 이용 불가능 • 식품성분과 이온결합 또는 수소결합을 이룸 • 식품조직을 압착하여도 제거되지 않음

4. 수분활성도

(1) 수분활성도(water activity, A_w)

 ① 수분활성도(A_w) 기출

  • 임의의 온도에서 그 식품이 나타내는 수증기압(P)과 같은 온도에 있어서의 순수
  한 물의 최대수증기압(P_0)의 비

  • P/P_0(P: 식품의 수증기압, P_0: 순수한물의 수증기압), $0 < A_w < 1$

  • 물은 A_w=1, 물을 제외한 식품은 $0 < A_w < 1$

$$A_w = \frac{P}{P_0} = \frac{N_w}{(N_w + N_s)}$$

P: 식품의 수증기압
P_0: 식품과 같은 온도에서 순수한 물의 수증기압
N_w: 물의 몰수
N_s: 용질의 몰수

 ② 수분활성도↓ ▶ 용질의 몰수↑, 용질의 농도↑, 분자량↓

[예제]
30% 수분과 10% 포도당을 함유한 식품의 수분활성도(A_w)는?
(H_2O 분자량 = 18, $C_6H_{12}O_6$ 분자량 = 180)

                식품의 수분활성도 = 0.97

(2) 평형상대습도(equilibrium relative humidity, ERH)

 ① 공기 중에 식품을 오랜 시간 방치 → 흡습, 탈습 진행 → 공기 중의 수증기압과
 식품 내 수분의 분압이 평형에 이르러 중지

▌평형상대습도와 수분활성도와의 관계

$$ERH = \frac{P}{P_0} \times 100 = A_w \times 100$$
$$A_w = \frac{ERH}{100}$$

② 식품의 수분함량과 수분활성도

식품	수분함량(%)	수분활성도(A_w)
과일, 채소	90 ~ 97	0.97 ~ 0.99
주스류	90 ~ 93	0.97
육류	60 ~ 70	0.96 ~ 0.98
생선류	65 ~ 80	0.98 ~ 0.99
달걀	72 ~ 78	0.97 ~ 0.99
식빵	38 ~ 40	0.90 ~ 0.95
건조과일	18 ~ 22	0.72 ~ 0.80
곡류, 두류	13 ~ 16	0.60 ~ 0.64
꿀	15 ~ 20	0.75

1. 등온 흡습 · 탈습 곡선

① **등온흡습곡선**: 일정온도에서 평형수분함량과 상대습도 또는 수분활성도와의 관계에서 식품쪽으로 흡습되는 경우를 나타낸 곡선

② **등온탈습곡선**: 등온흡습곡선과 반대로 식품으로부터 탈습되는 경우

③ 역S자 형태(cf: 과자, 당류 J자 형태)

④ **이력현상(hysteresis)**: 등온흡습곡선과 등온탈습곡선이 일치하지 않는 현상

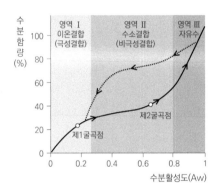

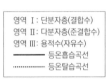

이력현상(hysteresis)

• **잉크병 이론(ink - bottle)**
모세관들에 있던 수분이 탈습 시 식품으로부터 빠져나갔다가 다시 흡습하는 경우, 주변의 상대습도가 더 크지 않는 한 전량이 다시 흡습되지 않는다는 이론

• **개방기공학설(open - core)**
탈습과정 중 조직을 형성하고 있었던 분자조직체가 수축에 의해서 흡착표면에 이용할 수 있는 흡착장소의 수가 감소되어 수분의 가역적 흡수가 거의 불가능하다는 이론

▌등온흡습곡선의 영역별 작용 기출

영역 I	단분자층 형성영역(monomolecular layer region)
	• 수분활성도: 0.25 이하
	• 식품성분과 물 분자가 카복실기나 아미노기와 같은 극성부위에 이온결합
	• 결합수 형태로 존재
	• BET(Brunauer-Emmett-Teller) Point: 영역 I 과 영역 II 의 경계부근
	• 유지식품의 산패가 쉽게 발생함
영역 II	다분자층 형성영역(multimolecular layer region)
	• 수분활성도: 0.25~0.8
	• 단분자층을 이룬 물분자와 다른 물분자들이 수소결합
	• 준결합수 형태로 존재
	• 화학반응과 미생물 성장속도가 낮음
	• 식품의 안전성과 저장성이 가장 좋은 영역
	• 중간수분식품(intermediate moisture food)
	• 효소반응이 잘 일어나지 않음
	중간수분식품 (1) 수분활성도 0.65~0.8 정도의 수분을 함유한 식품 (2) 적당량의 수분을 함유하면서도 미생물 증식은 억제 (3) 수분조절제(자일리톨, 에리트리톨, 소비톨, 설탕, 글리세롤 등) 첨가 (4) 친수성이 강한 첨가물을 이용하여 수분활성도를 낮추고 식품의 변화를 억제하면서도 조직감이 좋아 섭취하기 편하게 만든 식품 (5) 잼, 젤리, 건조과일, 양갱, 약식 및 훈제품 등
영역 III	모세관 응축영역(capillary condensation region)
	• 수분활성도: 0.8 이상
	• 식품의 모세관과 같은 미세구조에 수분이 응결하는 영역
	• 자유수 형태로 존재
	• 등온흡습곡선에서 가장 기울기가 큰 부분
	• 용매로서 작용가능 → 화학반응 및 효소반응 촉진
	• 미생물 증식 가능
	• 식품의 품질저하가 가장 많이 일어나는 영역
	• 식품 중 수분의 95% 이상 차지

▌식품 종류별 등온흡습곡선

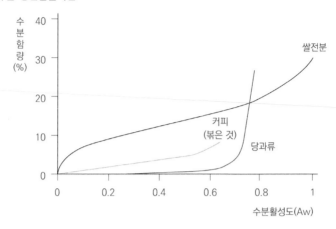

2. 수분활성도와 식품의 변화

▌식품의 각종 변성 요인의 반응속도와 수분활성(A$_w$)과의 관계

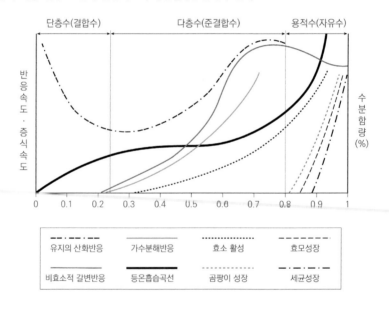

(1) **미생물 생육에 필요한 최저 수분활성도** 기출

미생물	수분활성도(Aw)
일반 세균	0.90
일반 효모	0.88
일반 곰팡이	0.80
내건성 곰팡이	0.65
내삼투압성 효모	0.60

(2) **효소반응**

① 일반적으로 수분활성도↑ ▶ 효소반응↑

② 대부분의 효소는 수분활성도가 0.85 이하가 되면 활성이 낮아짐

③ 라이페이스(lipase)는 수분활성도 0.1~0.3에서도 활성을 가짐

(3) **비효소적 갈변반응**

① A_w 0.6~0.7: 갈변반응 잘 일어남

② A_w 0.3 이하: 기질인 당과 아미노산의 이동이 제한

③ A_w 0.8~1.0: 기질이 물에 의하여 상대적으로 희석되어 반응속도 감소

(4) **유지의 산화** 기출

① 영역 I : 수분활성도↑ ▶ 유지의 산화속도↓

② BET 영역(A_w 0.3~0.4)에 도달 ▶ 산화속도 최소

• 유지의 산화과정에서 생성된 과산화물과 식품 표면의 물분자가 수소결합으로 복합체를 형성 ▶ 과산화물의 분해를 억제

• 산화를 촉진하는 금속을 수화 ▶ 금속 수화물의 형태 ▶ 산화 억제

③ BET 이후 A_w↑ ▶ 유지의 산화속도↑

3. 수분과 냉동

│ 식품 재료 조직 내 얼음결정의 형성 모식도

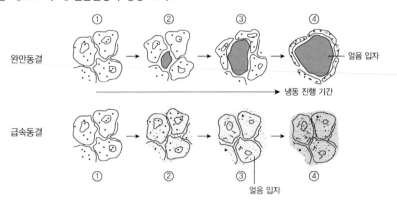

│ 식품의 냉동곡선

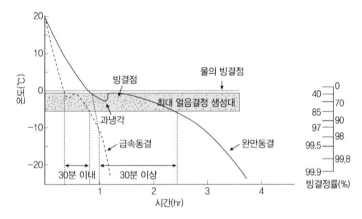

│ 완만동결과 급속동결 비교

구분	완만동결	급속동결
최대 얼음결정 생성대 통과시간	30분 이상↑	30분 이하↓
얼음결정 위치	주로 세포 외부	세포 내외부
동결속도	1℃/min 이하↓	1℃/min 이상↑
얼음결정의 크기 형태	결정이 크고 모양이 다양	결정이 작고 모양이 균일
식품(세포) 형태	찌그러진 모양의 냉동상태 (세포의 형태 파손)	냉동 시 모양 변화 최소 (세포의 원형 유지 가능)
전반적 특성	냉각 속도 늦음 얼음 크기 큼 얼음 수 적음	냉각 속도 빠름 얼음 크기 작음 얼음 수 많음

01 수분활성도가 증가하면 식품의 지방산화 속도는 계속 증가한다. ○ X

02 수분활성도가 증가하면 비효소적 갈변 반응 속도는 계속 증가한다. ○ X

03 수분활성도를 이론적으로 계산할 때에는 용질의 경우 물에 녹을 수 있는 것만을 고려해야 한다. ○ X

04 미생물 성장이나 가수분해 등의 화학반응과 관계되는 수분은 전체 수분함량이다. ○ X

05 대부분의 식품에서 수분의 등온탈흡습곡선은 흡습과정과 탈습과정이 일치하지 않는다. ○ X

06 수분활성도는 임의의 온도에서 순수한 물의 수증기압(P_0)에 대한 식품이 나타내는 수증기압(P)의 비(P/P_0)로 정의된다. ○ X

07 식품을 대기 중에 방치할 때 식품 중의 수분함량은 상대습도와 평형에 이르게 된다. ○ X

08 과실과 육류와 같은 서로 다른 두 가지 식품의 수분활성도가 같다면 이 식품들의 수분함량은 같다. ○ X

09 수분활성도는 어떤 임의의 온도에서 식품의 수증기압에 대한 같은 온도에서의 순수한 물의 수증기압의 비로 정의된다. ○ X

10 I영역의 물은 주로 고형물의 극성부위에 강하게 결합되어 있으며, 이동이 안 되고 용매 구실을 하지 못한다. ○ X

11 II영역의 물은 고형물의 친수성기 주위에 물 - 물 또는 물 - 용질 사이에 여러 층으로 회합되어 존재하므로 다분자층 물이라 한다. ○ X

12 III영역의 물은 용매로 작용할 수 있어 여러 화학반응의 속도가 증가할 뿐만 아니라 미생물이 생장할 수 있으며 동결될 수 있다. ○ X

13 과일이나 당 함량이 높은 과자류의 등온흡습곡선은 S자형이고, 대부분의 동·식물성 식품의 등온흡습곡선은 J자형이다. ○ X

14 수분활성도는 어떤 임의의 온도에서 순수한 물의 수증기압을 그 온도에서 식품의 수증기압으로 나눈 것으로 정의된다. ○ X

15 수분활성도는 식품 중의 자유수 함량을 결합수 함량으로 나눈 것이다. ○ X

16 식품의 수분활성도 값이 클수록 미생물이 이용하기 어렵다. ○ X

17 과일, 채소류 등 수분이 많은 식품의 수분활성도는 0.97 정도, 곡류 및 두류 등 수분이 적은 식품의 수분활성도는 0.6~0.65 정도이다. ○ X

18 유리수(자연수)는 용매로 작용하며 식품을 건조시키면 쉽게 제거된다. ○ X

19 유리수(자연수)는 섭씨 0도 이하에서 얼고 전해질을 잘 녹이며 끓는점이 매우 낮고 비열이 작다. ○ X

20 결합수는 보통의 물보다 밀도가 크기 때문에 조직을 압착해도 제거되지 않는다. ○ X

21 결합수는 미생물의 번식과 포자의 발아에 이용될 수 없다.　　　　　　　　　　○　X

22 등온흡습 및 탈습곡선에서 식품성분과 물분자가 카복실기(carboxyl group)나 아미노　　○　X
기(amino group)와 같은 극성부위에 이온결합으로 강하게 결합되어 있는 영역은 단분
자층 영역이다.

23 수분 함량은 36%이고 소금 함량은 29.25%이며, 나머지는 수분활성과 무관한 성분으로　　○　X
구성되어 있는 식품의 수분 활성도[A_w]는 0.8이다(분자량: H_2O = 18.0, NaCl = 58.5).

24 Arachidic acid는 aspartic acid보다 유전상수가 낮은 용매에서 용해되는 물질이다.　　○　X

Chapter 1 개요 및 분류

1. 정의 [기출]

① 탄소(C), 수소(H), 산소(O)의 세 가지 원소로 이루어짐 ▶ 1 : 2 : 1 비율

② $(CH_2O)_n$ 또는 $C_m(H_2O)_n$의 일반식으로 표현

   • 포도당($C_6H_{12}O_6$) ▶ $(CH_2O)_6$ 또는 $C_6(H_2O)_6$

   • 예외: 젖산($C_3H_6O_3$), 초산($C_2H_4O_2$), 데옥시리보스($C_5H_{10}O_4$)

③ 분자 내에 1개의 알데하이드기(-CHO) 또는 케톤기(=CO)를 가지며
2개 이상의 수산기(-OH)를 갖는 화합물 또는 그 축합물을 말함

2. 특징

① 주요 에너지 공급원(4kcal/g)

② 단맛을 내는 감미료

③ 물성을 부여하는 증점제

④ 식품의 가공과정에서 색이나 향을 형성하는 화학반응에 관여

3. 명명

① **대부분의 단당류** 또는 **이당류**: 어미에 '-ose'를 붙여 명명

② **작용기(카보닐기)** ┌ 알데하이드기: aldose
                         └ 케톤기: ketose [기출]

예 • **glucose**: 탄소수 6개, 카보닐기(알데하이드) ▶ aldohexose

   • **fructose**: 탄소수 6개, 카보닐기(케톤) ▶ ketohexose

   • **ribose**: 탄소수 5개, 카보닐기(알데하이드) ▶ aldopentose

③ 카보닐기가 포함된 탄소에 낮은번호 부여

4. 탄수화물 분류 및 종류

분류		종류
단당류 (monosaccharide)	오탄당(pentose)	리보스, 자일로스, 아라비노스
	육탄당(hexose)	글루코스, 프럭토스, 만노스, 갈락토스
소당류 (oligosaccharide)	이당류(disaccharide)	말토스, 아이소말토스, 릭토스, 셀로비오스, 겐티오비오스, 루티노스, 수크로스, 트레할로스, 멜리비오스, 팔라티노스
	삼당류(trisaccharide)	라피노스, 겐티아노스
	사당류(tetrasaccharide)	스타키오스
다당류 (polysaccharide)	단순다당류 (homopolysaccharide)	전분, 덱스트린, 글리코겐, 셀룰로스, 이눌린, 키틴, 베타글루칸
	복합다당류 (heteropolysaccharide)	헤미셀룰로스, 펙틴질, 검류
당유도체 (derived sugar)	당알코올(sugar alcohol)	에리트리톨, 자일리톨, 리비톨, 소비톨, 만니톨, 둘시톨, 말티톨, 이노시톨
	데옥시당(deoxy sugar)	데옥시리보스, 람노스, 푸코스
	아미노당(amino sugar)	글루코사민, 갈락토사민
	싸이오당(thio sugar)	싸이오글루코스
	알돈산(aldonic acid)	글루콘산
	우론산(uronic acid)	글루쿠론산, 만누론산, 갈락투론산
	당산(saccharic acid)	글루카르산, 갈락타르산
	배당체(glycoside)	솔라닌, 안토시아닌, 나린진, 헤스페리딘, 루틴

Chapter 2 단당류

1. 주요 단당류

(1) 오탄당(pentose)

① 자연계에 유리상태로 존재하지 않음

② 주로 다당류인 pentosan의 형태로 존재

③ 인체 내 소화효소 없음 ▶ 영양성분으로서의 가치 없음

④ 효모에 의해 비발효

⑤ 환원성을 지님

종류	특성 및 소재
ribose	• 천연에 단독으로 존재하지 않음 • 핵산(RNA, β-D-ribose만 RNA를 구성), ATP, 비타민 B_2, 조효소(NAD, NADP, FAD), 조미성분(IMP, GMP)의 구성성분 • 인체 내에서 소화되지 않음 → 영양성분으로서 가치 없음. 에너지 발생하지 않음 • 비발효성
xylose	• 식물세포벽의 구성물질 • 볏짚, 나무껍질 등에 함유되어 있는 xylan의 구성단위 • 저칼로리 감미료(당뇨병 환자의 감미료로 이용) • 사람은 xylan 소화할 수 없음 • 비발효성
arabinose	• arabia gum의 성분인 araban의 구성당 • 자연계에서는 주로 L-arabinose로 존재

```
      CHO              CHO              CHO
  H—C—OH           H—C—OH           H—C—OH
 HO—C—H           HO—C—H            H—C—OH
  H—C—OH          HO—C—H            H—C—OH
     CH₂OH            CH₂OH            CH₂OH

  D-xylose         L-arabinose        D-ribose
```

Chapter 2 단당류 19

(2) **육탄당(hexose)** 기출

① 자연계에서 유리상태 또는 결합상태로 존재

② 다른 당에 비해 비교적 단맛이 강함 ▶ 감미료로 이용

③ 효모에 의해 발효

$$\text{hexose} \xrightarrow[\text{효모}]{\text{zymase}} \text{alcohol} + CO_2$$
(zymohexose)

④ 환원성을 지님

종류	특성 및 소재
glucose	• 포도당, 덱스트로스(자연계에 주로 D-glucose 형태) • 자연계에 널리 분포: 전분(식물체), 글리코겐(동물체) 형태로 저장 • maltose, lactose, sucrose 및 배당체의 구성당 • 수산기(-OH)의 위치에 따라 α형, β형의 입체이성질체(anomer)를 지닌 환원당 • 단맛: α형 > β형 (α형이 1.5배 더 달다) • 선광도: α형 = +112.2°, β형 = +18.7° • 포유동물의 혈액 중에 약 0.1% 정도 존재
fructose	• glucose와 더불어 자연계에 가장 많이 존재하는 당 • 과일이나 벌꿀에 함량 높음 • 천연당류 중 가장 단맛이 강함(과당 170, 설탕 100, 포도당 70) • 이눌린(inulin)의 구성성분: 비소화성 당류인 돼지감자, 다알리아 뿌리 성분 • 용해도↑, 과포화되기 쉬움, 흡습성↑, 결정화되기 어려움 • α와 β의 입체이성질체를 지닌 환원당 • 단맛: β형 > α형 (β형이 3배 더 달다) • 결합형태 - 오각형의 furanose, 유리상태 - 육각형의 pyranose
mannose	• 유리상태로는 거의 존재하지 않음 • 곤약의 주성분인 mannan의 구성당 • 감자나 백합뿌리에 많이 함유, 발효성 있음 • α, β의 이성체 존재, 감미도는 비교적 낮음 • β형의 경우 뒷맛이 씀
galactose	• 유리상태로는 존재하지 않음 • lactose, melibiose, raffinose, galactan 등의 구성당 • 포유동물의 유즙에 주로 존재 • 동물의 체내에서 단백질이나 지방과 결합하는 성질 있음 → 뇌, 신경조직의 당지질인 cerebroside의 구성성분

2. 이성질체

(1) 부제탄소(chiral carbon) [기출]

① 탄소원자의 결합손(4개)에 서로 다른 원자나 원자단이 결합한 탄소
② 부제탄소에 의하여 여러 가지 이성질체를 형성

(2) 거울상 입체이성질체(enantiomer)

① 입체이성질체 중 좌우의 손바닥처럼 거울상에서 서로 포개놓을 수 없는 이성질체
② 부제탄소에 결합한 특정 작용기의 위치로 구분
   • 오른쪽 → D(dextro)형
   • 왼쪽 → L(levo)형
   예 D-glyceraldehyde / L-glyceraldehyde

(3) 부분 입체이성질체(diastereomer)

① 2개 이상의 부제탄소가 존재하는 유기화합물의 경우 거울상이 아닌 이성질체가 존재 ▶ 부분입체이성질체
② 부제탄소수가 n개 → 입체 이성질체 수는 2^n
③ 알데하이드기나 케톤기에서 가장 멀리 떨어진 부제탄소에 결합되어 있는 수산기 (-OH)의 위치에 따라 'D'형과 'L'형이 결정
④ 에피머(epimer) [기출]: 부제탄소에 붙어 있는 원자나 원자단의 위치가 단 하나만 다른 이성질체 예 galactose-glucose(C_4), glucose-mannose(C_2)

D-galactose   D-glucose   D-mannose

(4) 광학이성질체

① 물질의 수용액은 편광을 쪼이게 되면 일정한 방향으로 편광을 회전시키려는 광학적 성질을 가짐
② 편광을 비췄을 때 빛을 오른쪽으로 회전시키는 것: 우선성 (+)
   편광을 비췄을 때 빛을 왼쪽으로 회전시키는 것: 좌선성 (-)
③ 광학적 이성질체는 각각 고유한 선광도(편광이 꺾이는 각도)를 가짐

▼ 변선광(mutarotation) 기출

(1) 당류는 수용액 중에서 시간의 경과에 따라 선광도가 변함

(2) 원인: 고리구조의 당이 수용액 상에서는 다른 형태의 고리구조 이성체로 변하기 때문

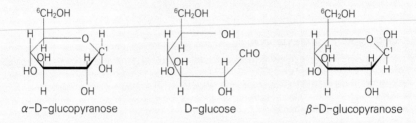

α-D-glucopyranose   D-glucose β-D-glucopyranose

(3) **α-D-glucose: +112.2°, β-D-glucose: +18.7°**

   ① 고유광회전도가 점차 변화하여 +52.7°에서 일정한 평형상태 유지

   ② α-D-glucose의 결합이 β-D-glucose로 전환

$$\alpha - D - glucose \quad \rightleftarrows \quad \beta - D - glucose \quad \rightleftarrows \quad 평형상태(\alpha형 : \beta형 = 37 : 63)$$

      +112.2°   +18.7°   +52.7°

3. 고리구조 형성

▌D - 글루코스의 피셔, 하워스 및 의자모형

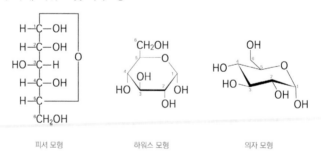

피셔 모형   하워스 모형   의자 모형

① **고리구조**

   • 헤미아세탈(hemiacetal): 같은 분자내에 하이드록시기와 알데하이드기 결합

   • 헤미케탈(hemiketal): 같은 분자내에 하이드록시기와 케톤기 결합

② **glucose**

   • C_5의 -OH기와 C_1의 -CHO기가 반응 ▶ pyranose 형성

   • 열린 사슬 → 고리형 구조: C_1은 hemiacetal 탄소로서 새로운 키랄 탄소가 되며
     배열이 다른 두 종류의 입체 이성질체가 존재 ▶ 아노머(anomer)

글리코시드 -OH
아노머 -OH
헤미아세탈 -OH

아노머 탄소
헤미아세탈 탄소
★ 원래 부제탄소가 아니었던 C1이
고리구조를 형성하면서 부제탄소가 됨

α-D-glucopyranose

β-D-glucopyranose

D-glucose
(열린 사슬 구조)

③ fructose

- C_5의 -OH기와 C_2의 -CO기가 반응 ▶ furanose 형성
- 열린 사슬 → 고리형 구조: C_2는 새로운 키랄 탄소가 되며 2종류의 입체이성질체가 존재

아노머 탄소

α-D-fructofuranose

아노머 탄소

β-D-fructofuranose

D-fructose
(열린 사슬 구조)

4. 단당류의 성질 [기출]

(1) 용해도

① 모든 단당류는 물에 잘 용해

② 에탄올 소량 용해 / 에테르, 클로로포름, 헥산 등의 유기용매에 불용

(2) 환원성

① 모든 단당류는 환원당

② 대부분의 이당류는 환원당([예외] 수크로스, 트레할로스는 비환원당)

③ 단당류와 이당류는 글리코시드-OH기의 존재 유무에 따라 환원당과 비환원당으로 구분

④ 환원당확인법 [기출]: 펠링(Fehling, Cu^{2+}, 적자색 침전), 베네딕트(Benedict, Cu^{2+}, 녹갈색~황적색 침전), 은경반응(Tollen, Ag^+, 은침전)

(3) 산성용액에서의 반응

① 단당류는 pH 3~7에서 안정

② 강산성 용액에서 가열 ▶ 탈수반응 ▶ furfural(5탄당), 5-hydroxymethyl furfural (6탄당) 생성

(4) 알칼리용액에서의 반응

① 약알칼리성에서 이성화를 일으킴

② glucose를 약알칼리성에서 일정온도로 방치 ▶ 1,2-endiol

　　▶ glucose(63.5%), fructose(31%), mannose(2.5%)

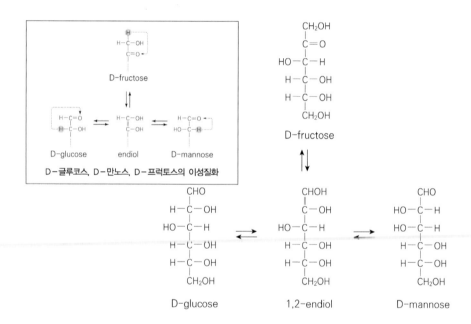

5. 당유도체 기출

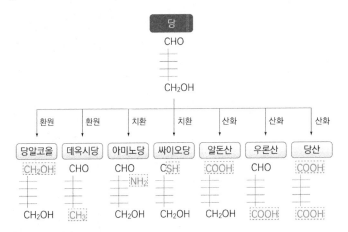

(1) 당알코올 환원

① 알데하이드기(-CHO) ▶ 환원 ▶ CH_2OH(알코올)

② 저칼로리 감미료 / 청량감, 단맛 부여

③ 명칭: -ose ▶ itol(예 자일로스 ▶ 자일리톨)

종류	특성
erythritol	• 칼로리 거의 없음, 단맛은 설탕의 80%, 감미료로 이용 • 과일이나 버섯에 많음, 효모에 의한 발효법으로 생산 • 내열성↑, 흡습성↓, 쉽게 결정을 형성 • 0~0.2kcal/g
xylitol	• 오탄당인 xylose의 당알코올 • 충치 예방 • 청량감 강함, 저칼로리 → 무설탕 껌, 저열량 감미료로 사용 • 2.4~3.0kcal/g
ribitol	• ribose의 당알코올 • 비타민 B_2(riboflavin)의 구성성분 • 주로 식물체에 존재
sorbitol	• 자연계에 널리 분포, glucose의 당알코올 • 인공 감미료, 비타민 C의 합성원료로 사용, 습윤제 • 배, 사과, 복숭아, 살구 등의 과일이나 해조류에 존재 • 2.6~3.0kcal/g

종류	특성
mannitol	• mannose의 당알코올 • 버섯, 균류, 김치, 김, 해조류, 만나나무(만나꿀)등에 존재 • 곶감, 미역, 고구마의 흰가루 성분 • 단맛 강함, 체내에서는 소화·흡수되지 않음 → 당뇨병 환자의 감미료로 사용 • 1.6~2.0kcal/g
dulcitol	• galactose의 당알코올 • 독성 있음 → 식품첨가물로 이용되지 않음
maltitol	• maltose의 당알코올, 천연에서는 발견되지 않음 • 저열량 감미료 또는 보습제로 사용 • 2.0kcal/g
inositol	• 근육당(muscle sugar), 비타민 유사물질 • 식물 중에는 두류와 과일, 동물의 근육, 뇌, 내장 등에 존재 • 미생물의 생육에 필요한 필수물질(growth factor)로 작용 • 환상구조를 갖는 당알코올

(2) 데옥시당 환원

① 당의 수산기(-OH) 1개가 H로 환원된 당

② 탄소의 수보다 산소의 수가 1개 적음

종류	특성
deoxyribose	• ribose의 데옥시당 • ribose의 C_2의 산소가 제거된 구조(2-deoxy-D-ribose) • DNA(deoxyribonucleic acid)의 구성성분 • 동·식물의 세포핵에 존재
rhamnose	• mannose의 데옥시당 • C_6의 산소가 제거된 구조(6-deoxy-L-mannose) • 단맛이 강하며 식물계의 색소성분(배당체)에 존재
fucose	• galactose의 데옥시당 • C_6의 산소가 제거된 구조(6-deoxy-L-galactose) • 갈조류의 다당류인 fucan의 구성성분 • 세포막 또는 껍질에 존재 • 단맛은 거의 없음

(3) **아미노당과 싸이오당** 치환

① **아미노당**: 당의 수산기(-OH)가 아미노기($-NH_2$)로 치환(C_2의 -OH ▶ $-NH_2$)

② **싸이오당**: 당의 수산기(-OH)가 싸이올기(-SH)로 치환(C_1의 -OH ▶ -SH)

종류		특성
아미노당	glucosamine	• glucose의 아미노당 • 새우, 게 등의 갑각류 껍질의 주성분 • 뮤코다당, 당단백질, 당지질, 세균세포벽의 구성성분
	galactosamine	• galactose의 아미노당 • 연골이나 힘줄 등에 존재 • 점액다당(뮤코다당), 황산콘드로이틴의 구성성분
싸이오당	thioglucose	• 글루코스의 싸이오당 • 무, 고추냉이의 매운맛 성분인 sinigrin의 구성당

(4) **알돈산, 우론산, 당산** 산화

① **알돈산**: 당의 C_1의 -CHO가 -COOH로 산화된 당

② **우론산**: 당의 C_6의 $-CH_2OH$가 -COOH로 산화된 당

③ **당산**: 당의 C_1의 -CHO와 C_6의 $-CH_2OH$가 각각 -COOH로 산화된 당

종류		특성
aldonic acid	gluconic acid	• glucose C_1의 -CHO → -COOH • 곰팡이나 세균에 존재
uronic acid	glucuronic acid	• glucose C_6의 $-CH_2OH$ → -COOH • 헤파린, 콘드로이틴, 히알루론산 등의 성분
	mannuronic acid	• mannose C_6의 $-CH_2OH$ → -COOH • 갈조류의 다당인 알긴산의 구성성분
	galacturonic acid	• galactose C_6의 $-CH_2OH$ → -COOH • 펙틴의 기본구성 단위
saccharic acid (aldaric acid)	glucaric acid	• glucose의 당산 • 인도 고무나무에 존재 • 수용성
	galactaric acid	• galactose의 당산 • 불용성

6. 배당체

① 식물: 색소물질 / 동물: cerebroside(뇌지질에 포함)

② 당 + 비당(aglycone): 탈수축합 통해 에테르 결합 형성

분류	결합당	비당	함유식품 및 특징
solanine	glucose + galactose + rhamnose	solanidine	• 감자의 녹색 · 발아부위에 함유 • 알칼로이드 배당체
anthocyanin	glucose, galactose, rhamnose	anthocyanidin	• pH에 따라 색이 변함 • 가지, 포도 등에 함유
naringin	glucose + rhamnose	naringenin	• neohesperidose + naringenin • 밀감류 쓴맛의 원인물질 • 가수분해 되면 쓴맛 없어짐
hesperidin		hesperetin	• rutinose + hesperetin • flavanone에 속하는 배당체 • 밀감이나 레몬 음료 백탁의 원인물질
rutin		quercetin	• rutinose + quercetin • 메밀에 함유 - 고혈압 예방성분 • 플라보노이드 계통의 배당체 • 비타민 P(혈관을 튼튼하게) • 건강식품이나 의약품의 원료 이용

1. 이당류

(1) 환원성 이당류 [기출]

① maltose(맥아당, 엿당)

  ㉠ (α-glucose + α-glucose) α-1,4 결합

  ㉡ maltase에 의해 분해 ▶ glucose 두 분자 생성

  ㉢ 전분의 가수분해에 의해 얻을 수 있음(천연에 거의 존재하지 않음)

  ㉣ 물엿, 맥아 및 발아 곡류에 많이 존재

  ㉤ sucrose에 비해 감미도 낮음

  ㉥ 효모에 의하여 발효가 이루어짐

② isomaltose

  ㉠ (α-glucose + α-glucose) α-1,6 결합

  ㉡ maltose의 이성질체

  ㉢ 전분의 가수분해에 의해 얻을 수 있음

  ㉣ 청주, 식혜, 벌꿀, 물엿 등에 함유

③ lactose(유당, 젖당)

  ㉠ (β-galactose + β-glucose) β-1,4 결합 ▶ β-lactose

  (β-galactose + α-glucose) β-1,4 결합 ▶ α-lactose

  ㉡ 단맛: β형 > α형

  ㉢ 소장의 lactase에 의해 galactose와 glucose로 분해

  ㉣ 유산균의 영양원(정장작용), Ca 흡수 촉진

$$\text{lactose} \xrightarrow{\quad \text{젖산균(유산균)} \quad} \text{lactate} \longrightarrow \text{pH} \downarrow$$

  ㉤ 주로 포유동물의 유즙에 존재(우유 4~6% < 모유 5~8%)

  ㉥ 보통의 효모로는 발효되지 않음

④ cellobiose

  ㉠ (β-glucose + β-glucose) β-1,4 결합

  ㉡ 유리상태로는 존재하지 않음 / 단맛 없음

  ㉢ 섬유소(cellulose)의 구성성분

⑤ gentiobiose

    ㉠ (β-glucose + β-glucose) β-1,6 결합 ▶ β-gentiobiose

       (β-glucose + α-glucose) β-1,6 결합 ▶ α-gentiobiose

    ㉡ gentianose(삼당류), amygdalin(배당체, 청매)의 구성성분

    ㉢ 단맛 없고, 쓴맛 있음

⑥ melibiose

    ㉠ (α-galactose + α-glucose) α-1,6 결합 ▶ α-melibiose

       (α-galactose + β-glucose) α-1,6 결합 ▶ β-melibiose

    ㉡ raffinose(삼당류)의 구성당

⑦ palatinose

    ㉠ (α-glucose + β-fructose) α-1,6 결합

    ㉡ 식품 중에는 감미료로 이용

⑧ rutinose

    ㉠ (α-rhamnose + β-glucose) α-1,6 결합

    ㉡ 배당체인 rutin(메밀), hesperidin의 구성당

(2) 비환원성 이당류

① sucrose(설탕, 서당, 자당) 기출

    ㉠ (α-glucose + β-fructose) α-1,2 결합

    ㉡ 비환원당(α, β의 이성질체 존재하지 않음) ▶ 감미의 표준물질

    ㉢ 사탕수수나 사탕무에 함유

    ㉣ 산이나 효소(invertase, sucrase)에 의하여 가수분해 ▶ 전화당(invert sugar) 생성

    ㉤ 당류의 상대적 감미도 기출

fructose	invert sugar	sucrose	glucose	maltose	galactose	lactose
(170)	(120~130)	(100)	(70)	(30~40)	(27~32)	(16~23)

② trehalose

    ㉠ (α-glucose + α-glucose) α-1,1 결합

    ㉡ 비환원당

    ㉢ 맥각에서 처음 발견되었으며 버섯, 효모에 다량 함유

▼
전화당(invert sugar)

(1) sucrose가 가수분해되어 우선성의 glucose와 좌선성의 fructose가 동량으로 생성되는 과정에서 용액의 선광도가 fructose의 센 좌선성 성질의 영향을 받아 변하게 됨
(2) 설탕보다 강한 단맛, 벌꿀함유, 캔디제조에 이용

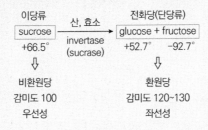

2. 기타 소당류 [기출]

(1) 삼당류

① raffinose

  ㉠ α-galactose + α-glucose + β-fructose

  ㉡ 효모에 의해 melibiose와 fructose로 분해

  ㉢ 대두, 목화씨와 같은 식물의 종자나 뿌리에 주로 분포

② gentianose

  ㉠ β-glucose + α-glucose + β-fructose

    gentiobiose의 C_1과 fructose의 α, β-1,2 결합

  ㉡ invertin 효소에 의해 gentiobiose와 fructose로 분해

  ㉢ 용담(龍膽) 속에 속하는 식물의 뿌리에 존재

  ㉣ 단맛 없음

(2) 사당류

stachyose

  ㉠ α-galactose + α-galactose + α-glucose + β-fructose
    └─────────────────────┘
                raffinose

  ㉡ 대장 내 세균에 의해 발효 ▶ 가스 생성

  ㉢ 면실과 대두에 함량이 비교적 높음

갈락토스　　　갈락토스　　　글루코스　　　프럭토스

α-1,6　　　α-1,6　　　α-1,2

수크로스

라피노스

스타키오스

사이클로덱스트린(cyclodextrin)

(1) 고리구조(6 ~ 10개의 D-glucose가 α-1,4 결합으로 연결)
(2) D-glucose의 수에 따라 각각 α-, β-, γ-, δ-, ϵ-cyclodextrin으로 분류
(3) 원뿔을 절단한 형태의 견고한 구조
　① 원뿔 바깥쪽: 친수성
　② 원뿔 안쪽: 소수성
　③ 깊이: 7.8Å(모두 동일)
　④ 바깥지름 및 안지름: 구성 D-glucose 단위의 수에 따라 다름
(4) 향미성분, 냄새성분, 비타민과 같은 식품 성분뿐만 아니라 약품, 살충제, 제초제 등의 방출, 안정화 등에 사용
(5) 바람직하지 않은 이취를 가리거나 제거
(6) 용해도가 낮은 화합물의 용해도 증가
(7) 사이클로덱스트린(CD) 종류 및 특성

구분	α-CD	β-CD	γ-CD	δ-CD	ϵ-CD
글루코스의 수	6	7	8	9	10
분자량	972	1134	1296	1458	1620
깊이(Å)	7.8	7.8	7.8	7.8	7.8
윗지름(Å)	13.7	15.3	16.9	18.5	19.6
동공지름(Å)	5.7	7.8	9.5	11.0	12.1
색(요오드 반응)	청색	갈색	황색	무색	무색

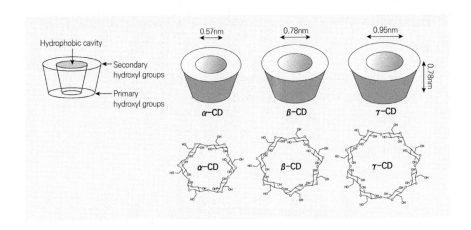

Chapter 4 다당류

1. 다당류의 개요

① 단당류 혹은 단당류의 유도체가 탈수 축합하여 형성된 고분자화합물

② 역할: 에너지 저장, 골격 및 세포벽 구성, 보호물질

③ 구성단위에 따라 단순다당류(구성당 1개), 복합다당류(구성당 2개 이상)로 나눔

④ 특징: 단맛 없음, 불용성, 비환원당

▎특성에 따른 다당류의 분류 기출

구조	형태	직선형	셀룰로스, 아밀로스, 펙틴
		분지형	아밀로펙틴, 글리코겐
	구성단위	단순당	전분, 셀룰로스, 이눌린, 덱스트린, 글리코겐
		복합당	헤미셀룰로스, 펙틴, 검류, 뮤코다당류
기능	저장다당류		전분, 이눌린, 글리코겐
	구조다당류		셀룰로스, 펙틴, 키틴
출처	식물성 다당류		전분, 셀룰로스, 펙틴, 이눌린
	동물성 다당류		글리코겐, 키틴, 황산콘드로이틴
	해조 다당류		한천, 알긴산, 카라기난
	미생물성 다당류		덱스트란, 잔탄검

2. 단순다당류

(1) 전분

> • 천연에 가장 광범위하게 분포하는 식물성 저장 탄수화물
> • 식물체의 광합성 작용에 의해 형성
> • 가라앉는 가루라는 뜻 ▶ 녹말

① 전분의 특징

  ㉠ 불용성(수용액 중에서 현탁액) / 백색, 무미, 무취

  ㉡ 물보다 비중이 큼(전분의 비중 = 1.5~1.6)

  ㉢ 글루코스가 중합을 이룬 고분자 화합물 구조

  ㉣ 전분입자의 형태와 크기: 식물체의 종류와 저장되는 위치에 따라 다양

   • 지상전분: 쌀, 밀, 옥수수 ▶ 크기가 작고 일정

   • 서류전분: 감자, 고구마 ▶ 크기가 크고 불균일

② 전분의 조성

  ㉠ glucose 중합체 ▶ amylose   +   amylopectin
              (α-1,4 결합, 직선형) (α-1,4/α-1,6 결합, 가지형)

  ㉡ amylose와 amylopectin의 비율

	amylose	amylopectin
대부분 전분	20~25%	75~80%
찹쌀, 찰옥수수	0~6%	94~100%

③ 아밀로스(amylose) 기출

  ㉠ α-1,4 결합, 직선사슬구조

  ㉡ 나선구조(glucose 6~7분자마다 한 번씩 구부러짐)

  ㉢ 내부: 소수성 / 외부: 친수성

  ㉣ 요오드와 포접화합물 형성 ▶ 청색

  ㉤ 환원성 말단: 1개 / 비환원성 말단: 1개

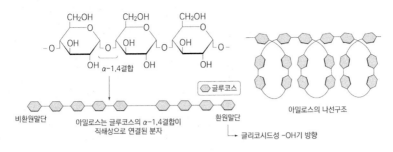

아밀로스는 글루코스의 α-1,4결합이
직쇄상으로 연결된 분자

α-1,4결합

글루코스

비환원말단   환원말단

글리코시드성 -OH기 방향

아밀로스의 나선구조

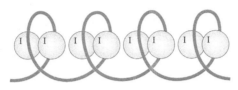

④ **아밀로펙틴(amylopectin)** 기출

　㉠ α-1,4 결합(linear), α-1,6 결합(branch)

　㉡ 글루코스 15~30개마다 가지를 지님

　㉢ 요오드와 포접화합물을 형성하지 못함 ▶ 적자색

　㉣ 환원성 말단: 1개 / 비환원성 말단: 다수

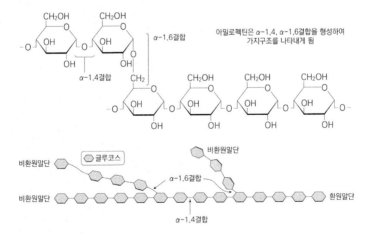

아밀로펙틴은 α-1,4, α-1,6결합을 형성하여
가지구조를 나타내게 됨

α-1,6결합

α-1,4결합

글루코스

비환원말단

비환원말단

비환원말단

α-1,6결합

α-1,4결합

환원말단

ⓔ 분자구조: 다발(cluster) 형태

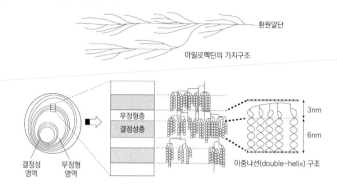

아밀로스와 아밀로펙틴의 특성 [기출]

구분	아밀로스	아밀로펙틴
모양	직선형, glucose가 6개 단위로 된 나선형	가지를 친 나뭇가지 모양
결합방식	α-1,4 결합 (maltose 결합양식)	α-1,4 및 α-1,6 결합 (maltose, isomaltose 결합양식)
분자량	40,000~340,000	4,000,000~6,000,000
요오드 반응	청색	적자색
수용액에서의 안정도	노화	안정
용해도	거의 녹지 않음	잘 녹음
환원성 말단의 수	1개	1개
비환원성 말단의 수	1개	다수
X선 분석	고도의 결징싱	무정형
호화 반응	쉬움	어려움
노화 반응	쉬움	어려움
포접화합물	형성함	형성 안 함
함량	약 20%	80~100%

⑤ 전분의 구조 및 결정성

　㉠ amylose + amylopectin → 수소결합 → micelle + micelle → 전분

　㉡ 전분입자

　　• 복굴절현상: 결정성영역과 비결정성영역 층이 교대로 나타남

　　• 결정성영역(30%) + 비결정성영역(70%)

　　• 방사상으로 성장

　　• X선 조사: 결정성영역 - 산란, 비결정성영역 - 투과

▌ 전분의 X선 회절도형

형태	A type	B type	C type	V type
전분 종류	쌀, 밀, 옥수수	감자, 밤, 바나나	고구마, 칡, 녹두	호화전분

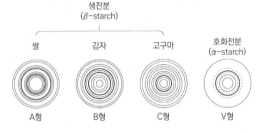

⑥ 전분의 호화(α화, gelatinization)

생전분(β-전분) $\xrightarrow[\triangle\ (가열\ 60\sim70℃)]{+H_2O}$ 호화(α-전분)

　㉠ 1단계: 수화(hydration)

　　• amylose와 amylopectin 분자의 -OH기와 H_2O 사이에 수소결합이 형성

　　• 소량의 물을 흡수

　　• 가역적 반응 ▶ 흡수된 물은 건조하면 쉽게 제거

　㉡ 2단계: 팽윤(swelling)

　　• 전분 현탁액의 온도↑ ▶ 전분 입자가 많은 물을 흡수 ▶ 비가역적 반응

　　• amylose 또는 amylopectin 분자 간의 간격 늘어남 → 전분 입자의 붕괴 직전

ⓒ 3단계: 교질(colloid)

- 전분입자들 붕괴, 미셀구조 파괴 ▶ 전분분자 활동 자유로워짐
- 전분입자들 형태 소실, 투명한 교질용액(sol)으로 변함 → 복굴절 상실
- 비가역적 변화
- 교질용액의 점도는 최대치에 이르렀다가 전분입자들의 붕괴로 점도는 급속히 감소

전분 입자   전분 입자의 팽윤   콜로이드 용액

▌전분의 호화에 영향을 미치는 인자 기출

요인	영향
전분의 종류	• 전분 입자 크기↑ ▶ 호화속도↑(호화온도↓) • 호화온도: 입자가 작은 곡류 전분(쌀, 옥수수) > 입자가 큰 서류 전분(감자, 고구마) • 호화속도: 입자가 작은 곡류 전분(쌀, 옥수수) < 입자가 큰 서류 전분(감자, 고구마) • amylopectin 함량↑ ▶ 호화속도↓
수분함량	• 수분함량↑ ▶ 호화 촉진
온도	• 온도↑ ▶ 호화시간 단축 • 호화온도: 60℃ 전후
pH	• 알칼리성: 호화 촉진
염류	• 대부분의 염류: 호화 촉진(예외 황산염: 호화 억제)

팽윤제(swelling agents)

(1) 적정농도의 팽윤제를 가하면 실온에서도 호화가능(0.5% NaOH 첨가 시)

(2) 종류: NaOH, KOH, KCNS, KI, NH₄NO₃, AgNO₃

(3) $OH^- > CNS^- > I^- > Br^- > Cl^-$

⑦ 전분의 노화(β화, retrogradation)

  ㉠ 호화된 전분 방치 ▶ 수소결합 형성 ▶ 결정성 영역 형성(새로운 형태)

  ㉡ 호화상태의 불규칙적인 배열을 하고 있던 sol 상태의 전분입자들이 수소결합에
     의하여 부분적으로 규칙적인 분자배열을 한 미셀구조를 다시 생성

  ㉢ X-선 회절도: B type

  ㉣ 주로 아밀로스 분자 간의 수소결합에 의해 발생

  ㉤ 아밀로펙틴 분자 간의 결합에 의한 노화는 잘 일어나지 않음

▌ 전분의 노화에 영향을 미치는 인자 기출

요인	영향
전분의 종류	• 전분 입자의 크기↓ ▶ 전분 노화↑ • amylose 함량↑ ▶ 노화↑
전분 농도	• 전분 농도↑ ▶ 노화속도↑
수분함량	• 수분함량 30~60%: 노화↑ • 수분함량 30% 이하: 전분분자가 그대로 고정 ▶ 노화↓ • 수분함량 60% 이상: 전분분자가 회합되기 어려움 ▶ 노화↓
온도	• 0~4℃ 부근의 냉장 온도: 노화↑ • 60℃ 이상 또는 -20℃ 이하: 노화 거의 일어나지 않음
pH	• 알칼리성: 노화↓ (전분의 수화↑) • 강산: 노화↑ • 중성, 약산성은 노화에 큰 영향 주지 않음
염류	• 무기염류: 노화↓ • 황산염: 노화↑ • 음이온: $CNS^- > PO_4^{3-} > CO_3^{2-} > I^- > NO_3^-$ 순으로 호화↑, 노화↓ • 양이온: $Ba^{2+} > Sr^{2+} > Ca^{2+} > K^+ > Na^+$ 순으로 호화↑, 노화↓

▌전분의 노화 억제 방법 기출

방법		응용한 식품의 예
수분 (15% 이하)	고온(80℃ 이상)	α화미, 쿠키, 비스킷, 과자, 건빵, 라면
	급속냉동(-20℃ 이하)	냉동쌀밥, 냉동면
온도	보온(60℃ 이상)	보온밥솥의 밥
첨가물	다량의 당 첨가	양갱(설탕이 탈수제로 작용 ▶ 노화 억제)
	유화제 첨가	빵(전분 콜로이드 용액의 안정도↑ ▶ 노화 억제)

▌전분의 호화 및 노화과정에 따른 변화

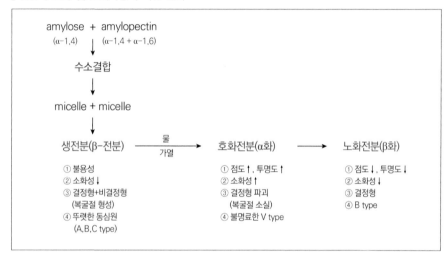

⑧ 덱스트린(dextrin)

　㉠ 전분은 산, 알칼리, 효소 등에 의하여 쉽게 가수분해

　㉡ 전분이 가수분해 되어 생성된 생성물 중 maltose와 glucose를 제외한 가수분해물의 총칭

　㉢ 가용성 전분 → 아밀로덱스트린 → 에리트로덱스트린 → 아크로모덱스트린 → 말토덱스트린 순으로 분해

　㉣ 전분과는 달리 gel을 형성하지 못하고 단맛이 있음

<table>
<tr><td>분자량 작아짐</td><td colspan="3">

종류	요오드 반응	특성
가용성 전분 (soluble starch)	청색	• 냉수에는 잘 분산되지 않으나 뜨거운 물에 잘 분산됨 • 다른 덱스트린과 달리 전분유도체로 취급
아밀로덱스트린 (amylodextrin)	청색	• 가용성 전분과 유사한 특성을 지님 • 분자량은 10,000 이상이며 냉수에 잘 녹지 않음 • 환원력*: 0.6~2 • 40% 알코올에 침전**
에리트로덱스트린 (erythrodextrin)	적자색	• 분자량은 6,000~7,000으로 1~3% 정도의 말토스 함유 • 환원성이 있으며 냉수에 잘 녹음 • 환원력: 3~8 • 65% 알코올에 침전
아크로모덱스트린 (achromodextrin)	무색	• 분자량은 3,000~4,000으로 환원성이 있음 • 환원력: 10 • 70% 알코올에 침전
말토덱스트린 (maltodextrin)	무색	• 맥아당으로 분해되기 직전의 상태 • 중합도가 가장 작은 덱스트린 • 환원력: 26~43 • 70% 알코올에 침전

</td></tr>
</table>

* 환원력(reducing power): 말토스의 환원력을 100으로 했을 때
** 침전시키는 데 필요한 알코올의 종류

전분의 호정화(dextrinization) 기출

(1) 전분에 물을 가하지 않고 150~190℃ 정도의 높은 온도에서 가열
(2) 열분해에 의한 화학적 분해가 일어나는 현상
(3) 물에 녹기 쉬움
(4) 점성이 적은 용액 만들어, 효소작용 받기 쉬움
(5) 뻥튀기, 팝콘, 미숫가루, 루(roux)

호정, 호정화, 호화 개념잡기

(1) **호정(dextrin)**

전분 $\xrightarrow[\text{가수분해}]{\text{산, 알칼리, 효소}}$ 덱스트린(dextrin)

(2) **호화(gelatinization)**

전분 $\xrightarrow[\text{가열}]{\text{물 O}}$ 호화 – 물리적 변화

(3) **호정화(dextrinization)**

전분 $\xrightarrow[\text{고온가열(열분해)}]{\text{물 X}}$ 피로덱스트린(pyrodextrin) – 물리·화학적 변화

⑨ 전분 분해효소 기출

종류	소재 및 특성
α-amylase	• 타액(ptyalin), 췌장액, 발아 중인 종자, 미생물 등에 존재 • 전분분자들의 α-1,4 결합을 무작위로 가수분해 → dextrin 형성 • 최종 분해 시 maltose, glucose 생성 • amylopectin의 α-1,6 결합 분해하지 못함 → α-limit dextrin 생성 • 액화효소, 점도가 급격히 감소 • 전분을 가수분해 → 물엿, 결정포도당을 만들 때 이용
β-amylase	• 감자류, 곡류, 두류, 엿기름, 타액에 존재 • 전분분자들의 α-1,4 결합을 끝에서부터 maltose 단위로 순서대로 가수분해 • maltose 생성 • amylopectin의 α-1,6 결합 분해하지 못함 → β-limit dextrin 생성 • 당화효소
glucoamylase	• 동물의 간조직과 각종 미생물에 존재 • 전분분자들의 α-1,4 결합, α-1,6 결합을 glucose 단위로 끝에서부터 순서대로 가수 분해 • glucose 생성 • amylose는 100% 분해, amylopectin은 80~90% 분해 • 고순도의 결정포도당을 공업적으로 생산하는 데 이용
isoamylase	• 가지절단효소(debranching enzyme) • amylopectin의 α-1,6 결합에 작용 → 분지 제거

▌α-아밀레이스와 β-아밀레이스 비교

α-아밀레이스	β-아밀레이스
• endoenzyme	• exoenzyme
• 무작위 가수분해	• 말토스 단위로 가수분해
• α 1,4(○), α-1,6(×)	• α-1,4(○), α-1,6(×)
• α-한계 덱스트린(분자량 작음)	• β-한계 덱스트린(분자량 큼)

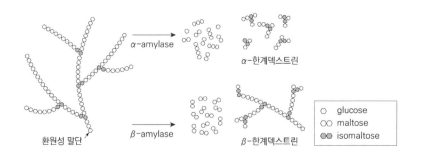

환원성 말단   α-amylase   α-한계덱스트린

β-amylase   β-한계덱스트린

○ glucose
∞ maltose
●● isomaltose

⑩ 변성전분 기출

    ㉠ 천연전분을 물리·화학적 방법으로 처리하여 성질을 개량하거나 용도에 알맞은 특정한 기능적 성질을 갖도록 제조한 전분 유도체

    ㉡ 에스터반응, 에테르반응, 부분 가수분해, 표백, 산화

    ㉢ 호화전분 용액의 투명도, 접착성, 안정성, 점도 등의 물성 개선

    ㉣ 증점제, 점도안정제, 열화방지제, 보수제 등 폭넓게 사용

종류	제조방법	주요 특성 및 용도
1. 전환전분(converted starches)		
호화 전분 (pregelatinized starch)	전분현탁액을 높은 온도로 가열한 후 건조	냉수 팽윤성, 냉수 용해성 및 분산성 푸딩 등 건조 믹스, 빵류, 샐러드 드레싱, 인스턴트식품
산처리 전분 (acid modified starch)	염산이나 황산을 이용한 부분 가수분해(thin-boiling starch)	열수 용해성, 점도 저하, 노화 지연, 유동성, 증점제(호료), 보호필름
산화 전분 (oxidized starch)	호화 온도 범위보다 낮은 온도에서 NaOCl 용액(산화제)으로 가수분해 및 산화	점도저하, 저온안정성, 노화되거나 불투명 젤을 형성하지 않음, 튀김옷, 샐러드 드레싱, 마요네즈의 저점도 충전제, 크림성
압축 전분 (extruded starch)	185℃ 이상에서 압출성형	분산성 및 용해성 향상, 점도 저하
덱스트린 전분 (dextrin)	가열(수분 함량 < 15%, 산 촉매, 100~200℃)에 의한 분해	흰색~노란색 분말, 투명 또는 혼탁한 고점도 용액 형성, 당과류의 부착제, 지방 대체제
2. 안정화 전분(stabilized starches)		
(1) 전분 에스터(starch esters)		
아세트산 전분 (acetylated starch)	acetic anhydride와의 에스터 (ester)반응(R-OCOCH₃)	호화온도 저하, paste의 투명도 증가, 노화지연, 냉·해동 안정성 증가
인산 전분 (starch mono-phosphate ester)	alkaline orthophosphate나 tripolyphosphate로 건열처리 (R-OPO₃H⁻, 120~175℃, 0.5~6시간)	paste의 점도 및 투명도 증가, 냉·해동 안정성 증가, 호화 온도 저하
옥테닐석신산 전분 (starch-1-octenylsuccinate)	1-octenylsuccinic anhydride와의 에스터 반응	분산성 증가, 에멀전 형성 및 안정성 증대, 지방질의 부분 대체제

하이드록시프로필 전분 (hydroxypropylated starch)	전분현탁액을 알칼리조건에서 propylene oxide와 반응시켜 에테르화(starch ether) (R-OCH$_2$CHCH$_3$OH)	호화온도 저하, paste의 투명도 및 안정성 증가, 노화 지연, 냉·해동 안 정성 증가, 냉장 및 통조림 식품의 호료
카복시메틸 전분 (carboxymethyl starch)	알칼리 용액에서 monochloro acetic acid와의 반응 (R-OCH$_2$COO$^-$)	냉수 및 에탄올에서 즉각 팽윤, 에멀 전 안정화제, 호료, 겔 형성제
3. 가교결합전분(cross - linked starch)		
가교 전분 [기출] (cross-linked starch)	전분현탁액을 phosphoryl chloride, sodium trimethaphosphate 등 다른 두 분자의 하이드록시기와 반응하는 시약으로 처리하여 전 분사슬을 서로 연결시킴	호화온도 상승, 팽윤력감소, 내산성 증가, 높은 전단력에서도 안정성 증 가, 점도 증가

(2) 글리코겐(glycogen)

① 동물성 저장 탄수화물, 기본 단위는 glucose

② 아밀로펙틴에 비해 중합도는 작은 반면, 가지가 많음(glucose 8~10개)

③ 요오드와 반응하여 적갈색 나타냄

④ 호화나 노화현상 일어나지 않음

(3) 셀룰로스(cellulose)

① 결정성 섬유상 다발 / 식물체 세포벽의 주성분

② glucose β-1,4 결합: cellobiose 단위로 길게 결합한 직선형태

③ 인체 내에는 효소(cellulase)가 존재하지 않기 때문에 소화하지 못함

　▶ 장의 운동을 지극하고 배설을 촉진

(4) 이눌린(inulin)

① (β-fructose + β-fructose) β-1,2 결합

② 돼지감자, 다알리아 뿌리 및 우엉의 저장성분

③ 요오드와 정색반응(×)

④ 산에 의해 쉽게 가수분해

⑤ 체내에 소화효소(inulinase)가 없어 소화 흡수되지 않음

⑥ 콜레스테롤 개선, 식후 혈당상승 억제, 배변활동 원활

(5) **키틴(chitin)** 기출

① 새우, 게, 곤충의 껍질을 구성하는 동물성 구조다당류

② N-acetyl glucosamine이 β-1,4 결합으로 연결 ▶ 직선상구조

③ 물, 묽은산, 묽은 알칼리에 녹지 않음

④ 체내에서 소화 · 흡수되지 않음

⑤ 강알칼리로 처리 ▶ 키토산(glucosamine 중합체 - 혈당, 혈압 강하 효과)

chitin

chitosan

(6) **베타글루칸(β – glucan)** 기출

① 곡류의 겨층, 귀리, 보리, 효모의 세포벽, 버섯류에 많이 함유

② β-D-glucopyranose 단위가 β-1,4 및 β-1,3 결합 ▶ 직선형

③ 물 분자와 친화성↑ ▶ 수화되어 점성용액을 형성(수용성)

④ 전단력 및 인장력에 대한 저항성이 약함

⑤ 인체 내의 소화효소로는 분해되지 않음

⑥ 대장에 존재하는 장내세균에 의해 β-1,3 결합이 가수분해

⑦ 장관 내의 내용물의 점도↑ ▶ glucose 흡수↓ ▶ 혈당치↓ ▶ insulin 반응↓

⑧ 혈중 콜레스테롤 농도를 저하시키는 효과

⑨ 면역증강작용, 항암활성 및 피부재생·보호효과 등의 생리활성기능

3. 복합다당류

(1) 헤미셀룰로스(hemicellulose)

① 식물의 세포벽 성분에서 cellulose를 뺀 여러 가지 다당류의 혼합물

② β-D-xylopyranose가 직선형 분자를 이루고 짧은 가지들이 많이 뻗어있는 형태

▌cellulose와 hemicellulose의 비교

cellulose	hemicellulose
단순 다당	복합 다당
결정성의 섬유상다발	무정형의 비섬유상 물질
D-glucose	D-xylose + α
산에 의해 분해되지 않음	산에 의해 쉽게 가수분해
알칼리에 녹지 않음	알칼리에 녹음

(2) 펙틴질(pectin substances)

① 특징

㉠ 식물의 세포와 세포벽 사이에 존재, 세포와 세포를 결착

㉡ galacturonic acid α-1,4 결합 ▶ 직선형 나선구조

㉢ galacturonic acid의 카복실기가 methylester화 되었거나 Ca이나 Na과 결합하여 염을 형성할 수 있음

▌ 펙틴질의 종류 및 특징 기출

종류	특징
protopectin	• 덜 익은 과일에 존재 • 펙틴질의 모체(불용성)로 gel 형성 능력 없음 • Ca이나 Mg 등의 이온과 결합하거나 cellulose, hemicellulose 등과 결합하여 3차원의 망상구조 형성 • 과일이 익어감에 따라 가수분해 → 수용성 펙틴과 펙틴산으로 전환
pectin	• 성숙한 과일에 존재 • 수용성, gel 형성 능력 있음
pectinic acid	• 분자 속에서 메틸에스터($-COOCH_3$) 형태로 존재하지 않는 카복실기($-COOH$)가 중성염이나 산성염 혹은 그 혼합물로 존재
pectic acid	• 과숙한 과일에 존재 • 수용성, 찬물에 녹지 않음, gel 형성 능력 없음 • 분자 속의 카복실기($-COOH$)가 전혀 메틸에스터($-COOCH_3$)의 형태로 되어 있지 않으며, 중성염이나 산성염 혹은 그 혼합물로 존재

② **펙틴의 겔화** 기출

ㄱ 펙틴과 메톡실(methoxyl group) 함량

• 자연에 존재하는 펙틴에서의 최대함량은 약 14%

• 7% 기준 ┌ 7% 이상의 메톡실기 함유: 고메톡실펙틴(HM)
         └ 7% 이하의 메톡실기 함유: 저메톡실펙틴(LM)

• 산성 pH하에서 펙틴분자들은 분자 내 free carboxyl기가 해리
  - 음의 전하를 갖고 있기 때문에 물 분자들에 의해 강하게 수화
  - 펙틴분자들 상호간의 음전하에 의한 반발 ▶ 비교적 안정화

ㄴ 고메톡실펙틴의 겔 형성 조건: pH 3.0~3.6, 당 함량: 50% 이상

• 산을 가하면 H^+ 이온이 증가하고 carboxyl기의 해리는 감소
  ▶ 전기적으로 중화가 이루어져 분자 간 반발력이 감소
  ▶ 펙틴분자가 불안정해짐 → 펙틴분자들이 서로 상호결합
  ▶ 3차원 망상구조 형성

• 당 함량 50% 이상: 펙틴에 대한 탈수제로 작용 ▶ 펙틴의 불안정화 가속화

ⓒ 저메톡실펙틴의 겔 형성: 낮은 pH 및 칼슘이온 등 다가 양이온들이 필요
  • 메톡실기가 결합되지 않은 free carboxyl기가 많음 ▶ 양이온들과 결합
    ▶ 양이온을 매개로 한 펙틴 분자사이의 결합을 유도
    ▶ 3차원 망상구조의 겔이 형성

저메톡실펙틴의 Ca^{2+}에 의한 겔화

③ 펙틴 분해 효소 <u>기출</u>

종류	특징
protopectinase	• 식물조직 내 세포막 사이에 존재 • 과일이 익어감에 따라 불용성인 protopectin을 가수분해하여 수용성인 펙틴으로 만들어주는 효소 • 과일의 조직이 먹기 좋게 연해짐
pectin(methyl) esterase (PE)	• pectin의 methylester결합을 가수분해 • 감귤의 껍질, 곰팡이 등에 존재 • 연화억제효소: 과실이나 채소의 조직이 더 단단해질 수 있음 • 포도주 등의 발효과정에서 메탄올 생성 $C-OCH_3$ 구조 $\longrightarrow$ $C-OH$ 구조 $+ CH_3OH$
polygalacturonase (PG)	• galacturonic acid를 가수분해하여 분자의 크기를 감소시킴 • 연화촉진효소: 절임식품의 연부현상 유발 COOH ... COOH 구조 $\longrightarrow$ COOH $+$ COOH 구조
pectin lyase (PL)	• endo-pectin lyase, pecetin methyltranseliminase, pectolyase • pectin의 주 사슬인 polygalacturonic acid의 α-1,4 결합을 C_4 위치에서 절단하는 동시에 C_5의 수소결합을 절단하여 C_4와 C_5 사이에 이중결합을 형성 $C-OCH_3$ 구조 $\longrightarrow$ $C-OCH_3$ 구조

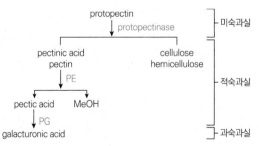

Chapter 4 다당류 49

(3) 검류(gum) 기출

① 식물성 검류

종류	특성	이용
아라비아검 (arabic gum)	• 인도, 아프리카, 수단 등의 덥고 건조한 지대에서 자라는 Acacia 종의 나무껍질에서 얻어지는 분비물 • D-galactose(β-1,3 결합으로 연결) + L-rhamnose, L-arabinose, D-glucuronic acid 등이 β-1,6 결합 • 다른 천연 검류에 비해 낮은 점성 • 분자의 형태가 구형이어서 직선형의 검류보다 점도가 낮음 • 물에 50%정도로 용해(찬물에 녹음)	맥주 거품안정제, 당류 및 얼음의 결정화 방지제, 청량음료 유화제
구아검 (guar gum)	• 인도와 파키스탄 등에서 자생하는 콩과식물인 구아(guar) 종자에 함유되어 있는 다당류 • galactomannan: D-mannose(β-1,4 결합으로 연결된 직선상의 중합체) + D-galactose(α-1,6 결합) 2개의 mannose 단위마다 연결 • 냉수에 잘 용해되고 높은 점도를 가진 교질용액을 형성 • 염류에 대한 영향 없음 • 광범위한 pH에 안정	샐러드 드레싱, 아이스크림, 치즈, 유제품, 소스류
로커스트콩검 (locust bean gum)	• 메뚜기콩에서 얻어지는 점액질 물질 • galactomannan: D-mannose(β-1,4 결합으로 연결된 사슬 중합체) + D-galactose(α-1,6 결합) 4~5개의 mannose 단위마다 연결 • 단독으로는 겔을 형성하지 않으나 agar, k-carageenan, xanthan 등과 혼합하면 쉽게 겔을 형성 • 연질치즈제품에서 응고 촉진	연질치즈제품, 아이스크림

┃ 구아검과 로커스트콩검의 구조

구아검(GG)   로커스트콩검(LBG)

트래거캔스검 (tragacanth gum)	• 이란, 시리아, 터키 등지에 분포된 관목의 삼출물 • D-galactose, D-galacturonic acid, L-fucose, D-xylose, L-arabinose를 함유한 복잡한 구조의 다당류 • 2% 이하의 낮은 농도에서는 점성이 큰 분산액 ▶ 그 이 상의 농도에서는 페이스트와 같은 겔 형성	salad dressing과 sauce의 유화제 및 안정제, 아이스크림의 안정제, 냉동 디저트의 호료 또는 안정제
곤약검 (konjac gum)	• 구약나물(Amorphophallus konjac)의 땅속줄기를 건조 하여 분쇄한 konjac 가루의 주성분 • β-D-mannose와 β-D-glucose가 β-1,4 결합으로 연결 (man : glu = 2 : 1) • 곤약가루는 실온에서 서서히 수화되므로 다른 검들과 는 달리 물에 쉽게 분산되며 점성을 나타냄 • k-carrageenan과 상승작용 → 탄성이 있는 열가역성 젤을 형성 • 전분과 상승효과를 나타내어 점도를 증가시킴	
카라야검 (karaya gum)	• 인도의 건조한 고원 지대에 분포하는 벽오동과 나무 Sterculia urens의 삼출물 • 아세틸화된 가지가 있는 다당류로 약 37%의 우론산과 8%의 아세틸기를 함유 • 중심 사슬은 D-galactose, L-rhamnose, D-galacturonic acid 단위로 구성, 곁사슬은 D-glucuronic acid 함유 • 낮은 농도에서도 점성이 큰 colloid 분산액을 형성	소스, 드레싱, 낙농 제품, 냉동 디저트 등의 안정제

② 해조 검류

종류	특성	이용

한천
(agar)
	• 홍조류에서 추출되는 다당류
	• agarose와 agaropectin의 두 형태의 혼합물(agarose가
	70% 차지)
	  - agarose: agarobiose가 α-1,3 결합에 의해서 연결된
	    나선상의 직선구조
	  - agarobiose: D-galactose와 3,6-anhydro-L-galacto
	    pyranose가 β-1,4 결합한 것
	• 냉수에 용해되지 않으나 뜨거운 물에 용해, 이를 냉각시
	키면 응고력이 우수한 gel을 형성 - 형성된 gel은 고온
	에서도 안정
	• 고온에서 만드는 빵이나 과자류의 안정제로 사용
		우유, 유제품,
		청량음료 등의
		안정제,
		젤리나 양갱의 원료,
		미생물 배지

알긴산
(alginic acid)
/
알긴
(algin)
	• 알긴산
	  - 미역, 다시마 등의 갈조류의 세포막에 존재하는 다당류
	  - β-D-mannuronic acid와 α-L-guluronic acid로 구성
	• 알긴
	  - 알긴산의 염(Na, Ca, Mg)의 형태
	• Alginate 용액 + Ca^{2+}와 같은 2가 양이온 → alginate 분자 내의 이온화된 carboxyl기들과 Ca^{2+} 사이에 가교결합(망상구조의 겔을 형성)
		치즈, 아이스크림,
		농축 오렌지주스 등의
		안정제,
		농화제, 유화제

카라기난 (carrageenan)	• 홍조류에 속하는 해조들의 추출물 • gel 형성(O): k-카라기난, l-카라기난 gel 형성(X): λ-카라기난 • 분자 내에 galactose를 구성단위로 하고 있으며, 황산기의 수와 결합위치가 다른 구조를 형성 • 한천에 비하여 gel의 탄력성이 있고 보수성이 강함 • 카라기난의 K^+염은 Na^+에 비하여 단단한 gel을 형성 • k-카라기난: K^+이온 첨가 시 견고한 gel 형성 • l-카라기난: Ca^{2+}이온 첨가 시 탄성있는 gel 형성 • 우유단백질과 복합체를 형성하여 안정한 교질분산	gel형성제, 점착제, 분산제, 유화안정제, 증점제

③ 미생물 검류

종류	특성	이용
잔탄검 (xanthan gum)	• *Xanthomonas campestris*의 발효과정에서 형성되는 점도가 큰 gum질 • glucose의 β-1,4 결합을 기본구조로 하며, mannose, β-D-glucuronic acid, 6-o-acetyl-β-D-mannose, pyruvate 등이 결합 • 넓은 온도와 pH 영역에서 안정 • 다른 gum에 비해 점도가 좋으며, 로커스트콩검이나 구아검과 함께 사용하면 점도가 더욱 증가	오렌지 주스의 안정제, 초콜릿 시럽 및 냉장 샐러드 드레싱의 유동성 보존제
덱스트란 (dextran)	• 미생물이 생성하는 gum질 중 대표적인 것 • *Leuconostoc*속 세균이 sucrose 또는 fructose를 소비하여 dextran을 생성 • glucose가 α-1,6 결합으로 연결 + glucose 분자 10~20개마다 α-1,3 결합에 의한 분지 구조	
젤란 (gellan)	• *Sphingomonas elodea*가 생성하여 분비하는 직선형의 음이온성 헤테로 다당류 • β-D-glucose, β-D-glucuronic acid, β-D-glucose 및 α-L-rhamnose의 4 당류 반복단위로 구성	저당도 잼 및 젤리, 요구르트, 두부, 음료 등에 호료, 젤화제, 안정제 및 유화제

(4) **뮤코다당류(mucopolysaccharide)**

① **황산콘드로이틴(chondroitin sulfate)**

　㉠ 연골의 주성분: 아세틸 갈락토사민, 우론산, 황산으로 이루어진 다당류

　㉡ 인체의 관절, 피부, 혈관벽 등에 존재

　㉢ 연골에서 중성염 용액에 의하여 추출

　㉣ 점조성 강함 ▶ 보수·유화·안정제로 이용

② **히알루론산(hyaluronic acid)**

　㉠ 아세틸글루코사민과 글루쿠론산의 β-1,3 및 β-1,4 결합이 교대로 연결된 구조

　㉡ 수용성의 산성 점질 다당류, 물에 녹으면 높은 점성을 나타냄

　㉢ 동물의 결합조직, 관절, 동맥벽, 눈의 유리체에 함유

③ **헤파린(heparin)**

　㉠ 혈액응고방지 작용

　㉡ N-sulfo-D-glucosamine, glucuronic acid, L-iduronic acid가 α-1,4 결합

01 헤미셀룰로오스(hemicellulose)는 가수분해 후에 자일로스(xylose) 및 그 밖의 단당류를 생성하는 복합 다당류이다.　　　　O　X

02 카라기난(carrageenan)은 해조류에 함유되어 있고 황산기를 가지고 있으며, K^+ 이온이 첨가되면 젤 형성 능력이 향상된다.　　　　O　X

03 한천(agar)은 β-1,4 결합으로 연결된 만누론산(mannuronic acid)이 주성분으로 다시마 등에 존재하는데, 점도 증강제, 유화 안정제 등으로 폭넓게 사용된다.　　　　O　X

04 펙트산(pectic acid)은 그 분자 속의 카복실(carboxyl)기에 메틸에스터(methyl ester)기가 거의 존재하지 않는 폴리갈락투론산(polygalacturonic acid)으로 이루어져 있다.　　　　O　X

05 전분의 호화는 가열온도가 높을수록 촉진되며, 옥수수 등의 곡류 전분은 감자 등의 서류 전분보다 호화온도가 더 높다.　　　　O　X

06 전분의 호화는 수분함량이 적을수록 촉진되며, 산성조건에서 잘 일어난다.　　　　O　X

07 찹쌀밥이 멥쌀밥보다 노화 속도가 더 느린 것은 찹쌀 전분이 대부분 아밀로펙틴으로 구성되어 있기 때문이다.　　　　O　X

08 자당지방산에스테르(sucrose fatty acid ester)와 같은 유화제의 첨가는 전분의 노화를 억제하며, 냉장온도보다는 냉동온도에서의 보관이 노화를 억제한다.　　　　O　X

09 맥아당(maltose)은 α-포도당의 C_1의 글리코시드성 하이드록시기(-OH)와 α- 또는 β-포도당의 C_4의 하이드록시기(-OH)가 α-1,4-글리코시드 결합으로 축합된 화합물이다.　　　　O　X

10 유당(lactose)은 β-갈락토오스의 C_1의 글리코시드성 하이드록시기(-OH)와 α-또는 β-포도당의 C_4의 하이드록시기(-OH)가 β-1,4-갈락토시드 결합으로 축합된 화합물이다.　　　　O　X

11 셀로비오스(cellobiose)는 β-D-포도당 두 분자가 β-1,4 결합으로 축합된 화합물이다.　　　　O　X

12 설탕(sucrose)은 α-D- 포도당의 C_1의 글리코시드성 하이드록시기(-OH)와 α-D-과당의 C_2의 글리코시드성 하이드록시기(-OH)가 축합된 화합물이다.　　　　O　X

13 당은 사슬구조일 때와 고리구조일 때의 이성질체 수가 같다.　　　　O　X

14 이성질체 사이의 당은 하이드록시기(-OH)의 위치는 다르고, 분자식과 물리·화학적 성질은 같다.　　　　O　X

15 당이 사슬구조에서 고리구조로 바뀌면서 생성된 헤미아세탈 탄소에 의한 두 종류의 입체이성질체를 에피머(epimer)라고 한다.　　　　O　X

16 키랄탄소(chiral carbon)가 n개인 당은 2^n개의 입체이성질체를 갖는다.　　　　O　X

17 곤약검(konjac gum)의 아세틸기를 제거하면 끓는 물에서도 안정한 탄성이 있는 젤(gel)을 형성한다.　　　　O　X

18 아라비아검(gum arabic)은 물에서 최대 5%까지 용해된다.　　　　O　X

19 로커스트콩검(locust bean gum)의 주요성분은 glucomannan이다.　　　　O　X

기출지문 O.X

20 잔탄검(xanthan gum)은 열, 산 및 알칼리에 대한 안정성이 크며 특히 0 ~ 100℃의 범위에서 용액의 점도가 거의 변하지 않는 것이 특징이다. O X

21 amylopectin의 분자는 가지가 없어 분자끼리 비교적 빽빽하게 집합할 수 있기 때문에 amylose에 비해 노화되기 쉬워 쉽게 딱딱해진다. O X

22 β-amylase는 타액, 췌액에 존재하며, 전분용액의 점도를 크게 감소시켜 액화효소라고도 한다. O X

23 호화전분인 α-전분은 호화 과정에서 미셀 구조가 붕괴되어 결정성 영역이 없어지므로 뚜렷한 동심원륜이 나타나지 않는 V형의 X선 회절도를 보여준다. O X

24 전분용액을 계속 가열하여 호화 온도에 이르게 되면 분자간의 수소결합이 끊어지고 미셀 구조가 붕괴되면서 물분자들이 전분 분자 사이로 자유롭게 이동하여 전분입자가 급속히 수화하게 된다. O X

25 노화는 전분의 화학적 분해가 일어나는 것으로 분자량이 작아 용해도가 크고 효소작용도 받기 쉬우므로 소화성이 좋다. O X

26 전분의 호정화는 전분에 amylase를 넣은 후 최적 온도로 유지시키는 것이다. O X

27 전분의 호정화는 전분에 물을 넣지 않고 160~170℃로 가열하였을 때 분해되는 현상이다. O X

28 전분의 호정화는 전분에 묽은 산을 넣고 가열하였을 때 나타나는 현상이다. O X

29 전분의 호정화는 α-전분을 방치하여 β화 되는 것이다. O X

30 전분의 호정화는 전분에 물을 넣고 가열하면 점도가 증가되는 현상이다. O X

31 일반적으로 옥수수, 밀 등 곡류 전분은 노화의 진행이 빠르고, 감자, 고구마, 타피오카 등 서류 전분은 노화의 진행이 느리다. O X

32 온도가 높아지면 전분의 노화는 빨라지며, 냉장온도에서는 노화가 억제된다. O X

33 수분함량 30~60%에서 전분의 노화가 가장 잘 일어나며, 이보다 적거나 많을 경우에는 노화가 잘 일어나지 않는다. O X

34 전분의 노화는 pH에 영향을 받으며, 알칼리성에서는 노화가 잘 일어나지 않지만 산성에서는 노화가 잘 일어난다. O X

35 포도당(glucose)은 α형을 α-D-glucose, β형을 β-D-glucose라고 하며, D-glucose는 광학적으로 좌선성을 나타내기 때문에 덱스트로오스(dextrose)라고도 한다. O X

36 과당(fructose)은 포도당(glucose)과 결합하여 자당(sucrose)을 만들며, 단맛은 당류 중에서 가장 강하고 광학적으로 우선성을 나타낸다. O X

37 갈락토오스(galactose)는 한천의 다당인 갈락탄(galactan)의 구성당이며, D-glucose의 4번 탄소의 입체 배치만 다른 구조이다. O X

38 만노오스(mannose)는 곤약의 겔을 만드는 다당인 만난(mannan)의 구성당 중 하나이며, D-glucose의 3번 탄소의 입체 배치만 다른 구조이다.   O   X

39 만난(mannan)은 곤약 감자의 저장다당으로 수산화칼슘과 함께 끓이면 겔(gel) 형태의 곤약이 된다.   O   X

40 키틴(chitin)은 효모의 세포벽, 버섯류, 곡류 등에 존재한다.   O   X

41 셀룰로스(cellulose)는 새우, 게, 곤충의 껍질을 구성하고 있는 다당으로 강알칼리를 처리하면 키토산(chitosan)으로 변한다.   O   X

42 디옥시당(Deoxy sugars)은 단당류에서 산소가 하나 제거된 것으로 당의 OH기가 H로 치환된 환원형의 화합물이다.   O   X

43 알돈산(Aldonic acid)은 단당류의 C_1의 알데히드기(-CHO)가 산화되어 카복실기(-COOH)로 된 것이다.   O   X

44 당산(Saccharic acid)은 단당류의 C_1의 알데히드기(-CHO)와 C_6의 제1급 알코올기(-CH$_2$OH) 양쪽이 다 같이 산화되어 카복실기(-COOH)로 된 것이다.   O   X

45 우론산(Uronic acid)은 단당류의 카보닐기(-CHO, >C=O)가 알코올기(-OH)로 된 것이다.   O   X

46 쌀, 옥수수 등의 곡류전분이 감자, 고구마 등의 서류전분보다 호화온도가 더 높고 노화되기 쉽다.   O   X

47 아밀로펙틴 함량이 적고 수분이 많을수록 전분의 호화가 잘 일어난다.   O   X

48 밥이나 빵을 냉동 보관하면 전분의 노화를 지연시킬 수 있다.   O   X

49 당이나 유화제를 첨가하면 전분의 노화를 촉진한다.   O   X

50 아밀로스의 요오드 반응은 청색이고 아밀로펙틴의 요오드 반응은 적자색이다.   O   X

51 아밀로스의 분자량이 아밀로펙틴의 분자량보다 작다.   O   X

52 X선을 투시하면 아밀로스는 무정형 구조이며 아밀로펙틴은 고도의 결정성 구조를 나타낸다.   O   X

53 아밀로스는 포접화합물을 형성하고 아밀로펙틴은 포접화합물을 형성하지 않는다.   O   X

54 알데하이드(aldehyde)기의 탄소는 같은 분자 내 하이드록시(hydroxy)기 산소 원자의 비공유 전자쌍과 반응하여 고리모양의 헤미아세탈(hemiacetal)을 형성한다.   O   X

55 알도오스(aldose)에 백금이나 팔라듐 촉매를 사용하여 수소를 첨가하면 환원되어 알디톨(alditol)이 생성된다.   O   X

56 알도오스(aldose)는 산성 조건에서 Ag^+, Cu^{2+} 등과 같은 금속이온에 의해 산화되어 알돈산(aldonic acid)을 생성한다.   O   X

57 알도오스(aldose)를 알칼리 용액 중에 방치하면 1,2-엔디올(1,2-endiol)이 형성되어 이성질체인 에피머(epimer)를 만든다.   O   X

58 히알루론산(hyaluronic acid)은 D-glucuronic acid와 N-acetyl-D-glucosamine으로 구성   O   X
되어 있다.

59 잔탄검(xanthan gum)의 주요 구성 단위는 D-glucose, D-glucuronic acid,   O   X
L-rhamnose이다.

60 이눌린(inulin)은 β-D-fructofuranose가 β-1,2 결합으로 연결된 중합체이다.   O   X

61 키틴(chitin)은 N-acetyl-D-glucosamine이 β-1,4결합으로 연결된 중합체이다.   O   X

정 답

01 O	02 O	03 X	04 O	05 O	06 X	07 O	08 O	09 O	10 O
11 O	12 X	13 X	14 X	15 X	16 O	17 O	18 X	19 O	20 X
21 X	22 X	23 O	24 X	25 X	26 X	27 O	28 X	29 X	30 X
31 O	32 X	33 O	34 O	35 X	36 X	37 O	38 X	39 O	40 X
41 X	42 O	43 O	44 O	45 X	46 O	47 O	48 O	49 X	50 O
51 O	52 X	53 O	54 O	55 O	56 X	57 O	58 O	59 X	60 O
61 O									

Chapter 1

개요 및 분류

1. 지질의 개요

(1) 지질의 정의

① 헥산, 벤젠, 클로로폼 등 유기용매에 녹는 물질(물에 녹지 않음)

② 지방산의 에스터 형태로 존재, 생체에서 이용되는 물질

③ 탄소(C), 수소(H), 산소(O)로 이루어짐

(2) 지질의 역할

① 농축된 에너지원(9kcal/g, 단위 무게 당 가장 높은 열량)

② 향미, 풍미 제공

③ 튀김과정에서 열매체

④ 이형제

⑤ 유화작용, 쇼트닝성

2. 지질의 분류

(1) 상온상태에 따른 분류

	지방(fat)	기름(oil)
상온에서의 상태	고체상	액체상
주요 출처	동물성 지방	식물성 기름
주요 구성 지방산	포화지방산	불포화지방산
주요 유지	우지, 돈지, 버터 (주로 동물성)	콩기름, 옥수수기름, 참기름, 들기름 (주로 식물성)
예외	팜유, 코코넛유(식물성) ▼ 상온에서 고체(포화지방산↑)	어유(동물성) ▼ 상온에서 액체(불포화지방산↑)

(2) 구성성분 및 구조에 따른 분류 기출

분류			특징	종류
단순 지질	중성지질		글리세롤과 지방산의 에스터	모노-, 다이-, 트리아실글리세롤
	왁스		고급알코올과 고급지방산의 에스터	밀납, 경납
복합 지질	인지질	글리세로인지질	글리세롤, 지방산, 인산이 결합	레시틴, 세팔린
		스핑고인지질	스핑고신, 지방산, 인산이 결합	스핑고미엘린
	당지질	글리세로당지질	• 글리세롤, 지방산, 당질이 결합 • 식물의 엽록체에 존재	다이갈락토-다이아실글리세롤
		스핑고당지질	• 스핑고신, 지방산, 당질이 결합 • 동물의 세포막에 존재	갈락토-세레브로사이드
	지단백(아미노지질)		단백질과 결합한 지질	
유도 지질	지방산		직쇄상으로 결합한 탄소사슬	
	고급 알코올	스테롤	알칼리로 검화한 유지의 불검화물	콜레스테롤, 에르고스테롤
		고급1가 알코올	왁스를 구성하는 알코올	
	각종 탄화수소	스쿠알렌	심해 상어의 간유에 존재	
		지용성 비타민		비타민 A, D, E, K
		지용성 색소		카로틴

(3) 비누화(검화) 여부에 따른 분류 기출

① 비누화: 지질 $\xrightarrow[\text{가수분해}]{\text{알칼리}}$ 글리세롤 + 비누

② 검화 가능: 단순지질(중성지질, 왁스), 복합지질

③ 검화 불가능: 유도지질

3. 지방산

- 지질의 주요 구성성분
- 직쇄상으로 결합한 탄소사슬, $CH_3-(CH_2)_n-COOH$
- 대부분 짝수개의 탄소($C_4 \sim C_{30}$)
- $C_4 \sim C_8$: 저급지방산 / $C_8 \sim C_{12}$: 중급지방산 / $C_{12} \sim C_{30}$: 고급지방산

(1) 포화지방산

① 이중결합을 포함하지 않는 지방산

② 동물 지방에 많이 함유

③ 산화에 안정 / 탄소사슬↑ ▶ 융점↑, 비점↑

④ **자연계 대표적인 포화지방산**: 팔미트산($C_{16:0}$), 스테아르산($C_{18:0}$)

지방산명	탄소수	구조식	융점(℃)	소재
butyric acid	4	$CH_3(CH_2)_2COOH$	-7.9	버터, 야자유
caproic acid	6	$CH_3(CH_2)_4COOH$	-4.3	버터, 야자유
caprylic acid	8	$CH_3(CH_2)_6COOH$	16.7	버터, 야자유
capric acid	10	$CH_3(CH_2)_8COOH$	31.6	버터, 야자유
lauric acid	12	$CH_3(CH_2)_{10}COOH$	44.2	야자유, 팜핵유, 고래유
myristic acid	14	$CH_3(CH_2)_{12}COOH$	53.9	야자유, 팜핵유, 동식물유지
palmitic acid	16	$CH_3(CH_2)_{14}COOH$	63.1	동식물유지 전반(팜유)
stearic acid	18	$CH_3(CH_2)_{16}COOH$	69.6	동식물유지 전반(우지)
arachidic acid	20	$CH_3(CH_2)_{18}COOH$	75.3	동식물유지 소량, 땅콩
behenic acid	22	$CH_3(CH_2)_{20}COOH$	80.0	땅콩
lignoceric acid	24	$CH_3(CH_2)_{22}COOH$	84.2	땅콩, 뇌당지방질
cerotic acid	26	$CH_3(CH_2)_{24}COOH$	87.7	밀랍
montanic acid	28	$CH_3(CH_2)_{26}COOH$	90.9	밀랍
melissic acid	30	$CH_3(CH_2)_{28}COOH$	93.6	밀랍

(2) **불포화지방산** 기출

① 이중결합이 1개 이상 존재하는 지방산

② 상온에서 액체, 식물성 유지에 많이 함유

③ 이중결합 개수에 따라 분류

- mono unsaturated fatty acid(MUFA): 단일불포화지방산, 이중결합 1개
- poly unsaturated fatty acid(PUFA): 다가불포화지방산, 이중결합 2개 이상

④ 이중결합 부위에서 쉽게 산화 반응 일어남

⑤ 불포화도↑ ▶ 융점↓, 굴절률↑, 산화속도↑

⑥ 이중결합 부위는 대부분 cis형태

- 동일한 이중결합 개수를 지닌 경우, 융점은 cis형 < trans형
- 2개 이상의 이중결합 존재 시 대부분 비공액 형태로 배치

공액 형태(conjugated)	비공액 형태(non - conjugated)
- C = C - C = C -	- C = C - C - C = C -
	- C = C - C - C - C = C -

지방산명	탄소수	구조식	융점 (℃)	소재	숫자 표기법
oleic acid	18	$CH_3(CH_2)_7CH=CH(CH_2)_7COOH$	13.4	동식물 유지	18:1
linoleic acid	18	$CH_3(CH_2)4(CH=CHCH_2)_2(CH_2)_6COOH$	-5.0	동식물 유지	18:2
linolenic acid	18	$CH_3CH_2(CH=CHCH_2)_3(CH_2)_6COOH$	-11.0	동식물 유지	18:3
arachidonic acid	20	$CH_3(CH_2)_4(CH=CHCH_2)_4(CH_2)_2COOH$	-49.5	간유, 난황	20:4
EPA*	20	$CH_3CH_2(CH=CHCH_2)_5(CH_2)COOH$	-54.0	어유	20:5
DHA	22	$CH_3CH_2(CH=CHCH_2)_6(CH_2)COOH$	-	어유	22:6

* EPA: eicosapentaenoic acid, DHA: docosahexaenoic acid

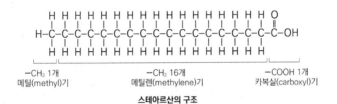

스테아르산의 구조

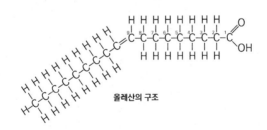

올레산의 구조

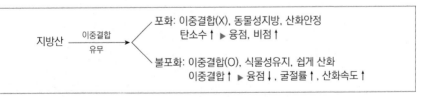

(3) 필수지방산 기출

① 식품을 통해 반드시 공급해야하는 지방산 ▶ 체내에서 합성하지 못하거나, 필요량 만큼 합성하지 못함

② 리놀레산($C_{18:2}$), 리놀렌산($C_{18:3}$), 아라키돈산($C_{20:4}$)

③ 영양학적으로 비타민으로 분류하기도 함(비타민F)

④ 기능: 생체막의 구성성분, 혈중 콜레스테롤 함량 저하

(4) 트랜스지방산 기출

① 트랜스구조를 한 개 이상 가지고 있는 비공액형의 모든 불포화지방산

② 불포화지방산에 수소첨가 과정 중 이중결합이 cis형에서 trans형태로 변화한 것

③ 경화유: 액체(기름) ▶ 수소화 공정 ▶ 고체(마가린, 쇼트닝)

④ 이중결합을 지니지만 포화지방산과 매우 비슷한 구조로 인해 심혈관 질환 유발

(5) 오메가 지방산

① 지방산의 메틸기($-CH_3$)에서부터 번호를 붙임

② ω-3 기출 : α-리놀렌산, EPA, DHA(심근경색, 동맥경화 및 혈전예방효과)

③ ω-6: 리놀레산, γ-리놀렌산, 아라키돈산

④ ω-9: 올레산

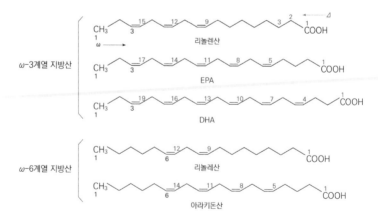

▌주요 식용유지의 지방산 조성

유지	지방산(%)											
	4:0	6:0	8:0	10:0	12:0	14:0	16:0	18:0	20:0	18:1	18:2	18:3
들기름							6.5	2.0		17.8	15.3	58.3
포도씨유							7.0	4.0		17.0	72.0	
해바라기유					0.5	0.2	6.8	4.7	0.4	18.6	68.2	0.5
대두유						0.1	11.0	4.0	0.3	23.4	53.2	7.8
옥수수유							12.2	2.2	0.1	27.5	57.0	0.9
유채유							3.9	1.9	0.6	63.1	18.3	9.2
참기름							9.9	5.2		41.2	43.2	0.2
면실류						0.9	24.7	2.3	0.1	17.6	53.3	0.3
현미유			0.1	0.1	0.4	0.5	16.4	2.1	0.5	43.8	34.1	1.1
올리브유							13.7	2.5	0.9	71.1	10.0	0.6
땅콩유						0.1	11.6	3.1	1.5	46.5	32.4	
팜유					0.3	1.1	45.1	4.7	0.2	38.8	9.4	0.3
팜핵유		0.3	3.9	4.0	49.6	16.0	8.0	2.4	0.1	13.7	2.0	
야자유		0.5	8.0	6.4	48.5	17.6	8.4	2.5	0.1	6.5	1.5	
버터	3.8	23	1.1	2.0	3.1	11.7	27.2	5.5		36	2.9	0.5
계지					0.2	1.3	23.2	6.4		41.6	18.9	1.3
돈지				0.1	0.1	1.5	24.8	12.3	0.2	45.3	9.9	0.1
우지				0.1	0.1	3.3	25.5	22.6	0.1	39.2	2.2	0.6

Chapter 2 지질의 종류

1. 단순지질

(1) 중성지질(TG, triacylglycerol)

　① 중성지질의 구조

　　㉠ 글리세롤(3가알코올) + 3개의 유리지방산 ▶ 중성지질

　　㉡ 유리지방산 3개 ▶ triacylglycerol - 유화제(×)

　　㉢ 유리지방산 2개 ▶ diacylglycerol - 유화제(○)

　　㉣ 유리지방산 1개 ▶ monoacylglycerol - 유화제(○)

② 중성지질의 분류

　ⓐ 유지방

　　• 포유류의 젖에서 얻어지는 지방

　　• 주요지방산: 팔미트산, 올레산, 스테아르산, 저급지방산

　ⓑ 동물성 지방류

　　• 육지에 사는 동물의 지방: 우지, 돈지

　　• 팔미트산, 스테아르산, 올레산 함량↑

　ⓒ 수산기름류

　　• 긴 사슬의 고도 불포화지방산으로 구성된 중성지질

　　• 주로 EPA($C_{20:5}$), DHA($C_{22:6}$) 함유

　　• 불포화도가 높아 산화되기 쉬움

　ⓓ 식물성 기름류

　　• 올레산, 리놀레산 함량↑, 포화지방산 함량↓

　　• 면실유, 낙화생유, 해바라기유, 올리브유, 참기름 등

(2) 왁스류(wax)

① 고급지방산과 고급알코올의 에스터

② 식품으로서 영양적 가치는 없음

③ 식물의 잎 표면에 얇게 분포: 충해, 미생물 침입, 수분증발 방지

④ 동물체 체표부, 뇌, 지방부, 골 등에 분포: 피복 보호물질로 존재

> • **식물성 왁스류**: 카나우바왁스(canauba wax), 칸데릴라왁스(candelilla wax)
> • **동물성 왁스류**: 밀납(myricyl palmitate, 벌꿀), 경납(cetyl palmitate, 고래기름)

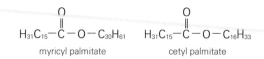

myricyl palmitate　　　cetyl palmitate

2. 복합지질

(1) 인지질(phospholipid) 기출

> • **글리세로인지질**: 글리세롤 + 지방산 + 인산 + 질소화합물
> • **스핑고인지질**: 스핑고신 + 지방산 + 인산 + 질소화합물
> • **포스파티드산(phosphatidic acid)**: glycerol-3-phosphate의 1번과 2번 위치에 지방산이 에스터 결합한 것

① 레시틴(lecithin)과 세팔린(cephalin)

　　㉠ 식물의 종자와 동물의 뇌, 신경계, 간, 심장, 난황에 많이 함유

　　㉡ 구성하는 2개의 지방산 중 하나 이상은 불포화지방산

　　㉢ 레시틴: 글리세롤 한 분자 + 지방산 2분자 + 인산 + 콜린 ▶ 포스파티딜 콜린

　　　　• 친수성, 소수성 모두 지닌 양성물질

　　　　• 강한 유화작용 ▶ 유화제

　　　　• 에테르, 클로로폼, 알코올에 잘 녹음 / 아세톤에는 녹지 않음

　　㉣ 세팔린

　　　　• 레시틴의 콜린 부위에 세린이 결합 ▶ 포스파티딜 세린

　　　　• 레시틴의 콜린 부위에 에탄올아민이 결합 ▶ 포스파티딜 에탄올아민

기본골격

결합성분 (A)	A=$-CH_2CH_2N(CH_3)_3^+$	A=$-CH_2CH_2NH_2$	A=$-CH_2CH_2COOH$ NH_2
	콜린	에탄올아민	세린
글리세로인산	포스파티딜콜린 (레시틴)	포스파티딜에탄올아민 (세팔린)	포스파티딜세린 (세팔린)

② 포스파티딜이노시톨(phosphatidyl inositol)

　　㉠ 글리세롤 + 두 분자의 지방산 + 인산 + 미오이노시톨

　　㉡ 동물의 뇌, 간장, 심장조직과 콩, 밀의 배아, 효모 등에 존재

　　㉢ 주요구성 지방산: 스테아르산, 팔미트산, 올레산, 리놀레산

③ 스핑고미엘린(sphingomyelin)

   ㉠ 스핑고신(sphingosine) + 지방산 ▶ 세라마이드(ceramide)

   ㉡ 세라마이드 + 인산 + 콜린 ▶ sphingomyelin

   ㉢ 스핑고신 : 지방산 : 인산 : 콜린 = 1 : 1 : 1 : 1

   ㉣ 식물에는 존재하지 않고, 동물의 뇌, 중추신경계에 주로 존재

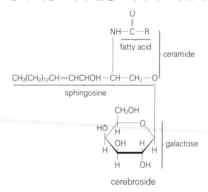

$$CH_3(CH_2)_{12}HC = CHCHCHCH_2 - O - \overset{\overset{O}{\|}}{P} - O - CH_2CH_2\overset{+}{N}(CH_3)_3$$

sphingosine   choline

OH NH   O⁻

C=O

R

sphingomyelin

(2) **당지질(glycolipid)**

> • 글리세로 당지질: 글리세롤 + 지방산 + 당질
> • 스핑고 당지질: 스핑고신 + 지방산 + 당질

① 세레브로사이드(cerebroside) 기출

   ㉠ ceramide + galactose = 스핑고신 + 지방산 + galactose

   ㉡ 동물의 뇌, 비장 등의 지방조직과 신경조직의 수초부분에 많이 존재

$$NH - \overset{\overset{O}{\|}}{C} - R$$

fatty acid   ceramide

$$CH_3(CH_2)_{12}CH = CHCHOH - CH - CH_2 - O$$

sphingosine

CH₂OH

galactose

cerebroside

② 강글리오사이드(ganglioside)

   ㉠ ceramide + 소당류(단당류 2개 이상)

   ㉡ 신경조직의 신경절 세포에 주로 존재

3. 유도지질

- 단순지질과 복합지질의 가수분해에 의해 생성되는 화합물
- 대표적인 불검화물, 불용성, 유기용매에 녹음

① 유리지방산(fatty acid)

② 고급알코올(higher alcohol)

③ 스테롤(sterol) 기출

    ⊙ 스테로이드핵 + 3'-OH ▶ sterol

    ⓒ 동물성 스테롤

        - 콜레스테롤: 7-dehydrocholesterol $\xrightarrow{\text{자외선}}$ 비타민 D_3(cholecalciferol)

    ⓒ 식물성 스테롤

        - ergosterol(효모, 표고버섯) $\xrightarrow{\text{자외선}}$ 비타민 D_2(ergocalciferol)

        - sitosterol: 식물유지의 대표적인 스테롤

        - stigmasterol: 쌀겨유, 옥수수유, 대두유 등

steroid 핵   cholesterol

④ 탄화수소

    ⊙ 기본 구조: 아이소프렌(C_5H_8)$_n$

    ⓒ 스쿠알렌, 지용성 비타민(비타민 K, 비타민 E) 등

isoprene   squalene

⑤ 지용성색소

    ⊙ isoprene이 8개가 합쳐진 골격: tetraterpene

    ⓒ tetraterpene인 카로티노이드(carotenoid): 식물성식품의 색소(빨간색, 노란색)

4. 지질의 물리·화학적 특성

(1) 물리적 특성 기출

용해도	① 물에 불용성, 유기용매에 용해 ② 저급지방산(탄소수 7개 이하)은 약간의 수용성 나타냄 ③ 동일한 용매에서는 탄소수↑, 불포화도↓ ▶ 용해도↓
융점	① 포화지방산의 탄소수↑ ▶ 융점↑ ② 불포화지방산 함량↑, 불포화도↑ ▶ 융점↓ ③ 불포화지방산 함량↑(식물성유지): 대부분 상온에서 액체 　불포화지방산 함량↓(동물성유지): 대부분 상온에서 고체 ④ 지질은 여러 개의 녹는점을 지님 　• 중성지질(트리아실글리세롤)에 결합된 다양한 지방산 조성이 원인 　• 한순간에 녹지 않고 일정범위 동안 서서히 녹음 　• 중성지질을 구성하는 지방산의 조성이 단순할수록 지질의 녹는점은 좁은 범위를 지님 　• 2개 이상의 결정형을 지님(동질이상현상)
굴절률	① 일반적인 유지의 굴절률: 1.45~1.47 ② 탄소수가 많은 지방산 및 불포화지방산의 함량↑ ▶ 굴절률↑
비중	① 유지의 비중: 0.92~0.94 (15℃ 측정 시) ② 지방산의 불포화도↑ ▶ 비중↑ ③ 저급지방산 함량↑ ▶ 비중↑ ④ 유리지방산↑ ▶ 비중↓
점도	① 포화지방산의 탄소수↑ ▶ 점도↑ ② 불포화도↑ ▶ 점도↓ ③ 저급지방산 함량↑ ▶ 점도↓ ④ 같은 탄소수의 지방산이 있을 때 불포화도↑ ▶ 점도↓
발연점	① 유지를 높은 온도에서 가열 시 표면에서 엷은 푸른색 연기가 발생할 때의 온도 　• 연기: 아크롤레인, 지방산, 알데하이드, 케톤 ② 좋지 않은 풍미 생성 → 발연점이 높은 유지를 사용하는 것이 좋음 ③ 발연점이 높은 유지 　• 구성 지방산의 사슬길이↑, 불포화도↓ 　• 정제도↑ ④ 발연점이 낮아지는 경우 　• 유리지방산 함량↑ 　• 노출된 유지 표면적↑ 　• 불순물 함량↑ 　• 사용횟수↑
인화점	① 유지를 발연점 이상으로 가열하여 발생되는 증기가 공기와 섞여서 발화되는 온도 ② 유지의 발연점이 높으면 인화점도 높음(온도: 발연점 < 인화점 < 연소점)
연소점	① 유지가 인화되어 계속적으로 연소를 지속하는 온도 ② 발연점과 인화점에 비해 유지 간의 차이가 크지 않음

동질이상현상(polymorphism)

(1) 단일화합물이 2개 이상의 결정형을 갖는 현상
(2) 유지에서 발견된 결정형 - α형, β′형, β형
(3) 같은 지방산으로 구성된 단순지질의 경우에도 동질이상을 나타내어 결정구조가 달라짐에 따라 녹는점이 변함
(4) 유지결정형에 따른 특징

구분	α형	β′형	β형
융점 [기출]	낮다	중간	높다
안정성	낮다	중간	높다
밀도	낮다	중간	높다
크기	5μm(판상결정)	1μm(침상결정)	25~50μm(크고 불규칙)
지방질의 단면구조 (x선 회절)	사슬축에서 방향이 무작위, 결정이 육방정계 (hexagonal)	축에 따라 방향이 반대, 결정이 사방정계 (orthorhombic)	같은방향이고 결정이 삼사정결정계 (triclinic)

(5) 단순지질의 결정형에 따른 녹는점의 비교(℃)

단순지질	γ형(무정형)	α형	β′형	β형
트리카프린(tricaprin)	-15	18	-	31.5
트리라우린(trilaurin)	15	35	-	46.4
트리미리스틴(trimyristin)	33	46.5	54.5	57
트리팔미틴(tripalmitin)	45	56	63.5	65.5
트리스테아린(tristearin)	54.5	65	70	72
트리올레인(triolein)	-32	-12	-	4.9
트리엘라이딘(trielaidin)	15.5	37	-	49
트리에루신(trierucin)	6.0	17	25	30
트리리놀레인(trilinolein)	-43	-27	-	-10.5

(6) 대두유, 땅콩유, 옥수수유, 코코넛유, 라드: β형으로 결정화되려는 경향
    면실유, 팜유, 유채유, 유지방, 쇠기름, 변형 라드: β′형으로 결정화되려는 경향
(7) 쇼트닝, 마가린, 빵제품: β′형이 바람직(β′형이 크기가 작은 공기방울을 많이 삽입하도록 도와줌으로써 보다 좋은 가소성과 크림성을 부여해 주기 때문)
(8) 지방 블루밍(fat blooming)
    ① 초콜릿 표면이 회색으로 변하거나 표면에 흰색 반점이 생기는 현상
    ② 초콜릿에 들어있는 카카오버터가 녹아 다른 성분과 분리된 뒤 다시 굳을 때에 생기는 물리적 현상
    ③ 원인: 초콜릿의 결정핵 형성 공정인 숙성 과정(tempering)의 불충분, 냉각 방법의 잘못, 저장온도의 변화, 카카오버터와 성질이 다른 지방질의 함유

(2) 화학적 특성 기출

검화가 (SV)	유지 1g을 완전히 비누화하는 데 필요한 KOH의 mg 수
	① 비누화(검화): 알칼리에 의해 가수분해 되는 반응
	② 지방산의 사슬길이 장단과 분자량 유추
	③ 사슬길이↓, 분자량↓ ▶ 검화가↑
	④ 버터(210~230), 야자유(253~262), 콩기름(189~193), 참기름(188~193)
요오드가 (IV)	유지 100g 중의 불포화결합에 첨가되는 요오드의 g 수
	① 유지를 구성하는 지방산의 불포화도를 측정
	② 건성유(요오드가 130 이상): 아마인유, 들깨유, 호두유
	③ 반건성유(요오드가 100~130): 대두유, 참깨유, 채종유, 면실유, 해바라기유
	④ 불건성유(요오드가 100 이하): 올리브유, 피마자유, 우지, 돈지, 땅콩유
산가 (AV)	1g의 유지 중에 존재하는 유리지방산을 중화하는 데 필요한 KOH의 mg 수
	① 유지의 품질 저하도를 나타내는 지표(신선도↓ ▶ 산가↑)
	② 유지의 정제도↑ ▶ 산가↓
	③ 정제된 신선한 유지: 산가 1.0 이하
아세틸가	아세틸화 한 유지 1g을 가수분해하여 생성된 초산을 중화하는 데 필요한 KOH의 mg 수
	① 유지 중의 수산기(-OH)를 지닌 지방산의 함량 측정
	② 피마자유: 146~150, 리시놀레산(ricinoleic acid) 함량↑
	③ 순수한 중성지방의 아세틸가는 0이지만 산패될수록 상승
로단가	유지 100g 중의 불포화결합에 첨가되는 로단$(CNS)_2$을 요오드로 환산한 g 수
	① 유지의 불포화도 측정
	② 유지 속의 올레산$(C_{18:1})$, 리놀레산$(C_{18:2})$, 리놀렌산$(C_{18:3})$의 함량 결정
라이헤이트 마이슬가 (RMV)	유지 5g 중의 수용성·휘발성 지방산을 중화하는 데 필요한 0.1N KOH의 mL 수
	① 유지에 함유된 수용성·휘발성 지방산의 함량을 나타내는 값
	② 버터 및 유지방 함유식품의 위조여부와 함량검사에 이용
	③ 우유(23~34), 버터(17~34.5), 야자유(6~8)
폴렌스케가	유지 5g 중의 불용성·휘발성 지방산을 중화하는 데 필요한 0.1N KOH의 mL 수
	① 유지에 함유된 불용성·휘발성 지방산의 함량을 나타내는 값
	② 버터에 코코넛유 혼입여부 검사
	③ 야자유나 코코넛유(16.8~17.8), 버터(1.5~3.5)
키슈너가	유지 5g 중 함유되어 있는 수용성·휘발성 지방산의 수용성 Ag염을 산성화하여 중화하는 데 필요한 0.1N 표준알칼리의 mL 수
	① 유지의 지방산 중 butyric acid의 함량 측정
	② 버터 순도 위조 검정
헤너가	유지 속 불용성 지방산의 함량을 전체 유지에 대한 비율(%)로 표시한 값
	① 불용성 지방산과 불검화물의 함량을 나타내는 척도
	② 일반유지(95% 내외), 코코넛유(80~90%), 버터(87.5%)

헥사브로마 이드가	유지를 비누화한 후 얻어진 지방산 100g에 브롬을 첨가시켜 얻어지는 브롬화합물 중 에테르에 녹지 않는 부분의 g 수
	① 유지 중의 linolenic acid의 함량에 비례
	② 아마인유, 콩기름의 순도 결정에 이용

▮ 버터, 코코넛 야자유 - 라이헤이트 마이슬가, 폴렌스케가, 키슈너가 비교

	라이헤이트 마이슬가	폴렌스케가	키슈너가
버터	17~34(▲)	2~4(▼)	20~26(▲)
코코넛 야자유	6~8(▼)	16~18(▲)	1~2(▼)

5. 유지의 가공

(1) 정제(purification)

탈검 (degumming)	유지와 비중이 다른 수분, 레시틴 등의 인지질, 탄수화물, 단백질 등의 검질을 분리 시킨 후 제거하는 공정
탈산 (deacidification)	원유에 함유된 유리지방산을 제거하기 위하여 산가보다 약간 많은 양의 수산화나트륨 용액을 첨가 ↓ 유리지방산을 중화시키고 나트륨염(비누)을 만들어 원심분리한 후 더운물로 세척하여 제거하는 과정
탈색 (bleaching)	원유에 함유된 지용성 색소 성분인 카로티노이드, 클로로필, 고시폴 등을 제거 하여 무색에 가까운 유지를 제조하기 위한 공정
탈취 (deodorization)	유지에 좋지 않은 냄새를 부여하는 산화 생성물(알데하이드, 케톤, 저급지방산, 저급알코올 등)을 진공 수증기 증류법으로 제거하는 공정

(2) 경화(hydrogenation, 수소화) 기출

① 액체 유지에 수소를 첨가하여 고체화하는 반응

② 불포화지방산이 많은 유지 ▶ 니켈(Ni) 촉매 하에서 수소 첨가 ▶ 불포화지방산이 포화지방산으로 되면서 액체형태의 유지는 고체가 됨

③ 주로 마가린이나 쇼트닝 제조에 이용

④ 산화에 대한 안정성이 향상

⑤ 색상이나 풍미 개선

⑥ cis형의 불포화지방산 → trans형으로 전환 ▶ 트랜스지방산(trans fatty acid) 생성

(3) 동유처리(winterization)

① 유지를 차게하여 녹는점이 높은 일부 지방산이나 왁스를 결정으로 석출 ▶ 제거

② 샐러드유와 같이 냉장고에 보관하는 유지의 정제에 필수 공정

③ 동유처리한 식물성 기름 ▶ 냉장고에서도 맑게 유지

Chapter **3** **유지의 산패**

1. 산패의 분류

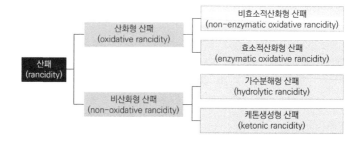

(1) 비효소적 산화형 산패 – 자동산화

① 자동산화 중 성분의 변화

㉠ 자동산화: 상온에서 산소가 존재하면 자연스럽게 일어나는 산화반응

㉡ 초기에는 유지의 산소흡수량이 매우 적어 산화속도가 거의 변하지 않음

- 유도기간: 산소흡수량과 산화속도가 매우 느린 기간
- 유도기긴은 유지의 저장성과 밀접한 관계

㉢ 일정 시간 지나면 산소흡수량과 산화속도가 급격히 증가

㉣ 산소흡수량↑ ▶ 과산화물↑, 카보닐 화합물↑

- 과산화물: 저장시간↑ ▶ 과산화물 함량이 증가하다가 최고점 이후에는 감소
- 카보닐 화합물: 최고점 없이 산패기간이 길어져도 계속 증가

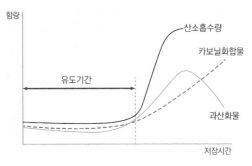

② **자동산화의 메커니즘** 기출

 ㉠ 초기반응(initiation reaction)

  • 유리라디칼 생성단계

  • 홀수개의 비공유전자를 지님 ▶ 반응성↑

  • 불포화지방산 ▶ 이중결합부위↑

$$R : H \xrightarrow{\text{열, 광선 에너지}} R \cdot + H \cdot$$

$$R : R \longrightarrow R \cdot + R \cdot \text{(활성 유리라디칼)}$$

$$\underset{\text{금속이온 } \cdot}{M} \cdot + R : H \xrightarrow{\text{수소원자 교환 반응}} M : H + R \cdot \text{(활성 유리라디칼)}$$

 ㉡ 전파(연쇄)반응(chain reaction)

  • 유리라디칼 + 산소 ▶ 과산화 라디칼

  • 과산화라디칼: 다른 유지의 수소 제거 ▶ 과산화물 생성, 새로운 라디칼 만듦

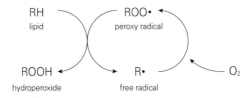

 ㉢ 종결반응(termination reation)

  • 중합: 전파반응에서 생성된 각종 라디칼들이 서로 결합하여 중합체 형성
   ▶ 라디칼 특성 상실, 점도↑, 색이 짙게 변함

$$R \cdot + R \cdot \longrightarrow RR \text{(산소의 양이 적을 때)}$$

$$R \cdot + ROO \cdot \longrightarrow ROOR \text{(산소의 양이 많을 때)}$$

$$ROO \cdot + ROO \cdot \longrightarrow ROOR + O_2 \text{(산소의 양이 많을 때)}$$

- 분해: 저분자 카보닐화합물(알데하이드, 케톤, 카복실산)과 알코올 등이 생성
  - ▶ 산패취의 원인

$$R_1-CH-R_2 \longrightarrow R_1-CH-R_2 + \cdot OH$$
$$\overset{|}{OOH} \qquad\qquad\qquad \overset{|}{O\cdot}$$
$$\text{peroxide} \qquad\qquad\qquad \text{alkoxy radical}$$

$$R_1-CH-R_2 \longrightarrow R_1\cdot + R_2CHO \text{(aldehyde)}$$
$$\overset{|}{O\cdot}$$

$$R_1-CH-R_2 + R_3H \longrightarrow R_1-CH-R_{2\text{(alcohol)}} + R_3\cdot$$
$$\overset{|}{O\cdot} \qquad\qquad\qquad\qquad \overset{|}{OH}$$

$$R_1-CH-R_2 + R_3\cdot \longrightarrow R_1-\overset{\|}{C}-R_{2\text{(ketone)}} + R_3H$$
$$\overset{|}{O\cdot} \qquad\qquad\qquad\qquad\qquad O$$

③ **자동산화에 의한 유지의 변화** 기출

ㅤㄱ 산패진행 ▶ 이중결합 손실 ▶ 영양적 손실

ㅤㄴ 이중결합의 전위 ▶ 공액형태로 변함

ㅤㄷ 고분자 중합체 생성 ▶ 유지 점도↑

ㅤㄹ 이중결합을 많이 가지고 있는 비타민 A, 카로틴 손실

ㅤㅁ 산패취와 같은 이취(off-flavor) 생성

ㅤㅂ 산가↑, 카보닐가↑, 요오드가↓

ㅤㅅ 유지의 투명도↓ ▶ 식품으로서의 가치↓

ㅤㅇ 인체 유해물질들 생성

ㅤㅤ• 생체막 손상 ▶ 노화, 동맥경화

ㅤㅤ• 지질산화 생성물: 말론알데하이드(독성을 나타내는 카보닐 화합물)

ㅤㅤㅤ▶ 아미노기와의 반응성이 높은 DNA와 반응하는 돌연변이 및 발암성을 나타냄

ㅤㅈ 산패 진행 ▶ 중합체 함량↑, 알데하이드 생성↑ ▶ 관능검사 결과↓

④ **자동산화에 영향을 미치는 외부요인** 기출

ㅤㄱ 산화를 촉진하는 인자

ㅤㅤⓐ 불포화도

ㅤㅤㅤ• 이중결합: 라디칼을 생성하는 주요 부분

ㅤㅤㅤ• 불포화도↑ ▶ 라디칼 생성↑ ▶ 산화↑

ⓑ 온도

- 온도↑ ▶ 유리 라디칼 생성↑, 과산화물 분해↑ ▶ 산화↑

- 0℃ 이하 ▶ 동결(얼음 결정 석출) ▶ 금속 촉매 농도↑ ▶ 산화↑

ⓒ 금속

- Cu, Fe, Ni, Sn, Zn, Al, Mn: 유리라디칼과 연쇄반응의 촉매로 작용

- 유지 중의 금속은 미량(0.1ppm이하)으로도 산패를 크게 촉진

- 산소의 흡수속도↑, 과산화물 형성속도↑ ▶ 유도기간 단축

- 구리(Cu)의 촉진정도가 가장 큼, Cu > Fe > Ni > Sn > Zn

ⓓ 광선과 색소

- 광선 ▶ 산화↑(특히, 자외선 조사에 의해 더욱 촉진)
  - 유리라디칼 생성↑ / 유도기간 단축 / 과산화물 분해↑

- 감광성물질: 헴화합물(hemoglobin, cytochrome), chlorophyll, 아조(azo)계
  식용색소 ▶ 유리라디칼 생성↑

ⓔ 수분

- 미량의 수분 ▶ 금속의 촉매작용에 영향 ▶ 자동산화 촉진

- BET 영역(가장 낮은 산화속도)
  - 물분자가 과산화물과 결합하여 복합체 형성 ▶ 분해↓
  - 중금속을 수화시켜 금속수산화물을 형성 ▶ 촉매작용↓

ⓕ 산소분압

- 150mmHg↓: 산소분압에 비례하여 산패 촉진

- 150mmHg↑: 산소분압 증가에 영향 받지 않음

ⓛ 산화를 억제하는 인자

ⓐ 항산화제 기출

- 산화를 억제하는 물질(유도기간을 연장)
  - 천연 항산화제: 토코페롤, 비타민 C, 세사몰, 고시폴
  - 합성 항산화제: BHT, BHA, PG, EP, TBHQ

- 자동산화의 초기단계에서 유리 라디칼의 생성을 억제

- 세사몰(참기름): 자연계에 존재하는 항산화제 중 항산화력 가장 높음

- BHA, BHT: 가장 널리 사용

- PG: 유지에 대한 용해도↓, BHA, BHT와 병용, 착색 O

- 항산화제(AH): 유리라디칼(R·) 또는 과산화라디칼(ROO·)에 수소(H·)를 제공
  ▶ 유리라디칼이 산소와 반응 ▶ 과산화라디칼이 생성되는 것을 차단 ▶
  연쇄반응 억제

$$RH \longrightarrow R\bullet + H\bullet$$
$$R\bullet + AH \longrightarrow RH + A\bullet$$
$$ROO\bullet + AH \longrightarrow ROOH + A\bullet$$
$$A\bullet + BH \longrightarrow AH + B\bullet$$

RH: 유지
ROOH: 과산화물
AH: 항산화제
BH: 상승제

- 상승제가 존재할 경우: $A\bullet + BH \longrightarrow AH + B\bullet$
- 상승제가 존재하지 않을 경우: $A\bullet + ROO\bullet \longrightarrow ROOA$(안정)
  $$A\bullet + A\bullet \longrightarrow AA$$(안정)

ⓑ 상승제
- 항산화제와 같이 사용할 경우 항산화제의 항산화력을 크게 증가시킴
- 항산화제(AH)는 라디칼을 과산화물로 변화시키는 과정에서 수소를 제공
  함으로써 유리라디칼(A·)이 되지만, 상승제(BH)와 함께 존재 시 상승제로
  부터 수소를 받아 항산화력을 회복
- 아스코브산, 구연산, 주석산, 중인산염

(2) **효소적 산화형 산패**

① lipoxygenase(lipoxidase)
  ㉠ 불포화지방산을 산화하여 과산화물을 합성하는 반응을 촉매
  ㉡ 기질: linoleic acid, linolenic acid, arachidonic acid
  ㉢ cis, cis-1,4-pentadien 그룹을 지닌 불포화지방산에만 작용 ▶ oleic acid에는 작
    용하시 않음
  ㉣ 대두 ▶ 찬물에서 마쇄 ▶ 콩비린내(○)
    대두 ▶ 뜨거운물에서 마쇄 ▶ 콩비린내(×)
        ↳ 효소가 가열에 의해 불활성화

⑩ 리폭시제네이스에 의한 불포화 지방질의 산화과정

RH + lipoxygenase ⟶ RH-lipoxygenase $\xrightarrow{O_2}$ RH-O_2-lipoxygenase

$\downarrow$

ROOH ⟵ (ROOH)-lipoxygenase ⟵ (R•+•OOH)-lipoxygenase
lipoxygenase

② lipohydroperoxidase

㉠ 과산화물을 분해하는 반응을 촉매

㉡ Hydroperoxide lyase라고도 불림

(3) 가수분해에 의한 산패 [기출]

① 수분, 산, 알칼리 및 효소에 의해서 가수분해 되어 유리지방산이 발생

② lipase: 유지의 가수분해 ▶ 유리지방산 생성 촉진 ▶ 맛의 변화, 불쾌취

③ 저급지방산이 많은 유지: 효소의 작용을 받기 쉬움(우유, 유제품, 팜핵유)

④ 식물성 유지: 착유 시 식물체 조직 파괴 ▶ lipase 함께 추출 ▶ 가수분해

⑤ 어류: 체내조직에 존재하는 lipase ▶ 조제어유, 어류조직에서 가수분해적 산패↑

(4) 케톤 생성형 산패

① 저급지방산의 함량이 높은 유지방, 야자유, 팜핵유 등에서 나타나는 산패

② 저급지방산이 미생물 생산 효소에 의해 케톤산을 거쳐 탄소수가 적은 메틸케톤으로 가수분해 되는 것

저급지방산 함유 $\xrightarrow{\text{산화효소}}$ ketone산 ⟶ methylketone
(야자유, 팜핵유, 유지방)

$RCH_2CH_2COOH \xrightarrow{+0} RCHOHCH_2COOH \xrightarrow{-2H} RCOCH_2COOH \xrightarrow{-CO_2} RCOCH_3$

(5) 가열산화에 의한 산패 기출

① 산소존재하 ▶ 유지를 고온(150~200℃)에서 가열

② 고온 가열, 산화 ▶ 동시 진행

③ 산가↑(유리지방산↑): 탄소수가 적은 지방산의 에스터결합일수록 쉽게 분해

④ 과산화물기↑, 점도↑

⑤ 굴절률↑

⑥ 요오드가↓(전체 불포화도↓)

⑦ 발연점↓

⑧ 착색

유지의 변향(reversion)

(1) 변향의 특징
① 대두유 제조 시 탈취과정을 거쳐 풀냄새 또는 콩 비린내 제거 → 저장 후 얼마 지나지 않아 다시 정제 전과 유사한 냄새 발생
② 산패가 시작되기 전에 나타나는 현상 - 산패와 구별점
③ 유지 본래의 냄새와 비슷한 냄새로 복귀한다는 의미 - 복귀현상, 변향
④ 리놀레산, 리놀렌산에 의해 일어나는 것으로 알려짐
⑤ 온도, 산소, 광선, 금속이온 등에 의해서 반응이 진행
⑥ 과산화물가가 매우 낮은 상태에서도 발생됨
⑦ lipoxygenase의 영향을 받지 않음

(2) 변향과 산패의 차이점

	변향	산패
유지의 종류	• 특정 유지에 강하게 발생(불포화도 높은 유지) • 대두유, 아마인유, 해바라기유, 어유	일반 동식물유에서 발생
발생 시기	자동산화의 초기단계, 산패의 선행	변향 후 발생
발생 속도	상당히 빠름	늦음(공기 중 오래방치)
필요 산소량	극히 소량	비교적 다량
냄새 종류	여러 가지 종류 (건초, 풀 페인트 등)의 불쾌취	산 자극취
유지의 과산화물가	그 이하에서도 발생	10~20 이상에서 발생
항산화제 효과	없음	있음

2. 유지의 산패 측정법 기출

과산화물가 (POV, peroxide value)	유지 1kg당 들어 있는 과산화물의 밀리당량
	① 유지의 산패 진행정도 측정
	② 초기산패 정도 측정: 유도기간 측정
	③ 장점: 재현성 좋음 - 유지 제품의 품질관리와 규격 기준으로 사용
	④ 단점: 과산화물은 불안정한 물질 - 산패가 진행됨에 따라 분해되는 특성이 있어 산패의 진행정도와 비례관계 성립되지 않음
카보닐가 (carbonyl value)	① 산패정도를 측정(산패가 진행되는 동안 줄어들지 않음)
	② 휘발성을 가지므로 카보닐 화합물이 소실 될 수 있음
TBA가 (thiobarbituric acid value)	유지 1kg 중에 함유된 말론알데하이드(malonaldehyde)의 몰 수
	① 유지 산패 측정방법 중 가장 많이 사용하는 방법 (비색정량법)
	② 유지의 산화로 생성된 말론알데하이드가 TBA시약과 반응 ▶ 적색 화합물 생성
오븐법 (oven test)	① 오븐을 이용하여 가온처리 ▶ 산패진행 가속화
	② 지방질 성분의 추출이 어려운 식품의 산패시기를 측정하는 데 사용
	③ 관능검사나 과산화물가 측정을 통해 산패 확인
	④ 장점: 매우 쉬움, 숙련된 경우 비교적 정확하게 측정
	⑤ 단점: 개인차, 산패 진행정도를 객관화하기 어려움
	⑥ 제과, 제빵 공업에서 많이 사용
활성산소법 (AOM, active oxygen method)	① 유지 산패의 신속측정법
	② 유지를 97℃의 물중탕에서 2.33mL/sec 속도로 일정하게 공기를 불어 넣어 산패를 촉진시키고, 일정 시간 간격으로 과산화물가 측정
	③ 산패 유도기간 측정
랜시매트법 (rancimat method)	① 지방질의 산화생성물이 전기전도도를 증가시키는 원리를 이용
	② 랜시매트라는 기계에 유지를 담은 시료병을 넣고 산패 유도기간을 측정
	③ 유지를 100℃로 유지하고, 공기를 주입하면서 생성된 산화생성물을 전기전도도로 측정하는 방법

공기(산소) →   → 사용된 공기

증류수
전극

유지

01 지방산의 불포화도가 클수록 산화속도는 감소한다.   O   X

02 산화가 진행될수록 유지의 산가와 과산화물가는 계속 증가한다.   O   X

03 알데하이드, 케톤, 알코올 등과 같은 저분자 물질이 산패취의 원인이 된다.   O   X

04 금속이온이 존재할 경우 유리 라디칼과 결합하여 산화를 지연시킨다.   O   X

05 자동산화에서 지질이 산소를 흡수하는 속도는 산화가 진행됨에 따라 급격히 증가한다.   O   X

06 가수분해에 의한 산패는 수분함량이 비교적 적고 비휘발성 고급 지방산의 함량이 높은 식품에서 문제가 된다.   O   X

07 가열에 의해 발생하는 가열산패가 진행되면 거품 형성, 극성 물질 함량과 고분자물질의 함량은 증가하며, 유지의 불포화도는 감소한다.   O   X

08 산패는 지방질 식품의 저장, 조리, 가공 중에 불쾌한 냄새나 맛의 발생, 착색 등 물리 · 화학적 변화가 발생하여 식품의 품질이 저하되는 것을 말한다.   O   X

09 인지질에는 레시틴(lecithin), 세팔린(cephalin) 등이 있다.   O   X

10 스테롤(sterol)은 다양한 종류가 있으나 A환(ring) 3번 탄소에 수산화기를 공통적으로 가지고 있다.   O   X

11 스핑고지질(sphingolipid)은 신경세포를 포함한 많은 종류의 세포막 구성성분이다.   O   X

12 세레브로사이드(cerebroside)는 글리세롤, 지방산, 당질로 구성되어 있다.   O   X

13 스테롤류는 유지류, 왁스류와 함께 지방질 중에 검화될 수 있는 부분을 형성하고 있다.   O   X

14 디기토닌(digitonin)은 콜레스테롤(cholesterol)의 정량분석에 이용할 수 있다.   O   X

15 스티그마스테롤(stigmasterol)은 동물성 스테롤로 고등 동물의 근육 조직, 뇌 조직, 신경 조직 등에 널리 분포되어 있다.   O   X

16 에르고스테롤(ergosterol)에 자외선을 조사하면 A환이 개열(ring opening)되어 비타민 D를 생성한다.   O   X

17 실온 부근에서 어떤 유지는 고체지와 액체유로 함께 존재할 수 있고 이때 가소성(plasticity)이 나타난다.   O   X

18 식용 유지는 녹기 시작하는 온도와 완전히 녹는 온도가 다르고 융점(melting point)은 불명확하다.   O   X

19 단순 트리아실글리세롤(triacylglycerol) 분자인 tristearin에서 α형의 융점(melting point)은 β형보다 높다.   O   X

20 우유와 아이스크림은 수중유적형(oil in water, O/W) 유화에 해당한다.   O   X

21 Salatrim은 고급지방산과 저급지방산을 동시에 함유하고 있다.   O   X

22 Oatrim은 탄수화물을 변형하여 지방질 대체품으로 상품화한 것이다. ○ X

23 Sucrose polyester는 설탕의 하이드록시기(-OH)에 저급지방산($C_2 \sim C_5$)을 결합한 것이다. ○ X

24 Olestra의 주요한 특징은 친유성, 비소화성 및 비흡수성이다. ○ X

25 라우르산(lauric acid)의 함량이 많은 코코넛 기름은 콩기름보다 요오드가(iodine value)가 높다. ○ X

26 일반적으로 올레산(oleic acid)으로 표시된 유리지방산의 함량(%)은 산가의 1/2과 큰 차이가 없다. ○ X

27 짧은 포화지방산이 많이 함유되어 있을수록 검화가(saponification value)가 높아진다. ○ X

28 트리아실글리세롤(triacylglycerol)이 알칼리에 의해 완전히 분해되면 글리세롤(glycerol)과 지방산염이 생성된다. ○ X

29 유지의 광산화는 자동산화와 비교하여 유지의 불포화도에 따른 영향이 적다. ○ X

30 자동산화는 주로 일중항 산소에 의해 발생하는 산화작용이다. ○ X

31 광산화는 공액이중결합뿐만 아니라 비공액이중결합구조의 과산화물도 형성한다. ○ X

32 Lipohydroperoxidase의 기질은 cis, cis - 1,4 - pentadiene 결합을 가진 지방산이다. ○ X

33 아세틸가(acetyl value)는 acetyl화 시킨 유지 1g을 다시 가수분해시켜 얻어지는 지방산을 중화시키는데 소비되는 KOH의 mg 수를 말한다. ○ X

34 산가(acid value)는 유지 10g 중의 유리지방산을 중화시키는 데 필요한 KOH의 mg 수를 말한다. ○ X

35 요오드가(iodine value)는 유지 100g에 첨가되는 요오드의 mg 수를 나타낸다. ○ X

36 헤너가(hehner value)는 유지 중에 들어 있는 물에 불용성인 지방산 및 비휘발성 검화물의 % 함량을 나타낸다. ○ X

37 비누화가(saponification value)란 유지 1g을 비누화시키는 데 소요되는 KOH의 mg 수를 말한다. ○ X

38 복합지질은 한 분자의 글리세롤과 세 분자의 지방산이 에스터 결합을 한 구조로 유지와 왁스가 이에 해당한다. ○ X

39 포화지방산은 상온에서 고체 상태로 존재하며 이중결합을 가지지 않는 지방산으로 탄소수가 증가함에 따라 녹는점이 높아진다. ○ X

40 왁스 구조 내에 지방산은 소수성, 인산 및 콜린기는 친수성을 갖는 양성 물질로, 물에 분산되어 교질을 잘 형성한다. ○ X

41 당지질은 고등동물의 근육, 뇌, 신경조직에 다량 존재하며 담즙의 구성성분이 된다. ○ X

42 유지 1g을 비누화 하는 데 소요되는 KOH의 mg 수를 검화가(saponification value)라 한다.   O   X

43 버터는 옥수수기름보다 요오드가(iodine value)가 낮다.   O   X

44 사용 중인 식용유의 산가가 높아지면 품질이 떨어지고 있는 것이다.   O   X

45 탄소수가 12개인 포화지방산으로 구성된 기름은 옥수수 기름보다 검화가 낮다.   O   X

46 Ascorbic acid는 전자공여체, 금속 킬레이트 등으로서 항산화작용을 보인다.   O   X

47 Tocopherol은 2차 산화물질인 carbonyl 화합물을 분해하면서 산화과정 중의 종결단계를 억제한다.   O   X

48 BHT(butylated hydroxy toluene)는 대표적 합성 항산화제로서 페놀계 산화방지제이다.   O   X

49 참기름이 다른 식용유지에 비하여 산화안정성이 높은 이유 중의 하나는 sesamol의 존재 때문이다.   O   X

50 지질의 산화 정도를 측정하는 방법 중에서 최종산물인 aldehyde 종류의 화합물을 측정하는 데 가장 적합한 방법은 Thiobarbituric acid value이다.   O   X

51 유지나 지방질의 저장 또는 가열온도가 높아지면 산화 속도도 빨라진다.   O   X

52 불포화지방산이 포화지방산보다 더 산화되기 쉬우며, 요오드가가 큰 유지일수록 산화 속도는 더 빠르다.   O   X

53 파장이 긴 광선일수록 에너지가 강하므로 산화작용이 강하다.   O   X

54 금속 또는 금속이온들은 대체로 유지의 자동산화 과정 중 형성된 과산화물의 분해과정을 촉진시켜 줌으로써 유리기의 형성을 촉진한다.   O   X

55 검화가(saponification value)는 지방산의 분자량에 반비례하므로 저급 지방산의 함량이 많을수록 작아진다.   O   X

56 요오드가(iodine value)는 유지의 불포화도를 표시하는 척도로, 불포화지방산이 많을수록 요오드가는 낮다.   O   X

57 폴렌스키가(Polenske value)는 휘발성의 비수용성 지방산의 함량을 측정하는 방법으로, 버터의 순도를 검정하는 데 사용된다.   O   X

58 헤너가(Hener value)는 유지에 함유되어 있는 수용성 지방산의 함량을 전체 유지의 양에 대한 백분율로 표시한 값이다.   O   X

59 유지의 가열산화로 인해 비공액 이중결합의 증가, 요오드가(iodine value)와 산가(acid value)가 증가한다.   O   X

60 지방 내의 부티르산(butyric acid)의 함량을 나타내는 키슈너(Kirschner)값은 부티르산의 Ag염이 수용성이지만 다른 수용성·휘발성 지방산들의 Ag염은 불용성인 특성을 이용하여 측정한다.   O   X

61 지방 5g을 비누화한 후 산성에서 증류하여 얻은 수용성·휘발성 지방산을 중화하는 데 필요한 0.1N 수산화칼륨(KOH)의 mL 수를 라이헤르트-마이슬(Reichert-Meissl)값이라 하며 주로 버터의 순도나 위조 검정에 사용된다. ○ X

62 헤너(Hener)값은 지방 중에 포함된 물에 녹지 않는 지방산의 함량을 전체 지방의 양에 대한 비율(%)로 표시한 값으로 유지방은 87~90으로 낮지만, 쇠기름은 95~97, 돼지기름은 97 정도로 높다. ○ X

63 지방질의 점도는 고급지방산일수록 높아진다. ○ X

64 저급지방산과 불포화지방산 함량이 많을수록 식용유지의 녹는점은 낮아진다. ○ X

65 분자량이나 불포화도가 증가할수록 식용유지의 굴절률은 낮아진다. ○ X

66 유리지방산 함량이 많을수록 식용유지의 발연점은 낮아진다. ○ X

67 동물의 뇌 및 신경조직에 존재하며 스핑고신(sphingosine), 지방산 및 갈락토오스(galactose)로 구성된 당지질은 세레브로사이드(cerebroside)이다. ○ X

정 답

01 X	02 X	03 ○	04 X	05 ○	06 X	07 ○	08 ○	09 ○	10 ○
11 ○	12 X	13 X	14 ○	15 X	16 X	17 ○	18 ○	19 X	20 ○
21 ○	22 ○	23 X	24 ○	25 X	26 ○	27 ○	28 ○	29 ○	30 X
31 ○	32 X	33 X	34 ○	35 X	36 ○	37 ○	38 ○	39 ○	40 X
41 X	42 ○	43 ○	44 ○	45 X	46 ○	47 X	48 ○	49 ○	50 ○
51 ○	52 ○	53 X	54 ○	55 X	56 X	57 ○	58 X	59 X	60 ○
61 ○	62 ○	63 ○	64 ○	65 X	66 ○	67 ○			

1. 단백질의 개요

① 단백질(protein): 아미노산으로 구성되어 있는 고분자화합물(M.W. 10,000 ↑)

② 생물체 구성요소(효소, 호르몬, 항체, 저장 및 보호단백질)

③ 식품 내 질소(N) 함유량 16% → 100/16 = 6.25 = 질소계수(N-factor)

질소(N) × 6.25 = 조단백질(crude protein) 기출

2. 아미노산의 구조

① 아미노산: 단백질을 구성하는 기본단위 물질

② 천연의 단백질을 구성하는 아미노산은 약 20여 종 있음

③ 한 분자 내에 한 개 또는 그 이상의 아미노기(-NH₂)와
한 개 또는 그 이상의 카복실기(-COOH)를 가지는 화합물

④ -COOH가 결합되어 있는 탄소 위치를 기점으로 하여 -NH₂가 결합한 탄소의 위치
에 따라 α-, β-, γ- 아미노산이라 부름

$$
\begin{array}{ccc}
NH_2 & NH_2 & \\
| & | & \\
R-C^{\alpha}-COOH & R-C^{\beta}-CH_2-COOH & -C^{\varepsilon}-C^{\delta}-C^{\gamma}-C^{\beta}-C^{\alpha}-COOH \\
| & | & \\
H & H &
\end{array}
$$

α-amino acid   β-amino acid

⑤ 자연계에 존재하는 단백질은 대부분 α-아미노산으로 구성

⑥ 천연단백질을 구성하는 아미노산: proline, hydroxyproline을 제외하고는 모두
α 위치의 탄소에 -NH₂를 가진 카복실산

⑦ 측쇄(R)가 수소(H)인 glycine을 제외하고는 모든 아미노산이 비대칭 탄소로 되어
있음 ▶ L-형, D-형 존재 ▶ 아미노산은 대부분 α-L-아미노산

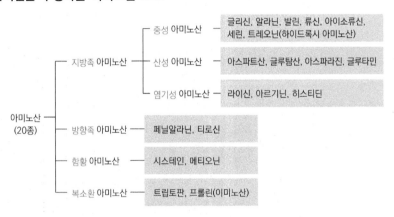

D-amino acid   L-amino acid

3. 아미노산의 종류와 분류

아미노산 〈 단백질 구성(O): 20여종 / 자연계에서 대부분 유리상태(X)
        〈 단백질 구성(X): 유리상태 / 비타민 등 다른 물질의 구성성분

(1) 단백질을 구성하는 아미노산 기출

```
                                        ┌ 중성 아미노산 ── ┌ 글리신, 알라닌, 발린, 류신, 아이소류신,
                          ┌ 지방족 아미노산 ─┤                 └ 세린, 트레오닌(하이드록시 아미노산)
                          │              ├ 산성 아미노산 ── 아스파트산, 글루탐산, 아스파라진, 글루타민
                          │              └ 염기성 아미노산 ─ 라이신, 아르기닌, 히스티딘
        아미노산 ─────────┤
        (20종)            ├ 방향족 아미노산 ── 페닐알라닌, 티로신
                          │
                          ├ 함황 아미노산 ── 시스테인, 메티오닌
                          │
                          └ 복소환 아미노산 ── 트립토판, 프롤린(이미노산)
```

종류		구조	특성
$H_2N-\overset{\text{COOH}}{\underset{\text{R}}{C}}-H$			아미노산의 공통 부분 (프롤린 제외)
지방족- 중성 아미노산	글리신 (Gly, G)	H	• 가장 간단한 구조를 지닌 아미노산 • 광학적 이성체가 없음 • gelatin, fibroin에 많음 • 단맛, 감칠맛(새우, 게, 조개)
	알라닌 (Ala, A)	CH_3	• 체내에서 합성 • 대부분 단백질에 존재 • fibroin에 많음

지방족-중성 아미노산	발린 (Val, V)	$\begin{array}{c} \vert \\ CH \\ \diagup \quad \diagdown \\ CH_3 \quad CH_3 \end{array}$	• 필수아미노산 • 대부분 단백질에 존재 • 우유단백질(casein)에 8% 정도 함유
	류신 (Leu, L)	$\begin{array}{c} \vert \\ CH_2 \\ \vert \\ CH \\ \diagup \quad \diagdown \\ CH_3 \quad CH_3 \end{array}$	• 필수아미노산 • 대부분 단백질에 존재 • 우유, 달걀 단백질에 함유
	아이소류신 (Ile, I)	$\begin{array}{c} \vert \\ CH \\ \diagup \quad \diagdown \\ CH_2 \quad CH_3 \\ \vert \\ CH_3 \end{array}$	• 필수아미노산 • 효모작용에 아실알코올로 변하여 fusel oil의 주성분이 됨
	세린 (Ser, S)	$\begin{array}{c} \vert \\ CH_2OH \end{array}$	• 체내 합성 가능 • sericin에 70%, casein, 난황단백질에 함유
	트레오닌 (Thr, T)	$\begin{array}{c} \vert \\ H-C-OH \\ \vert \\ CH_3 \end{array}$	• 필수아미노산 • 혈액의 fibrinogen에 많이 함유
지방족-산성 아미노산	아스파트산 (Asp, D)	$\begin{array}{c} \vert \\ CH_2 \\ \vert \\ COOH \end{array}$	• 대부분 단백질에 존재 • 글로불린, 아스파라거스, 카세인에 분포
	글루탐산 (Glu, E)	$\begin{array}{c} \vert \\ CH_2 \\ \vert \\ CH_2 \\ \vert \\ COOH \end{array}$	• 식물성 단백질에 많음 • Na-글루탐산(MSG)은 조미료의 주성분
	아스파라진 (Asn, N)	$\begin{array}{c} \vert \\ CH_2 \\ \vert \\ CONH_2 \end{array}$	• 가수분해되면 아스파트산과 암모니아 생성 • 단맛 • 아스파라거스, 감자, 두류, 사탕무 등이 발아할 때 특히 많음
	글루타민 (Gln, Q)	$\begin{array}{c} \vert \\ CH_2 \\ \vert \\ CH_2 \\ \vert \\ CONH_2 \end{array}$	• 식물성 식품에 존재 • 사탕무의 즙, 포유동물의 혈액에 함유

지방족- 염기성 아미노산	라이신 (Lys, K) 기출	CH_2 CH_2 CH_2 CH_2 NH_2	• 필수아미노산 • 동물의 성장에 관여 • 동물성 단백질에 함유 • 식물성 단백질에는 부족 • 곡류를 주식으로 하는 경우 결핍 우려
	히스티딘 (His, H)	CH_2 N NH	• 준필수 아미노산 • 이미다졸핵 • 혈색소와 프로타민에 많이 함유 • 부패성 세균에 의해 히스타민 생성
	아르기닌 (Arg, R)	CH_2 CH_2 CH_2 NH C NH NH_2	• 준필수 아미노산 • 생선단백질에 함유 • 분해효소인 arginase에 의해 요소와 오르니틴이 생성 • 구아니딘기
방향족 아미노산	페닐알라닌 (Phe, F)	CH_2	• 필수아미노산 • 대부분 단백질에 존재 • 헤모글로빈이나 오보알부민에 함유 • 체내에서 티로신 합성의 모체가 됨
	티로신 (Tyr, Y)	CH_2 OH	• 대부분 단백질에 존재 • 체내에서 페닐알라닌의 산화로 생성 • tyrosinase에 의해 갈색색소인 멜라닌 생성
함황 아미노산	시스테인 (Cys, C)	CH_2 SH	• 체내 산화 · 환원 작용에 중요 • -SH기가 2개 연결되어 시스틴이 됨 • 체내에서 메티오닌으로부터 생성
	메티오닌 (Met, M)	CH_2 CH_2 S CH_3	• 필수아미노산 • 체내에서 부족한 경우 시스틴으로 대용할 수 있음 • 혈청알부민이나 우유의 카세인에 많음 • 간의 기능에 관여

복소환 아미노산	트립토판 (Trp, W)	(구조식)	• 필수아미노산 • 인돌핵 • 체내에서 niacin으로 전환될 수 있어 결핍증상인 펠라그라 예방 • 효모, 견과류, 어류, 종자, 가금류 등에 함유
	프롤린 (Pro, P)	(구조식) HN─(고리)COOH	• imino group을 지님 • 알코올에 녹는 유일한 아미노산 • collagen과 같은 연골조직이나 prolamin, gelatin, casein에 함유

(1) 필수아미노산(8종): 성인의 경우 인체의 단백질 형성에 필요하나 체내에서 합성이 되지 않아 반드시 식품으로부터 섭취

아이소류신	류신	라이신	메티오닌	페닐알라닌
트레오닌	트립토판	발린	아르기닌(준필수)	히스티딘(준필수)

(2) 준필수아미노산(2종): 성인보다 성장기 어린이와 회복기 환자의 경우 체내에서 필요한 양을 충분히 합성하지 못함

(3) 비필수아미노산: 인체에서 합성되는 아미노산

(2) 단백질을 구성하지 않는 아미노산

일반명	구조식	소재 및 역할
β-alanine	$H_2N-CH_2-CH_2-COOH$	• 자연계에 존재하는 유일한 β-아미노산으로 pantothenic acid, coenzyme A, carnosine, anserine의 구성성분 • 근육 속에 유리상태 또는 다이펩타이드로 존재
citrulline	$H_2N-\overset{\overset{O}{\|}}{C}-(CH_2)_3-CH-COOH$ $\qquad\qquad\qquad\ \ \|$ $\qquad\qquad\qquad NH_2$	• 수박의 과즙에 존재 • 아르기닌의 가수분해에 의해 생성 • 요소사이클 중에서 요소생성에 관여
ornithine	$H_2N-(CH_2)_3-CH-COOH$ $\qquad\qquad\qquad\quad\|$ $\qquad\qquad\qquad NH_2$	• 동·식물 조직에 존재 • 요소사이클 중에서 요소생성에 관여
dihydroxy phenyl alanine, DOPA	(구조식) HO─(벤젠고리)─$CH_2CH-COOH$ HO $\qquad\qquad\qquad\quad NH_2$	• 티로신 산화로 생성된 멜라닌 색소의 전구체 • 효소적 갈변반응의 중간 산물

γ-aminobutyric acid, GABA	$H_2N-CH_2-CH_2-CH_2-COOH$	• 감자, 사과 속에서 발견 • 뇌 속에 존재 • 혈압 강하 작용
alliine	$CH_2=CH-CH_2-S-CH-COOH$ $\overset{\displaystyle |}{NH_2}$	• 마늘에 존재 • 마늘 냄새성분인 allicin의 전구체
taurine	$H_2N-CH_2-CH_2-SO_3H$	• 오징어, 문어, 담즙에 존재 • 말린 오징어의 표면을 하얗게 만듦
theanine	$CH_3-CH_2-NH-\overset{\displaystyle O}{\overset{\displaystyle \|}{C}}-CH_2-CH_2-\underset{\underset{\displaystyle NH_2}{\displaystyle \|}}{CH}-COOH$	• 녹차, 차의 감칠맛 성분
canavanine	$H_2N-\underset{\underset{\displaystyle NH}{\displaystyle \|}}{C}-NH-O-(CH_2)_2-\underset{\underset{\displaystyle NH_2}{\displaystyle \|}}{CH}-COOH$	• 작두콩에 함유

4. 아미노산의 성질

(1) 용해성

① 물과 같은 극성용매에 잘 녹음(예외 tyrosine, cysteine ▶ 물에 잘 녹지 않음)

② 묽은 산, 알칼리에 잘 녹음

③ 비극성 유기용매에 녹지 않음

④ 알코올에 녹지 않음(예외 proline, hydroxyproline ▶ 알코올에 잘 녹음)

(2) 양성전해질 기출

① 수용액 중에서 카복실 음이온($-COO^-$)과 암모늄 양이온($-NH_3^+$)로 해리되어 분자 내에 염을 형성

② 산성용액: 카복실기의 해리 억제 ▶ (+)로 하전 ▶ 음극으로 이동

③ 알칼리 용액: 아미노기의 해리 억제 ▶ (-)로 하전 ▶ 양극으로 이동

④ 등전점: 양전하와 음전하가 상쇄되어 분자 전체의 전하가 0이 되는 pH 지점

  ㉠ 중성아미노산 ▶ pH 7 부근 약산성

  ㉡ 산성아미노산 ▶ 산성쪽

  ㉢ 염기성아미노산 ▶ 알칼리성쪽

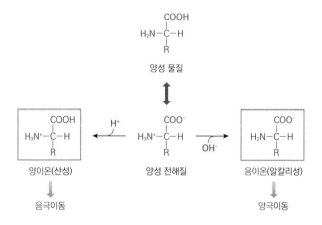

양성 물질

양이온(산성)   양성 전해질   음이온(알칼리성)

음극이동   양극이동

(3) 자외선 흡수성

① 방향족 아미노산(Tyr, Trp, Phe): 자외선 흡수

tyrosine: 274.5nm / tryptophan: 278nm / phenylalanine: 260nm

② 수용액 중의 단백질 함량: 분광광도계 280nm 파장에서 흡광도 측정

(4) 맛 기출

① 아미노산은 특유의 맛을 가지고 있는 경우가 많음

② L-leucine, L-isoleucine, tryptophan, arginine 등 ▶ 쓴맛

③ glycine, alanine, valine, serine ▶ 단맛

④ glutamate(MSG) ▶ 감칠맛

5. 아미노산의 화학적 반응 기출

(1) 탈탄산 반응(카복실기 제거반응)

① 아미노산을 Ba(OH)$_2$와 가열 ▶ 카복실기 제거 ▶ 아민 생성

② 탈탄산 반응은 미생물, 특히 부패세균에 의해서 일어남

③ histidine → histamine / tyrosine → tyramine

$$R-CH-COOH \xrightarrow[\text{부패세균}]{Ba(OH)_2와 \ 가열} R-CH_2 + CO_2$$

$$\qquad | \qquad\qquad\qquad\qquad\qquad\qquad |$$

$$\quad NH_2 \qquad\qquad\qquad\qquad\qquad\quad NH_2$$

amino acid   amine

(2) 탈아미노 반응(아질산과의 반응)

① 아미노산의 아미노기가 아질산(HNO_2)과 반응 ▶ 질소가스 발생

② Van slyke법의 원리(정량적): 아미노산 한 개 당 질소 한 개 발생

③ proline과 hydroxyproline에서는 반응이 일어나지 않음

$$R-\underset{\underset{NH_2}{|}}{CH}-COOH \xrightarrow{HNO_2} R-\underset{\underset{OH}{|}}{CH}-COOH + N_2 \uparrow + H_2O + H^+$$

(3) 알데하이드와의 반응

① 아미노산의 α-아미노기가 알데하이드와 축합 ▶ 시프(schiff) 염기 형성

② 마이야르 반응(비효소적 갈변반응)의 첫 번째 단계

$$R-\underset{\underset{NH_2}{|}}{CH}-COOH + R'-\overset{\overset{O}{\|}}{C}-H \longrightarrow R-\underset{\underset{N=CH-R'}{|}}{CH}-COOH + H_2O$$

(4) 닌히드린과의 반응

① 산화제인 닌히드린과 반응 ▶ 암모니아, 탄산가스, 알데하이드 생성

② 아미노산의 정성 또는 정량에 널리 이용

③ 아미노산(-NH_2) ▶ **청자색**

proline, hydroxyproline(-NH) ▶ **황색**

asparagine, glutamine(-$CONH_2$) ▶ **갈색**

(5) 1-플루오로-2,4-다이니트로벤젠(FDNB)과의 반응

① 아미노산의 아미노기는 1-fluoro-2,4-dinitrobenzene(FDNB)과 반응하여 황색의 DNP-아미노산(dinitrophenyl-amino acid)을 생성

② FDNB: polypeptide 사슬의 N-말단 아미노기와도 반응

③ 단백질의 아미노산 서열 분석을 위한 N-말단 아미노산 분석에 이용

FDNB   amino acid   DNP amino acid

(6) 아마이드 형성

① 아미노산은 암모니아 또는 아민과 쉽게 반응하지 않으나 알코올과 반응하여 에스테르를 만들면 암모니아와 반응하여 아마이드를 형성

② 아마이드 결합의 상대가 암모니아가 아닌 하나의 아미노산이라면 펩타이드 결합이 됨

$$R-\underset{\underset{NH_2}{|}}{CH}-COOH + R'OH \longrightarrow R-\underset{\underset{NH_2}{|}}{CH}-COOR' + H_2O$$

$$R-\underset{\underset{NH_2}{|}}{CH}-COOR' + NH_4OH \longrightarrow R-\underset{\underset{NH_2}{|}}{CH}-CONH_2 + R'OH + H_2O$$

(7) 에스테르 형성

① 아미노산은 무수 알코올에 현탁시켜 건조 HCl 가스를 통하면 아미노산의 카복실기는 알코올과 반응하여 에스테르를 형성

② gas chromatography에 의한 아미노산의 분리·동정에 응용

$$R-\underset{\underset{NH_2}{|}}{CH}-COOH + R'OH \longrightarrow R-\underset{\underset{NH_2}{|}}{CH}-COOR' + H_2O$$

(8) 펩타이드 형성

① 펩타이드: 한 아미노산의 아미노기와 다른 아미노산의 카복실기 사이에서 한 분자의 물이 빠져 나와 두 개의 아미노산이 결합한 것

② 펩타이드 결합: -CO-NH-와 같은 아마이드 결합

$$H_2N-\underset{\underset{R}{|}}{CH}-COOH + H-\underset{\underset{H}{|}}{N}-\underset{\underset{R'}{|}}{CH}-COOH \xrightarrow[\text{Peptide의 결합}]{-H_2O} H_2N-\underset{\underset{R}{|}}{CH}-CO-NH-\underset{\underset{R'}{|}}{CH}-COOH + H_2O$$

1. 단백질의 구조 [기출]

(1) 1차 구조

① 펩타이드 결합(-CO-NH-)

② 폴리펩타이드 중의 아미노산 배열순서

③ 단백질 사슬의 길이와 아미노산 결합 순서

▼

단백질의 이화학적 · 구조적 · 생물학적 성질 및 기능을 결정

④ 매우 강한 결합으로 강산이나 강알칼리에 의해서 끊어짐

(2) 2차 구조

① 수소결합

② α-나선구조(α-helix)

  ㉠ 한 펩타이드 내에서 나선을 따라 규칙적으로 카보닐기(-CO)와 이미노기(-NH)가 수소결합을 하여 서로 끌어당김

  ㉡ 주 사슬이 오른쪽으로 감기는 나선모양의 안정한 구조

  ㉢ 나선한바퀴: 3.6아미노산 잔기 포함, 수직거리 0.54nm

③ β-구조(β-plated sheet)

  ㉠ 분자 간 수소결합에 의해 입체적으로 주름을 잡으며 형성된 구조

  ㉡ 병풍구조

④ 불규칙 구조(random coil)

  ㉠ 한 아미노산의 곁사슬이 정전기적 또는 입체적 특성 때문에 규칙성이 없는 불규칙적인 구조를 형성

  ㉡ α-helix와 β-sheet 같은 규칙성이 인정되지 않는 구조

(3) 3차 구조

① 수소결합, 이온결합, 이황화결합, 소수성결합

② 실뭉치 모양과 비슷

③ 선상의 폴리펩타이드 사슬이 다양한 결합에 의해 구부러지고 중첩되어 구상 및 섬유상의 복잡한 공간배열을 이룬 것

④ 3차 구조를 이루고 있는 결합 양식은 주로 비공유 결합 ▶ 결합력이 약함

⑤ 가열, pH 변화, 효소, 유기용매, 계면활성제 등으로 단백질의 구조가 쉽게 변함

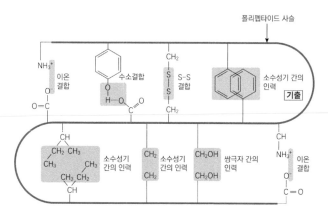

(4) 4차 구조

① 여러 개의 3차 구조 단위의 소단위가 수소결합, 소수성결합, 정전기적 인력 등의 비공유 결합으로 회합하여 특정한 공간 배치를 가지는 구조

② subunit, monomer, dimer, tetramer 등

2. 단백질의 분류

(1) 이화학적 성질에 따른 분류

① 단순단백질: 아미노산만으로 구성된 단백질 [기출]

| 분류 | 용해성(+: 가용, -: 불용) | | | | | 특징 |
	물	0.8% NaCl	약산 pH 6	약알칼리 pH 8	60~80% 알코올	예시
albumin	+	+	+	+	-	• 열응고성 • 동·식물 중에 널리 존재 • 포화 $(NH_4)_2SO_4$ 침전
						ovalbumin(난백), lactalbumin(유즙), serum albumin(혈청), myogen(근육), leucosin(맥류), legumelin(대두)
globulin	-	+	+	+	-	• 열응고성 • 동·식물 중에 널리 존재 • Glu↑, Asp↑ • albumin과의 차이점: Gly 함량이 매우 많음 • 반포화 $(NH_4)_2SO_4$ 침전
						myosin(근육), lactoglobulin(유즙), ovoglobulin(난백), serum globulin(혈청), glycinin(대두), legumin(완두), tuberin(감자), ipomain(고구마)

glutelin	−	−	+	+	−	• 비열응고성 • 식물의 종자에 존재 • Glu↑, Pro↓
						oryzenin(쌀), glutenin(밀), hordenin(보리)
prolamin	−	−	+	+	+	• 비열응고성 • 식물의 종자에 존재 • 70~80% 알코올에 용해 • Glu↑, Pro↑
						zein(옥수수), gliadin(밀), hordein(보리)
histone	+	+	+	−	−	• 비열응고성 • 동물의 체세포와 정자핵에 존재 • Lys↑, Arg↑ • 염기에 강함 • 알칼로이드 시약에 의해 산성, 중성, 알칼리성 모두 침전
						흉선 히스톤, 간장 히스톤, 적혈구 히스톤
protamin	+	+	+	−	−	• 비열응고성 • 핵산과 결합하여 Arg이 많음 • 어류의 정자핵에 존재 • 알칼로이드 시약에 의해 알칼리성에서 침전되지 않음
						salmine(연어), clupein(정어리), scombrin(고등어), sturin(상어)
albuminoid	−	−	−	−	−	• 경단백질(scleroprotein) • 동물체의 보호조직에 존재 • 섬유상 단백질 • Gly↑, Pro↑, Trp↓, Tyr↓ • 영양가↓
						collagen(결합조직, 피부), fibroin(명주실), elastin(결합조직, 힘줄), keratin(머리털, 손톱)

② **복합단백질**: 단순단백질에 비단백성물질이 결합한 단백질

분류	특징	예
인 단백질	• 인산이 에스테르형으로 단백질의 일부에 결합 • 동물성 식품에 많이 존재	• casein(유즙) • vitellin(난황) • vitellinin(난황)
지 단백질	• 지방질(인지질, 콜레스테롤)과 단백질의 결합 • 지방질 부분은 종류에 따라 각각 다르나 레시틴과 세팔린 등의 인지질에 많음	• lipovitellin(난황) • lipovitellinin(난황)
핵 단백질	• 단백질(히스톤, 프로타민)과 핵산(DNA, RNA)이 결합된 복합단백질 • 세포핵에 존재	• 동물체의 흉선(thymus, 흉선, 적혈구) • 어류의 정자 • 식물체의 배아(germ) • 효모
당 단백질	• 독특한 점성을 지닌 점액단백질 • 당질과 단백질이 결합 • 조직이나 장내의 윤활작용과 동·식물 세포 및 조직의 보호작용	• mucin(동물의 점액, 타액, 소화액) 　- 초산에 침전(O) • mucoid(혈청, 결체조직) - 초산에 침전(X) • ovomucoid(난백)
색소 단백질	• 색소성분(pigment)과 단백질이 결합 • 색소: heme, chlorophyll, carotenoid, flavin 등 • 산소 운반, 호흡작용, 산화·환원 작용에 관여	• hemoglobin(혈액) • myoglobin(근육) • cytochrome(체조직) • chlorophyll protein(녹색잎) • astaxanthin protein(갑각류 껍질) • yellow enzyme(우유, 혈액)
금속 단백질	• 금속(Fe, Cu, Zn)이 결합된 단백질	• 철단백질: ferritin(저장철) • 구리단백질: tyrosinase, ascorbinase, hemocyanin, polyphenol oxidase • 아연단백질: insulin

③ 유도단백질 기출

ㄱ 단순단백질, 복합단백질이 물리·화학적 또는 효소에 의해 변형된 단백질

ㄴ 1차 유도단백질(변성단백질)

　• 젤라틴: collagen ▶ (물 + 가열) 처리 ▶ gelatin

　• 파라카세인: casein ▶ rennin 처리 ▶ para-casein

　• 메타프로테인: 묽은 산, 알칼리에 의해 그 구조가 변성된 알부민 또는 글로불린

ㄷ 2차 유도단백질(분해단백질)

protein ▶ proteose ▶ peptone ▶ peptide ▶ amino acid

1차 유도단백질	변성단백질	물리적 또는 화학적으로 변성된 것	gelatin, para-casein, metaprotein, protean
2차 유도단백질	분해단백질	단백질이 가수분해된 생성물	proteose, peptone, peptide

(2) 구조와 형태에 따른 분류

섬유상 단백질	섬유 모양	• 폴리펩타이드 사슬이 일정한 방향으로 규칙적인 배열을 한 섬유상의 구조 • 보통의 용매에 녹지 않음 • 골격조직, 결합조직, 표피, 모발 등을 형성	collagen, elastin, keratin
구상 단백질	둥근 모양	• 식품단백질의 대부분은 구상단백질의 형태 • 아미노산 측쇄의 여러 가지 결합에 의해서 폴리펩타이드 사슬이 구부러지고 겹쳐짐 • 비교적 물에 잘 용해	albumin, globulin, hemoglobin, insulin

3. 단백질의 성질 기출

(1) 분자량

① 고분자화합물(분자량이 수만~수백만에 이름)

② 단백질은 물에 녹으면 친수성 콜로이드 용액을 형성

③ 세포막, 셀로판 등의 반투막을 통과하지 못함

④ 투석(dialysis): 단백질 용액 중 공존하는 저분자 물질을 제거하여 단백질을 정제하는 방법

(2) 용해성

① 용해의 의미: 용매 중에 분산되어 점조한 colloid 용액을 만드는 것

② 단백질의 용해도 ▶ pH 및 염류에 의해 영향을 받음

③ 등전점에서 용해도 최소

④ 염용효과(salting in): 묽은 중성 염류 용액에서 단백질의 용해도가 증가

⑤ 염석효과(salting out): 높은 농도의 중성 염류 용액에서 단백질의 용해도가 감소

    ㉠ 중성염류: 황산암모늄, 황산나트륨

    ㉡ 단백질 정제에 이용

(3) 양성전해질과 등전점 기출

① 용액의 pH에 따라 (+)나 (-)로 전하를 가짐

② 산성: (-)전하↓ ▶ 산성이 세지면 (+)전하만 가짐
    알칼리성: (+)전하↓ ▶ 알칼리성이 세지면 (-)전하만 가짐

③ 등전점: 특정한 pH에서는 (+), (-)전하의 양이 같아짐 ▶ 분자 전체로서는 전기적으로 중성 ▶ 전하가 0이 되어 어느 쪽 전극으로도 이동하지 않음

④ 등전점에서 최소 / 최대

    ⊙ 최소: 용해도, 수화, 팽윤, 삼투압, 점도, 전기전도도

    ⓒ 최대: 침전, 흡착성, 기포력, 탁도

(4) **전기영동**

    ① 등전점보다 낮은 pH 용액에서는 (+)로 하전 ▶ 음극으로 이동

    등전점보다 높은 pH 용액에서는 (-)로 하전 ▶ 양극으로 이동

    ② 등전점 ▶ 하전이 0이 되어 이동하지 않음

    ③ 단백질의 분리 · 정제에 이용

(5) **침전성**

    ① **유기침전제(음이온):** 트리클로로아세트산, 피크르산, 설포살리실산, 타닌산

    ② **중금속:** Zn^{2+}, Cu^{2+}, Cd^{2+}, Pb^{2+} 등이 단백질과 불용성 염을 형성

    ③ **유기용매:** 알코올, 아세톤 등에 의해서 불용성 염을 형성

(6) **단백질의 정색반응**

닌히드린 반응 (ninhydrin)	• 단백질, α-아미노산 + 1% ninhydrin용액 → 청자색 또는 적자색 • 펩타이드, 아민, 암모니아 등과도 반응
뷰렛 반응 (biuret)	• 단백질 + NaOH + $CuSO_4$ → 청자색 또는 적자색 • 단백질 또는 펩타이드 결합 존재 시 반응
잔토단백질 반응 (xanthoprotein)	• 단백질 + 진한질산 → 백색침전 → 가열 → 황색 → 냉각 → NH_3 → 주황색 • 단백질 내 티로신, 페닐알라닌, 트립토판 존재 시에 반응
밀론 반응 (millon)	• 단백질 + 밀론시약 → 흰색침전 → 가열 → 적색 • 단백질 내 페놀기를 지닌 티로신 존재 시
유황(S) 반응	• 단백질 + 40% NaOH → 가열 → 초산납수용액 → 검은침전 • 단백질 내 황을 지닌 시스틴, 시스테인 존재 시(예외: 메티오닌)
홉킨스 콜 반응 (hopkins-cole)	• 단백질 + 글리옥실산 → 혼합 → 진한황산 → 경계면에 보라색 고리 • 단백질 내 인돌기를 지닌 트립토판 존재 시
사카구치 반응 (sakaguchi)	• 단백질 + NaOH → 70% 에탄올에 녹인 0.1% α-나프톨 용액 + 5% NaOCl 수용액 → 적색 • 단백질 내 아르기닌 존재 시

4. 단백질의 변성 기출

> • 변성(denaturation): 단백질의 1차 구조는 변하지 않고 고차구조(2~4차)가 변하는 현상
> • 물리적 변성 요인: 가열, 동결 및 건조, 표면장력, 광선, 압력
> • 화학적 변성 요인: 염류, 유기용매, 금속이온, 알칼로이드, pH, 효소
> • 변성을 이용한 식품: 삶은 달걀, 달걀찜(가열), 치즈(효소), 요구르트(산), 어묵(염류, 가열),
>   두부(가열, 염류), 스펀지케이크(표면장력), 건어물(건조)

(1) 물리적 요인에 의한 변성

① 열변성

㉠ 응고, 젤(gel)화

㉡ 열응고: 육류, 어패류 및 달걀 등은 60~70℃ 로 가열 시 응고

㉢ 콜라겐(불용성) ▶ 물 + 가열 ▶ 젤라틴(냉각 시 젤리화)

▌열변성에 영향을 주는 요인 기출

종류	영향
온도	• 단백질의 종류에 따라 변성온도가 다르지만 주로 60~70℃ 근처에서 변성이 일어남 • 온도가 높아질수록 열변성 속도가 빨라짐
수분	• 수분은 열변성을 촉진시킴 • 수분함량이 많으면 낮은 온도에서도 열변성이 일어남 • 가열에 의해 물의 분자운동 왕성 → 단백질의 폴리펩타이드 사슬 사이의 수소결합 분해
pH	• 등전점에서 가장 쉽게 응고함 • 대부분 단백질의 등전점은 산성측에 있으므로 pH를 낮추면 열변성이 촉진
전해질	• 전해질은 열변성을 촉진시킴 • 염화물, 황산염, 인산염, 젖산염 등을 가하면 변성온도가 낮아지고 속도도 빨라짐
당	• 설탕은 열 응고를 방해함 • 당이 존재하면 응고 온도가 높아지고, 당의 양이 많아질수록 응고온도는 점점 상승함 [해교작용(peptization)]

② 동결에 의한 변성

㉠ 육류 동결 ▶ 결합력이 약한 수분부터 빙결정으로 석출 ▶ 액상 부분의 농축
  ▶ 용존 염류의 농도 증가 ▶ 염석에 의해 변성(salting out)

㉡ 수분이 동결에 의해 빙결정으로 석출 ▶ 빙결정 성장 ▶ 단백질 분자 탈수 ▶
  단백질 분자가 서로 접근하여 분자 간 결합 ▶ 응집 변성

ⓒ 완만 동결: 빙결정 크기↑, drip↑, 염석현상↑, 보수성↓, 변성↑

ⓔ 급속 동결: 최대 빙결정대(-1 ~ -5℃)를 빨리 통과, 빙결정 크기 작고 고루 분산

ⓜ 해동: 10℃ 부근의 공기 중에서 완만하게 해동

③ **건조에 의한 변성**

ⓐ 어육건조 ▶ 폴리펩타이드 사슬 사이의 수분 제거 ▶ 견고한 구조 ▶ 염석 · 응집에 의한 변성

ⓑ 진공 동결 건조법(감압 진공) ▶ 수분 재흡수 시 복원성↑

④ **표면장력에 의한 변성**

ⓐ 단백질이 교반 등의 물리적 힘에 의해 단일 분자막의 상태로 얇은 막을 형성 ▶ 단백질 변성, 응고

ⓑ 계면변성: 난백을 세게 저어서 거품을 형성 ▶ 표면장력에 의해 변성 ▶ 점성(O)

⑤ **광선, 압력 및 초음파에 의한 변성**

ⓐ 광선의 조사 ▶ 3차 구조 결합 절단 ▶ 단백질 변성

ⓑ 고압력(5,000~10,000 기압) ▶ 단백질 변성

ⓒ 초음파 ▶ 단백질 변성

(2) **화학적 요인에 의한 변성**

① **pH에 의한 변성**

ⓐ 산, 알칼리 ▶ pH 변화 ▶ 등전점에 이름 ▶ 응고

ⓑ 우유 $\xrightarrow{\text{발효}}$ 유산생성 $\xrightarrow{\text{pH저하}}$ casein이 등전점에 이름 → 변성 · 침전

ⓒ 요구르트, 치즈 등의 제조에 응용

② **염류에 의한 변성**

ⓐ 단백질 용액 + 소량의 중성염 ▶ 용해도↑(염용)

ⓑ 단백질 용액 + 다량의 중성염 ▶ 응집 · 침전(염석)

ⓒ 중성염: $(NH_4)_2SO_4$, Na_2SO_4, $(NH_4)_2CO_3$

③ **유기용매에 의한 변성**

ⓐ 알코올, 아세톤 첨가 ▶ 단백질 변성, 침전

ⓑ 알코올 시험법 ▶ 우유의 신선도 판정법 ┌ 신선유: 침전(X)
└ 신선도 저하유: 다량의 침전 생성

④ 금속이온에 의한 변성

　　㉠ 가용성 단백질은 2가 또는 3가의 금속이온에 의해 응고

　　㉡ 두부 제조: 콩 단백질(glycinin)은 가열만으로는 변성되지 않으나, 간수 성분인
　　　　$CaCl_2$, $MgCl_2$를 첨가하면 Ca^{2+}이나 Mg^{2+}에 의해 응고

　　㉢ 수은, 은, 구리, 철, 납 등의 중금속은 단백질과 착화합물 생성 ▶ 침전

⑤ 효소에 의한 변성

　　㉠ casein micelle의 k-casein에 rennin(응유효소)이 작용하여 para-k-casein과
　　　　glycomacropeptide로 분해

　　㉡ casein에서 glycomacropeptide가 유리 ▶ casein micelle은 불안정해짐 ▶ 우유
　　　　중의 Ca^{2+}과 결합 ▶ 응고(curd 형성) ▶ 치즈제조에 이용

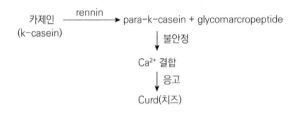

(3) **변성 단백질의 성질** 기출

① 생물학적 특성 상실

　　㉠ 효소 활성, 독성, 면역성 등 생물학적 특성 상실

　　㉡ 효소: 단백질로 구성 ▶ 가열에 의해 효소 단백질의 분자 형태 변화 ▶ 불활성화

② 단백질 분해효소에 의해 분해

　　㉠ 폴리펩타이드 사슬이 열에 의하여 풀어짐 ▶ 효소 작용에 의해 분해될 수 있는
　　　　반응 장소가 증가 ▶ 소화↑

　　㉡ 지나친 가열은 오히려 단백질의 소화를 나쁘게 함

③ 반응성 증가

　　㉠ 단백질 변성 ▶ 여러 활성기(-OH, -SH, -COOH, -NH₂)들이 표면에 나타나 반응성↑

　　㉡ 폴리펩타이드 사슬의 입체 구조 내부에 존재하던 활성기가 변성으로 인하여 구
　　　　조가 풀려 표면으로 노출

④ 용해도 변화

    ㉠ 단백질 변성 ▶ 소수성기가 분자 표면에 나타남 ▶ 단백질의 친수성↓

    ㉡ 용해도↓ ▶ 불용화, 응고, gel화

⑤ 기타 물리적 및 화학적 성질의 변화

    ㉠ 점도↑, 확산계수↑

    ㉡ 자외선에 대한 흡광도가 단파장 방향으로 이동(변성 청색 이동)

    ㉢ -SH잔기 노출 ▶ 화학반응이 일어나기 쉬움

Chapter　3　식품단백질

1. 식물성 단백질

(1) 곡류 단백질

① 쌀 단백질 [기출]

    ㉠ oryzenin(glutelin계)

    ㉡ 현미에는 7~11% 단백질 함유(쌀겨, 배아)

    ㉢ 라이신, 트립토판 부족

    ㉣ 쌀의 저장 단백질 ▶ 글루텔린 / 다른 곡류의 저장 단백질 ▶ 프롤라민

    ㉤ 쌀의 단백질 함량은 다소 낮지만, 다른 곡류에 비해 단백질 품질이 더 좋음

② 밀 단백질 [기출]

    ㉠ 글루테닌, 글리아딘, 일부민, 글로불린으로 구분

글루테닌 (글루텔린류)	• 탄성 부여(연성 약함) • 산, 염기, 수소결합 • 용매에 현탁 가능하며 지방질과 결합 • 고분자량(100,000 이상)	• 글루텐(gluten) 형성 • 전체 단백질의 50% 이상 차지
글리아딘 (프롤라민류)	• 연성 부여(탄성 약함) • 산, 염기, 수소결합 • 용매에 녹음 • 저분자량(25,000 ~ 100,000)	
알부민 글로불린	• 응고성 단백질 • 기포형성 단백질	• 글루텐 비형성 • 전체 단백질의 15 ~ 35% 차지

    ⓒ glutenin(탄성), gliadin(연성) $\xrightarrow[\text{반죽}]{\text{물}}$ gluten(점탄성)

    ⓒ gluten의 함량에 따라 강력분, 중력분, 박력분

- 강력분(13%↑): 식빵
- 중력분(10~13%): 국수
- 박력분(10%↓): 케이크, 쿠키

    ⓔ 라이신, 메티오닌, 트립토판 부족

(2) 대두 단백질

① 식물성 식품으로서는 단백질 함량이 매우 큰 편: 평균 35~40%

② 주성분: 글로불린(글리시닌, 대두단백질의 84% 차지)

③ 메티오닌과 트립토판을 제외한 모든 필수아미노산의 좋은 급원

④ 트립신 저해물질(trypsin inhibitor): 단백질 소화 흡수 저해

2. 동물성 단백질

(1) 육류 단백질 [기출]

① 결체 조직(육기질 단백질)

    ㉠ 콜라겐

- 특이한 아미노산 배열(glycine - proline - hydroxyproline - glycine)
- 3중 나선, tropocollagen 분자를 형성
- 산이나 알칼리에서 쉽게 팽윤
- 불용성 ▶ 60~70℃ 가열 ▶ 젤라틴(가용성)

    ㉡ 엘라스틴

- 탄력성(O)
- 인대조직, 동맥혈관의 벽 등에 존재
- 산, 알칼리 또는 트립신과 같은 단백질 분해효소에 의해 잘 분해되지 않음

② 근육 섬유조직

    ㉠ 미오겐(알부민)

- 황산암모늄의 포화용액에 의해서 침전되는 구상 단백질
- 육류 조직 내에서 미오겐 섬유체로서 불용성의 섬유상으로 존재

ⓒ 미오신 복합체 - 미오신, 액틴, 기타구상단백질

- 액틴: 구형, 근육 단백질에 약 13% 함유

    - 구상 액틴(globular actin): G-액틴

    - 섬유상 액틴(fibrous actin): F-액틴(G-액틴이 중합하여 섬유상 형성)

- 미오신 + 액틴(3 : 1)

- 액토미오신: 액틴과 미오신의 복합체 ▶ 수축된 형태

(2) 달걀 단백질

① 난백(egg white) 단백질 기출

ⓐ 오브알부민(ovalbumin) - 54%

- 가장 많이 함유

- 가열에 의해 쉽게 응고되는 인단백질

ⓑ 콘알부민(conalbumin) - 13%

- 당단백질(오보트랜스페린)

- 철(Fe^{3+})과 결합하면 가열, 압력, 단백질 분해효소 및 변성제에 대한 저항 커짐

- 항 미생물 작용

ⓒ 오보뮤코이드(ovomucoid) - 11%

- 열에 매우 안정한 당단백질

- 트립신 저해작용

ⓓ 라이소자임(lysozyme) - 3.5%

- 용균작용(항 미생물 작용)

- 염기성 단백질, 단백분해효소에 안정, 열에 안정

- 세균 세포벽을 분해할 수 있는 glycosidase의 일종, 다당류 분해효소

- 그람음성균보다는 그람양성균에 효과적

ⓔ 아비딘(avidin) - 0.05%

- 난백 단백질에 소량 함유

- 비오틴과 결합 ▶ 생체가 비오틴을 이용할 수 없게 하는 특성

- 열변성에 의해 상실

- 항 미생물 작용

성분	함량(%)	등전점(pH)	특징
오브알부민(ovalbumin)	54	4.6	쉽게 변성, -SH기 함유
콘알부민(conalbumin)	13	6.0	철과 결합, 항미생물작용
오보뮤코이드(ovomucoid)	11	4.3	트립신 저해
라이소자임(lysozyme)	3.5	10.7	다당류 분해효소, 항미생물작용
오보뮤신(ovomucin)	1.5	4.5~5.0	점성, 시알산(sialic acid) 함유, 바이러스와 반응
단백질 분해효소 저해제 (proteinase inhibitor)	0.1	5.2	단백질 분해효소 저해
아비딘(avidin)	0.05	9.5	비오틴과 결합, 항미생물작용
플라보프로테인 (flavoprotein)	0.8	4.1	리보플라빈과 결합

② 난황(egg yolk) 단백질

  ㉠ 지방질 함량↑

  ㉡ 리포단백질: 21% 차지, 유화제

  • 리포비텔린(고밀도 지단백): 17~18% 지방과 1% 인을 함유

  • 리포비텔리닌(저밀도 지단백): 36~41% 지방과 0.29% 인을 함유

  • 리베틴(livetin) 기출 : 지방을 함유하지 않은 구상단백질

(3) **우유 단백질**

① 우유는 약 3%의 단백질 함유

② 달걀, 육류단백질과 함께 가장 품질이 우수한 식품단백질

③ 카세인(80%) + β-락토글로불린(8.5%) + α-락트알부민(5.0%) + 면역글로불린(1.7%)

④ casein 기출 : rennin을 pH 4.7 부근에서 작용시키면 casein 응고

$$수용성\ casein \xrightarrow{\text{rennin}} 수용성\ para\text{-}casein$$

$$수용성\ para\text{-}casein + Ca^{2+} \xrightarrow[\text{pH4.7}]{} 불용성\ calcium\ para\text{-}casein$$

⑤ **유청단백질**: 우유를 pH 4.7로 조절하였을 때 침전 되지 않은 단백질, β-락토글로불린과 α-락토알부민이 가장 많이 함유되어 있음

카세인(casein)	유청단백질(whey protein)
인단백질	
비열응고성	열응고성
산, 효소에 의해 응고 (O)	산, 효소에 의해 응고 (X)

3. 단백질의 품질

(1) 단백질 품질 평가

① **생물학적 평가**: 체내 이용정도 평가

  ⊙ 생물가(biological value, BV)

    • 실험동물의 체내에서 흡수된 질소량과 체내에 유지된 질소량의 비율

    • 단백질의 영양가 판정시 이용

$$BV = \frac{체내에\ 유지된\ 질소분}{체내에\ 흡수된\ 질소분} \times 100$$
$$= \frac{섭취\ 질소량 - 대변\ 질소량 - 소변\ 질소량}{섭취\ 질소량 - 대변\ 질소량}$$

  ⓛ 단백질 효율비(protein efficiency ratio, PER)

    • 전제조건: 열량공급이 충분, 체중증가가 체단백질의 증가와 비례한다는 점

    • 장·단점: 간편하고 효율적, 체중증가와 체단백 보유량이 일치하지 않음

$$PER = \frac{이유기의\ 실험동물의\ 체중\ 증가량(g수)}{단백질\ 섭취량(g수)}$$

② **화학적 평가**: 구성아미노산의 화학적 분석평가

  ⊙ 화학가(chemical score, CS)

$$CS = \frac{제1제한\ 아미노산\ 함량(mg/g)}{기준\ 단백질\ 중의\ 식품\ 중\ 제1제한\ 아미노산\ 함량(mg/g)} \times 100$$

  ⓛ 아미노산가(amino acid score, AAS)

$$AAS = \frac{제1제한\ 아미노산\ 함량(mg/g)}{WHO\ 기준\ 단백질\ 중의\ 식품\ 중\ 제1제한\ 아미노산\ 함량(mg/g)} \times 100$$

(2) **단백질 상호보완 효과**

① 각 식품에 존재하는 단백질을 효율적으로 이용하기 위해서는 가능한 한 여러 단백질 자원을 혼합하는 것이 바람직함

② 필수아미노산 함량이 낮은 식품과 그 해당 필수아미노산의 함량이 큰 다른 식품을 혼합하여 동시에 섭취하도록 하면 가장 큰 효과를 얻을 수 있음

01 단백질 용액에 1~2N NaOH 용액을 가하여 알칼리성으로 만들고, 여기에 1% $CuSO_4$ 용액 1~2방울을 가하면 적자색을 띠는 것은 뷰렛(biuret) 반응이다.   O   X

02 달걀흰자에 함유되어 있는 아비딘(avidin)은 비오틴(biotin)의 흡수를 저해한다.   O   X

03 달걀흰자에 함유되어 있는 오보뮤코이드(ovomucoid)는 단백질 분해효소의 활성을 감소시킨다.   O   X

04 생대두에 함유되어 있는 헤마글루티닌(hemagglutinin)은 지질 분해효소의 합성을 억제시킨다.   O   X

05 생대두에 함유되어 있는 트립신 저해인자(trypsin inhibitor)는 트립신과 더불어 펩신 소화효소의 활성을 저해시키지만 가열에 의해 제거된다.   O   X

06 단백질 분자 전체가 전기적으로 중성이 되는 pH를 등전점이라 한다.   O   X

07 등전점에서는 단백질이 침전되어 변성되기 어렵다.   O   X

08 등전점에서 단백질은 물에 대한 용해도가 가장 낮다.   O   X

09 등전점의 차이를 이용하여 단백질을 분리하거나 정제할 수 있다.   O   X

10 알부민(albumin), 글로불린(globulin), 콜라겐(collagen) 및 프롤라민(prolamin)은 구상 단백질이다.   O   X

11 수분이 많으면 비교적 저온에서 변성이 일어나나 수분이 적으면 고온에서 응고 변성된다.   O   X

12 동결 시 변성의 시간을 최소화하기 위해서는 최대빙결정대를 되도록 빨리 통과시켜야 한다.   O   X

13 변성 후 단백질에서는 하이드록시기(-OH), 싸이올기(-SH) 등의 활성기가 줄어들어 반응성이 감소한다.   O   X

14 단백질의 변성은 단백질 분자 내 1차 구조의 변화가 아닌 2, 3차 구조를 유지하는 결합이 파괴되는 것이다.   O   X

15 아미노산은 물과 같은 극성 용매에는 잘 용해되나, ether, acetone과 같은 비극성 유기용매에는 용해되지 않는다.   O   X

16 아미노산은 amino기와 carboxyl기가 공존하는 양성전해질이다.   O   X

17 아미노산의 carboxyl기는 알코올과 반응하여 ester를 만든다.   O   X

18 아미노산은 모두가 부제탄소를 가지고 있고, 2^n개(n: 부제탄소 수)의 광학적 이성체가 존재한다.   O   X

19 대부분의 아미노산은 ninhydrin과 반응하면 탈아미노 반응에 의해 청자색을 나타낸다.   O   X

20 collagen은 가용성 단백질로 가열하면 변성되어 응고하게 된다.   O   X

21 어육의 동결에 의한 변성은 분산매인 물이 동결됨으로써 단백질 입자가 상호 접근하여 결합하게 된다. ○ X

22 생선회에 식초를 첨가하면 생선의 살이 단단해져 식감이 좋아지는 것은 산에 의한 변성의 예이다. ○ X

23 우유 속의 casein은 rennin이 작용하면 변성되어 para-casein이 된다. ○ X

24 식품 중의 albumin, globulin은 열에 의하여 응고된다. ○ X

25 쌀의 가장 중요한 단백질은 오리제닌이며 리신(lysine) 함량이 높다. ○ X

26 밀가루의 글루텐 단백질은 함량이 10% 이하는 박력분, 10~13%는 중력분, 13% 이상은 강력분으로 나눌 수 있다. ○ X

27 우유 단백질은 80% 이상이 카제인(casein)으로 구성되어 있고, 그 외에 락트알부민, 락트글로불린으로 구성되어 있다. ○ X

28 육류 단백질은 결체조직을 형성하는 콜라겐과 엘라스틴, 근육 섬유를 구성하는 미오겐과 미오신 복합체가 가장 중요하다. ○ X

29 글루텔린류(glutelins)는 70~80% 에탄올에는 녹으나 물이나 무수 에탄올 등에는 잘 녹지 않는다. ○ X

30 스클레로프로테인류(scleroproteins)는 일체의 수용액에 녹지 않는 단백질로서 경단백질이라고 불린다. ○ X

31 글로불린류(globulins)의 경우, 물에는 잘 녹지 않으나 염용액에는 잘 녹는다. ○ X

32 알부민류(albumins)는 물과 염 용액(salt solution)에 녹는다. ○ X

33 가공식품 제조 시 적용된 단백질의 변성 예로는 우유단백질 카세인에 레닌을 추가하고 칼슘과 결합시켜 만든 치즈 커드와 카세인에 젖산을 첨가하여 만든 요구르트 등이 있다. ○ X

34 콩의 글리시닌(glycinin)을 가열 처리한 후 냉장시켜 만든 두부는 가공식품 제조 시 적용된 단백질 변성의 예로 들 수 있다. ○ X

35 콜라겐에 열처리를 한 후 응고시켜 만든 젤리(jelly)는 가공식품 제조 시 적용된 단백질 변성의 예로 들 수 있다. ○ X

36 펩톤류(peptones)는 2차 유도단백질(the secondary derived proteins)이다. ○ X

37 알부민(albumin)류는 물 또는 묽은 염 용액에는 불용성이나 가열에 의해서 응고되며 동물성 단백질로 마이요젠(myogen), 락트알부민(lactalbumin)과 오브알부민(ovalbumin) 등이 있다. ○ X

38 글로불린(globulin)류는 물에는 불용성이나 가열에 의해서 응고되고 황산암모늄의 반포화 용액에 의해서 침전되며 육류 단백질로 마이요신(myosin) 등이 있다. ○ X

39 글루텔린(glutelin)류는 알칼리 용액에 불용성이나 물과 중성 염류 용액 등에는 잘 녹으며 식물성 단백질로 오리제닌(oryzenin), 글루테닌(glutenin) 등이 있다. ○ X

40 프롤라민(prolamin)류는 물, 중성염, 70% 에탄올에 잘 녹으며 보리 중의 홀데인 (hordein), 밀 중의 글리아딘(gliadin) 등이 여기에 속한다. ○ X

41 아미노산이 알코올과 반응하면 휘발성 에스터가 생성되고 이를 암모니아와 반응시키 면 아마이드(amide)가 생성된다. ○ X

42 아미노산이 포름알데히드(formaldehyde)와 반응하면 카르복시기가 제거되어 이산화 탄소와 아민(amine)이 생성된다. ○ X

43 프롤린(proline) 또는 하이드록시프롤린(hydroxy proline)이 아질산(HNO_2)과 반응하면 질소 가스(N_2)를 생성시킨다. ○ X

44 아미노산을 수산화바륨($Ba(OH)_2$)과 함께 가열하면 아미노기가 제거되어 유기산이 생 성된다. ○ X

정 답

01 ○	02 ○	03 ○	04 ×	05 ×	06 ○	07 ×	08 ○	09 ○	10 ×
11 ○	12 ○	13 ×	14 ○	15 ○	16 ○	17 ○	18 ×	19 ○	20 ×
21 ○	22 ○	23 ○	24 ○	25 ×	26 ○	27 ○	28 ○	29 ×	30 ○
31 ○	32 ○	33 ○	34 ×	35 ○	36 ○	37 ×	38 ○	39 ×	40 ×
41 ○	42 ×	43 ×	44 ×						

Chapter 1 | 개요

1. 비타민의 특징

① 소량으로 성장 촉진

② 신체의 다양한 기능을 유지하고 촉진

③ 체내 대사조절 기능

④ 질병에 대한 면역기능 수행

⑤ 반드시 음식으로 섭취

2. 지용성 비타민과 수용성 비타민 특성 비교

특성	지용성 비타민	수용성 비타민
종류	비타민 A, D, E, K	비타민 B군, C
용해성	유지나 유기용매에 용해됨	물에 용해됨
필요성	매일 공급할 필요는 없음	매일 공급이 필요함
전구체	있음	없음
독성	과량 섭취 시 체내에 저장 ▶ 독성 유발	독성이 심하지 않음
흡수성	체내 흡수 어려움	체내 흡수 쉽고 빠름
저장성	간, 지방조직에 저장됨	필요량 이상은 배설 (예외: 비타민 B_{12})

| Chapter | 2 | 지용성 비타민 |

1. 지용성 비타민의 종류 및 특성

종류 ＼ 특성	주요기능	결핍증·과잉증	급원식품 기출
비타민 A (retinol) (retinal) (retinoic acid)	• 시각작용 • 로돕신 형성 • 상피조직 보호작용 • 항암작용 • 면역기능 • 성장촉진, 생식기능	[결핍증] 야맹증, 모낭 각화증, 안구 건조증, 피부각질화, 유아성 장지연, 면역기능 약화 [과잉증] 두통, 피부질환, 태아기형, 탈모, 간과 뼈의 손상	동물(소, 돼지)의 간, 장어, 난황, 버터, 치즈, 당근, 김
비타민 D D_2(ergocalciferol) D_3(cholecalciferol)	• 뼈의 성장, 석회화 • 칼슘, 인 흡수↑ • 골조직 형성	[결핍증] 골연화증, 구루병, 골다공증, 유아발육 부진 [과잉증] 고칼슘혈증, 식욕부진, 구토, 성장지연, 체중감소	버섯(표고, 목이), 꽁치, 장어, 난황
비타민 E (tocopherol)	• 생식기능 정상화 • 산화(노화) 방지 • 비타민 A 흡수↑ • 적혈구세포막 보호	[결핍증] 동물의 불임증, 근위축증, 적혈구 수명 단축, 빈혈 [과잉증] 근육, 허약, 두통, 피로	참기름, 콩기름, 옥수 수기름, 올리브유, 밀, 배아
비타민 K K_1(phylloquinone) K_2(menaquinone) K_3(menadione)	• 혈액응고	[결핍증] 혈액응고 지연, 신생아 출혈	김, 파슬리, 쑥, 시금치

2. 비타민 A (retinol, axerophthol)

(1) 구조

① β-ionone핵과 isoprene 사슬로 되어있으며, 끝에는 -OH기를 가지고 있는 고급 탄화수소

② 레티놀(retinol), 레티날(retinal), 레티산(retinoic acid)

③ **전구체(provitamin)**: α-carotene, β-carotene, γ-carotene, cryptoxanthin 기출

④ **비타민 A의 효력**: β-carotene > cryptoxanthin > α-carotene > γ-carotene β-이오논 핵 / 아이소프렌 / 레티놀 : R = -CH2OH / 레티날 : R = -CHO / 레티산 : R = -COOH

(2) 안정성 기출

① 산과 열에는 불안정, 알칼리에 비교적 안정

② 산소가 없는 곳에서는 120℃ 정도로 가열하거나 건조하여도 분해되지 않음

③ 이중결합↑ ▶ 광선이나 공기 중의 산소에 의하여 산화 분해되기 쉬움

④ 식품에 함유되어 있는 비타민 E, 비타민 C, -SH 화합물은 비타민 A의 산화를 억제

(3) 결핍 · 과잉

① 시각작용, 시각색소(로돕신)의 형성, 상피조직의 보호작용, 항암작용, 면역기능, 성장 촉진 및 생식기능에 관여

retinol ──전환──▶ retinal ──옵신과 결합──▶ rhodopsin 생성
시각 형성 ◀── 시신경 자극 ◀── opsin + retinal ◀──어두운 빛──

② 결핍: 야맹증, 모낭의 각화증, 안구건조증, 각막연화증, 모든 조직의 감염증에 대한 저항성의 저하, 성장 지연

③ 과잉

ㄱ 급성증상: 두통, 구토, 현기증

ㄴ 만성증상: 탈모, 입술 균열, 피부 건조, 간과 뼈의 손상, 기형아, 유산, 사산

(4) 급원식품

① 동물의 간, 난황, 버터, 당근, 시금치, 치즈

② β-carotene(provitamin A): 당근, 호박, 야채 등의 식물성 식품

3. 비타민 D (calciferol) 기출

(1) 구조

① 비타민 D의 활성을 가진 모든 지용성화합물의 총칭, 뼈의 석회화에 관여

② ergosterol $\xrightarrow{\text{UV}}$ ergocalciferol(vit D_2)

③ 7-dehydrocholesterol $\xrightarrow{\text{UV}}$ cholecalciferol(vit D_3)

④ Vit D_3 활성화

7-dehydrocholesterol $\xrightarrow{\text{UV}}$ vit D_3(피부)

$$1,25\text{-}(OH)_2\text{-vit } D_3 \longleftarrow 25\text{-}(OH)\text{-vit } D_3$$
$$\text{(신장)} \qquad\qquad \text{(간)}$$

vitamin D_2(ergocalciferol)

vitamin D_3(cholecalciferol)

(2) 안정성

① 열에 대한 저항성이 강함 ▶ 식품 가공 후에도 활성을 안정적으로 유지

② 산성에서 불안정 / 알칼리 조건에서 안정

③ 광선에 안정한 편이나, 지나친 광선에 불안정

(3) 결핍 · 과잉

① 비타민 D의 활성형인 $1,25\text{-}(OH)_2$-vit D_3는 체내에서 호르몬과 유사한 역할을 하며, 칼슘의 항상성 조절(혈중 Ca↓ ▶ 소장 Ca 흡수↑, 신장 Ca 재흡수↑)

② 결핍: 어린이 - 구루병 / 성인 - 골연화증, 골다공증

　　㉠ 지방함유 식품의 섭취 부족, 엄격한 채식주의자

　　㉡ 햇빛에 노출되는 시간이 부족한 사람들

　　㉢ 과도한 스트레스를 받는 사람들

③ 과잉: 고칼슘혈증, 성장지연, 체중감소, 식욕부진, 구토

(4) 급원식품

① ergosterol: 버섯류, 효모 등의 식물에 주로 함유

② 비타민 D_3: 기름진 생선, 난황

③ 우유(소량 함유), 달걀, 버터, 치즈 등

4. 비타민 E (tocopherol)

(1) 구조

① tocol의 유도체, chroman핵에 결합하는 메틸기의 수와 위치에 따라 α, β, γ, δ-토코페롤로 구분

② 비타민 E 활성: α-tocopherol > β-tocopherol > γ-tocopherol > δ-tocopherol
항산화력: δ-tocopherol > γ-tocopherol > β-tocopherol > α-tocopherol

	R_1	R_2	R_3	화학명	생물학적 활성도(%)
α-토코페롤	CH_3	CH_3	CH_3	5, 7, 8-trimethyl tocol	100
β-토코페롤	CH_3	H	CH_3	5, 8-dimethyl tocol	50
γ-토코페롤	H	CH_3	CH_3	7, 8-dimethyl tocol	26
δ-토코페롤	H	H	CH_3	8-methyl tocol	10

(2) 안정성

① 열과 산에 안정(보통 조리 시 열에 대한 안정성이 가장 큼)

② 광선, 알칼리에는 비교적 불안정

③ 불포화지방산과 공존 ▶ 생체 내에서 쉽게 산화

④ 강한 항산화력 ▶ 지방의 산패나 비타민 A의 산화분해를 방지

⑤ 토코페롤의 산화 안정성은 지질과 마찬가지로 수분의 단분자막(BET)을 형성할 때 가장 큼

(3) 결핍 · 과잉

① 다가불포화지방산(PUFA)을 산화로부터 보호하며, 체내에서 적혈구 세포막을 산화로부터 보호하는 역할

② 세포막에서 지질로부터 과산화물의 형성을 억제

③ 세포막의 산화에 의한 손상을 예방하기 위해 비타민 E와 Se과의 관계 중요 ▶ 셀레늄(Se)은 glutathione peroxidase의 구성성분

④ **glutathione peroxidase**: 환원형 glutathione을 산화형 glutathione으로 만들어주는 효소로 반드시 과산화물을 이용함(과산화물 ▶ 물 + 알코올)

⑤ heme 합성에 관여 ▶ 결핍시 빈혈 유발

⑥ **결핍**: 용혈성빈혈

(4) 급원식품

① 식물성 기름(γ-tocopherol 풍부), 마가린, 쇼트닝, 밀 배아에 많이 함유

② 육류, 생선, 과일, 채소에는 소량 함유

5. 비타민 K (phylloquinone) 기출

- K_1(phylloquinone): 식물(녹엽식물에서 추출한 지방질)
- K_2(menaquinone): 동물, 장내 세균에 의해 합성
- K_3(menadione): 인공적 합성(수용성), 혈액응고 치료제

(1) 구조

① naphtoquinone의 유도체

② K_1: 2-methyl-naphtoquinone기에 phytyl기 축합

③ K_2: 2-methyl-naphtoquinone기에 farnesyl기 축합

2-methyl-naphtoquinone

K_1(phylloquinone) : R = phytyl

K_2(menaquinone) : R = farnesyl

K_3(menadione) : R = -H

(2) **안정성**

① 열, 산, 환원제에는 안정 / 알칼리, 광선, 산화제에는 불안정

② K_1: 담황색 유상물질

③ K_2: 담황색 결정 - 알칼리에서는 K_1보다 안정

(3) **결핍·과잉**

① 혈액응고인자인 프로트롬빈의 합성에 관여, 간의 미토콘드리아에서 프로트롬빈의 생성에 필요

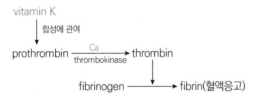

② **결핍**: 장내세균에 의해 합성되므로 결핍증은 드물지만, 신생아의 경우에는 무균상태로 출생하므로 장내세균에 의한 합성이 어려워 출혈이 일어날 수 있음

③ **과잉**: 황달, 출혈성 빈혈(독성이 낮고 배설도 빠르므로 과잉증이 잘 일어나지 않음)

(4) **급원식품**

녹황색 채소, 시금치, 토마토, 양배추, 대두, 차

1. 수용성 비타민의 종류 및 특성

종류 / 특성	생리작용 [기출]	결핍증	급원식품
비타민 B₁ (thiamin)	• TPP 등의 조효소 • 탄수화물대사 촉진 • 식욕 및 소화기능 자극 • 신경기능 조절	피로, 권태, 각기병, 다발성 신경염, 신경계 이상, 식욕감퇴	돼지고기, 현미, 땅콩, 대두, 건조효모
비타민 B₂ (riboflavin)	• FMN, FAD 산화·환원 효소 • 에너지 대사 관여 • 성장·발육 촉진 • 입 안 점막 보호	성장 정지, 피로, 구순 구각염, 설염, 피부염	쇠간, 난백, 효모, 표고
비타민 B₆ (pyridoxine)	• 단백질대사에 관여 • 비필수아미노산 합성 • heme 합성 • 신경전달물질 합성 • Trp → niacin 합성 도움	지루성피부염, 습진, 기관지염, 성장부진, 소혈구성 빈혈	쇠간, 현미(쌀배아), 꽁치, 감자, 가금류
엽산 (folate)	• 항빈혈인자 • 핵산(퓨린, 피리미딘) 합성 • heme 형성 • 조효소인 THF로 단일탄소전달	거대적아구성 빈혈	브로콜리, 쇠간, 시금치, 난황, 해바라기씨
비타민 B₁₂ (cobalamin)	• 항악성빈혈인자 • Met, Lys 대사에 관여 • 적혈구 생성 • 지방, 탄수화물 대사 관여 • DNA 합성	악성빈혈, 피로, 체중감소, 신경장애, 손발 지각 이상	쇠간, 돼지간, 고등어, 우유, 달걀
니아신 (niacin)	• 에너지대사에 관여하는 NAD, NADP 공급 • 에너지 대사 관여 • 산화·환원 작용	펠라그라, 흑설병, 피부·점막 손상, 설사, 정신이상	땅콩, 쇠간, 돼지간, 보리, 참깨
판토텐산 (pantothenic acid)	• 탄수화물 및 지질대사에 필요한 coenzyme A의 구성 성분 • 지방산, 호르몬 합성 • 헤모글로빈 합성 • 콜레스테롤 합성 및 흡수	피로, 불면, 손발 화끈거림, 근육 경련, 빈혈, 피로	쇠간, 난황, 땅콩, 대두

비오틴 (biotin)	• 항피부염인자 • 카복실화 효소의 조효소 • 포도당, 지방산, 아미노산 대사에 관여	탈모, 발톱 깨짐, 구토, 식욕부진, 지루성 피부염	쇠간, 달걀, 닭고기, 굴, 시금치
비타민 C (ascorbic acid)	• 콜라겐 합성 • 스테로이드 호르몬의 합성 • 유지류, 지용성비타민의 산화 방지 • 철, 칼슘 흡수 촉진 • 엽산의 활성화에 관여	괴혈병, 잇몸 출혈, 전염병 노출	딸기, 감귤류, 무청, 풋고추, 고춧잎, 시금치

2. 비타민 B_1 (thiamin / 항다발성 신경염인자(aneurin)) 기출

(1) 구조

① pyrimidine ring과 thiazole핵이 methylene 기로 연결

② 식물과 동물조직에 널리 분포, 주로 thiamin pyrophosphate(TPP) 형태로 존재

③ 함 유황성 아민

④ thiol 형태의 티아민은 -SH기가 있는 화합물과 disulfide 화합물을 만들 수 있음
   → 이 화합물은 다시 티아민 형태로 환원되기가 용이하여 비타민 B_1 활성을 가짐
   (마늘과 함께 섭취 ▶ allithiamin) 기출

(2) **안정성**

　① 무색의 쓴맛, 광선에 안정

　② 형광물질(비타민 B_2, lumiflavin, lumichrome)이 같이 존재하면 쉽게 분해 [기출]

　　▶ 분해산물은 강한 형광을 갖는 thiochrome으로 형광분석법에 의한 비타민 B_1의
　　　정량원리가 됨

　③ 열에 불안정(가열조리, 가공시 파괴 일어남), 물에 쉽게 용출

　④ 염소이온 ▶ 티아민 분해 가능, 수돗물로 조리시 최소 8~10% 파괴 가능

　⑤ 산성에서는 안정, 중성이나 알칼리성에서는 매우 불안정

　⑥ 식품 중 단백질과 disulfide 결합하여 존재 ▶ 티아민 안정성↑

(3) **결핍**

　① TPP: 생체 내 탄수화물대사에서 중요한 역할

　② **당질대사 이상, 각기, 신경염, 부종, 식욕감퇴, 권태감**

(4) **급원식품**

　① 동·식물계에 널리 분포, 일반적으로 식물성 식품에 많음(두류, 곡류)

　② 곡류에는 배아와 겨층에 많고, 현미, 땅콩, 대두, 건조효모에 많음

　③ 동물의 간, 돼지고기, 명란, 대구알

▼
티아미네이스(thiaminase)

비타민 B_1을 피리미딘(pyrimidine)핵과 티아졸(thiazole)핵으로 분해하는 효소로 주로 잉어,
뱀장어, 백합조개, 바지락 등의 어패류와 고사리, 고비 등의 양치식물 등에 존재한다. 또한,
장내세균에 의해서도 생성되기도 하며, 이들 효소는 가열에 의해 불활성화된다. 특히 장내세
균에 의해 생성된 티아미네이스는 알리신과 결합형태인 알리티아민에 작용하지 않는다.

3. 비타민 B_2 (riboflavin)

(1) **구조**

　① 당알코올인 ribitol이 isoalloxazine고리에 결합한 구조

　② riboflavin + 인산 한 개 → FMN
　　riboflavin + 인산 두 개 → FAD

③ 산화·환원 반응에 관여하는 두 가지 조효소(FMN, FAD)의 구성성분 ▶ 탄수화물, 단백질, 지질대사에 중요한 역할

④ 출처에 따라 lactoflavin(우유), ovoflavin(달걀), hepatoflavin(혈액, 간) 등의 이름이 붙여지기도 함

ribitol

(2) 안정성

① 입안의 점막 보호, 황색 결정, 녹황색 형광(수용액)

② 산, 열, 공기, 산화제에 안정

③ 광선에 불안정

　㉠ 알칼리에서 빛에 노출 ▶ **루미플라빈(lumiflavin)**

　㉡ 산성, 중성에서 빛에 노출 ▶ **루미크롬(lumichrome)**

④ 비타민 B_1이나 C가 공존 ▶ 광분해로부터 비타민 B_2 보존 가능

⑤ 가시광선과 자외선에 의하여 ribitol기의 부분이 파괴

⑥ 파괴방지: 갈색병 보관, 착색필름 코팅

(3) 결핍

① 주로 다른 비타민 B 복합체가 부족할 때 결핍증이 일어나기 쉬움

② 성장 정지, 피로, 식욕부진, 구순구각염, 설염, 피부염

(4) 급원식품

① 동·식물계에 널리 분포

② 어류, 야채, 해조류, 우유, 요구르트, 간, 난백 및 건표고

4. 비타민 B_6 (pyridoxine, adermin / 항 피부병 인자)

(1) 구조

① 피리독신(pyridoxine), 피리독살(pyridoxal), 피리독사민(pyridoxamine)

② 생체 내에서 쉽게 상호 변환되어 평형상태 이룸

③ 체내에서는 비타민 B_6의 98% 이상이 PLP(pyridoxal phosphate) 형태

$$HO \overset{R_1}{\underset{H_3C}{\begin{array}{c} 4 \\ 3 \quad 5 \\ 2 \quad 6 \\ N_1 \end{array}}} CH_2OH$$

pyridoxine(PN) : $R_1 = -CH_2OH$
pyridoxal(PL) : $R_1 = -CHO$
pyridoxamine(PM) : $R_1 = -CH_2NH_2$

(2) 안정성

① 산에 안정 / 광선, 열에 불안정

② 생체 내 역할

　㉠ 아미노산 대사에 관여 ▶ 비필수아미노산 합성에 필수

　㉡ 신경전달물질의 합성(신경계에 작용)

　㉢ 글리코겐 분해에 관여(혈당의 항상성을 유지)

　㉣ 헤모글로빈의 합성에 관여(조혈작용)

　㉤ 트립토판으로부터 니아신 합성에 관여

　㉥ 리놀레산에서 아라키돈산 합성 시 비타민 B_6 필요

(3) 결핍

① 귀, 코, 입의 습진이나 지루성 피부염 증세(두드러기, 구각염, 설염, 피부염)

② 성장부진, 소혈구성빈혈(유아 > 성인)

③ 인체 내에서는 장내세균에 의해 비타민 B_6가 합성되고 일상식품에 널리 분포되어 있어 결핍증은 거의 나타나지 않음

(4) 급원식품

① 근육조직에 많이 함유

② 육류(쇠고기 간), 생선류(꽁치), 가금류

③ 쌀배아(현미), 콩류, 감자, 마늘

5. 엽산(folic acid, vitamin B_9)

(1) 구조

① pteryl-L-glutamate 구조

[pteridine + ρ-amino benzoate + glutamate]

② 형태: 5,6,7,8-tetrahydrofolate와 그 유도체

pteridine   ρ-amino benzoic acid   glutamic acid

(2) 안정성

① 수용성, 엷은 황색의 결정

② 가공 · 조리과정 중 손실되기 쉬움

③ 산성, 열, 광선에 의해 쉽게 분해 / 알칼리성에서 안정

(3) 결핍

① 단일 탄소기($-CH_3$)를 이동하는 데 필요한 조효소 역할

     ㉠ DNA 합성에 반드시 필요 ▶ 퓨린염기 합성

     ㉡ heme의 형성에 관여 ▶ 헤모글로빈 합성 시 필요

② 새로운 세포합성에 꼭 필요한 영양소

③ 거대 적아구성 빈혈 유발

     ㉠ 적혈구가 성숙 ▶ 핵이 빠져나와 크기가 작아짐

     ㉡ 엽산 결핍 시 적혈구의 수가 적은 동시에 미숙하여 크기가 작아지지 않음

(4) 급원식품

① 동 · 식물성 식품에 광범위하게 분포(간, 밀의 배아, 녹엽채소, 야채류 등에 많음)

② 브로콜리, 해바라기씨, 시금치, 쇠간, 난황

6. 비타민 B$_{12}$ (cobalamin / 항 악성빈혈 인자) 기출

(1) 구조

① 포피린 유도체 D핵의 propionate와 benzimidazole ribotide 사이에 aminopropyl alcohol이 결합

② 포피린 핵 중심에 1개의 코발트를 가지고 있음

③ 시아노코발라민(-CN), 하이드록시코발아민(-OH), 니트리토코발아민(-NO$_2$)

dimethylbenzimidazole

(2) 안정성

① 적색 결정, 물이나 알코올에 쉽게 녹는 수용성

② 광선, 산, 알칼리 용액에서 불안정(서서히 파괴)

③ 가공 · 저장 중에 비타민 B$_{12}$의 손실은 거의 일어나지 않음

④ 생체 내 역할

    ㉠ 아미노산 대사 중 메티오닌과 라이신의 대사에 관여

    ㉡ 단백질의 영양효율을 증가시킴 ▶ 어린이의 성장 촉진, 식욕 증진, 활력 증가

    ㉢ 적혈구 생성

    ㉣ 지방과 탄수화물 대사 및 DNA 합성 등에 관여

(3) 결핍

① 악성빈혈증(엽산 투여로도 치료 가능)

② 장내세균에 의해 합성 ▶ 건강한 사람에게는 결핍증 나타나지 않음

③ 엄격한 채식 주의자에게서 발생하기 쉬움

④ 위(stomach)를 절제한 사람, 노인의 경우에는 결핍되는 경우 있음

    ↳ 내적인자(Intrinsic factor, IF)존재

(4) 급원식품

① 동물의 간에 풍부하게 들어 있음

② 육류, 우유, 난류 등 동물성 식품에 주로 존재

7. 니아신(niacin, vitamin B₃) 기출

(1) 구조

① 비타민 중 구조가 가장 간단함

② 피리딘(pyridine) 유도체 ▶ nicotinic acid, nicotinamide

② NAD, NADP: 당질, 지질 및 단백질 대사과정에서 다양한 산화환원효소의 조효소로서 중요한 역할 ▶ 생체내 에너지 대사에 필수적

③ 트립토판으로부터 합성 가능(트립토판 60mg ▶ 니아신 1mg)

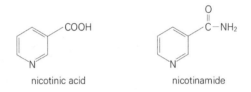

nicotinic acid　　　　　　nicotinamide

(2) 안정성

① 신맛을 지닌 백색 침상결정

② 열, 산, 알칼리, 광선에 가장 안정(비타민 B 복합체 중에서 열에 가장 안정)

③ 조리나 가공에 의한 손실 적음(산화가 잘 일어나지 않음)

④ **수용성**(조리 중 용출에 의한 손실 발생)

(3) 결핍

① 피부, 점막에 약한 손상

② **펠라그라(pellagra)증세**: 설사(diarrhea), 피부병(dermatitis), 치매(dementia), 사망(death) ▶ 4′D disease

(4) 급원식품

땅콩, 쇠간, 육류, 곡류 등에 많음

8. 판토텐산(pantothenic acid, vitamin B5)

(1) 구조

① pantoic acid와 β-alanine이 펩타이드 결합한 구조

② 체내에서 coenzyme A로 전환되어 당질, 지질대사에 관여

③ 지방, acetylcholine, porphyrin, steroid계 호르몬 합성의 출발물질

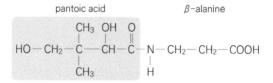

(2) 안정성

① 광선, 열에 안정

② 산, 알칼리에 불안정하나, 일반조리조건에서는 안정한 편

(3) 결핍

① 장내세균에 의해 합성

② 식품에 널리 분포하므로 특별한 결핍증상 없음

③ 결핍 시 불면, 메스꺼움, 근육 경련, 손·발의 화끈거림의 증상 나타남

(4) 급원식품

① 쇠간, 난황, 땅콩, 대두 등에 다량 함유

② 채소, 과일, 우유에 소량 함유

9. 비오틴(biotin, vitamin H / 항 난백장애 인자, 항 피부염 인자)

(1) 구조

① 황을 함유한 비타민

② 요소(urea) 유도체 + 싸이오펜(thiophen) 고리 + 발레르산(valeric acid)

③ **식품에 함유된 비오틴**: lysine에 결합한 biocytin 형태

④ 카복실화 효소의 조효소로 포도당, 지방산, 아미노산 대사에 관여

⑤ 핵산과 단백질 형성에 필수적인 purine을 합성하는 데 관여

⑥ 췌장아밀레이스 합성에 관여

$$
\begin{array}{c}
O \\
\parallel \\
C \\
HN \quad\quad NH \\
HC - CH \\
\quad\quad\quad\quad H \\
H_2C \quad\quad C \\
S \quad\quad (CH_2)_4 - COOH
\end{array}
$$

(2) 안정성

① 백색의 고운 가루

② 광선, 열에 안정 / 알칼리에 불안정

(3) 결핍

① 장내 세균에 의해 합성

② 생난백을 장기간 과량으로 섭취 시 ▶ 난백 중에 함유된 아비딘(avidin)이 비오틴의 흡수를 방해(비오틴과 아비딘 결합) ▶ 비오틴 결핍 초래

③ 메스꺼움, 구토, 식욕 부진 등의 위장 증상, 탈모, 지루성 피부염, 설염

(4) 급원식품

① 동 · 식물성 식품에 널리 분포

② 쇠간, 달걀, 닭고기, 효모, 굴, 시금치, 콩, 우유

10. 비타민 C (ascorbic acid / 항 괴혈병 인자) 기출

(1) 구조

① 신맛의 백색 판상결정, 당과 유사한 구조

② 환원형(L-ascorbic acid), 산화형(L-dehydroascorbic acid)

③ 락톤 고리 중의 carbonyl기와 endiol 구조를 가지고 있으므로 강한 환원력 지님

④ 환원형 비타민 C: 산화형 비타민 C의 2배 효력 지님

L-ascorbate   L-dehydroascorbate

(2) 안정성

① 수용액 상태에서 산에 안정(강산: 불안정 / 약산: 안정)

② 알칼리, 열, 산소, 금속(Cu, Fe), 산화효소에 불안정 → ascorbate oxidase에 의하여 dehydroascorbic acid로 산화

③ 생체 내 역할

    ㉠ 콜라겐이나 스테로이드 호르몬 합성

    ㉡ 철과 칼슘의 흡수를 촉진

    ㉢ 엽산의 활성화에 관여

    ㉣ 하이드록실화 반응에 의해 신경전달물질인 serotonin, norepinephrine 생성

(3) 결핍

① 괴혈병

② 결합조직 단백질인 collagen의 생합성에 관여 → 결핍 시 모세혈관이 약해져 쉽게 멍들고, 콜라겐 합성이 저하되어 연골이나 근육 조직의 변형이 일어남

③ 점막과 피부의 출혈, 빈혈, 쇠약 증상

(4) 급원식품

① 동물성식품에 거의 없음

② 풋고추, 고춧잎, 무청, 시금치, 브로콜리, 파슬리, 딸기, 감귤류, 키위, 호박, 당근, 오이

11. 비타민 유사물질

> • 체내 대사를 정상으로 유지시키기 위해 필요한 비타민 유사물질
> • 체내에서 합성 가능 ▶ 대부분 필수아미노산 등과 같은 물질로부터 합성
> • choline, inositol, carnitine, taurine, lipoic acid, vitamin P

(1) 콜린(choline)

① 3개의 메틸기가 질소에 결합된 구조

② 세린, 메티오닌으로부터 합성되는 물질(엽산, 비타민 B_{12}의 도움 필요)

③ 아세틸콜린(신경전달물질), 지단백, 레시틴의 구성성분

④ 간에서 지방대사와 지방의 운반역할 ▶ 지방간 방지(항 지방간 인자)

⑤ 급원식품: 난황, 우유, 간, 살코기, 효모, 밀, 콩

(2) 카르니틴(carnitine)

① 간에서 라이신과 메티오닌으로부터 합성

② 지방산이 미토콘드리아 내막을 통과하도록 도움

③ 지방대사에 필수적, 근육 유지 발달

④ 급원식품: 육류, 우유, 유제품

(3) 이노시톨(inositol)

① 포도당의 이성체로 결정체는 단맛을 지님 ▶ 당알코올, 환상구조

② 동물의 근육에 함유되어 있어 근육당(muscle sugar)라 함

③ 세포질에 주로 존재, 일부는 세포막의 인지질 구성성분으로 존재

(4) 타우린(taurine)

① 함황아미노산인 시스테인, 메티오닌으로부터 합성

② 태아의 뇌조직 성분, 담즙의 성분, 혈구 내의 항산화기능, 폐조직의 산화방지 작용, 중추신경 기능에 참여, 혈소판 응집, 심장수축, 인슐린 작용, 세포분화 및 성장에 관여, 눈의 광수용기 기능

③ 주로 동물성 식품에 존재

(5) 리포산(lipoic acid)

① 기질로부터 CO_2 분자 제거 시 필요(피루브산 → 아세틸 CoA)

② 인체는 리포산을 충분히 합성

(6) **비타민 P(permeability, 삼투성)** 기출

　① 모세혈관 강화 비타민

　② 괴혈병 치료에 순수한 비타민 C보다 레몬이 더 유효하다는 사실에 착안, 레몬에
　　서 모세혈관의 삼투성 조절 성분 추출 ▶ 비타민 P

　③ **유효성분**

　　　㉠ 헤스페리딘(hesperidin): 미황색, 수용성, 귤껍질

　　　㉡ 에리오딕틴(eriodictin): 황색 결정, 귤껍질

　　　㉢ 루틴(rutin): 황색 결정, 메밀잎이나 꽃

　④ 혈관강화, 출혈방지

01 엽산(folic acid)은 펠라그라(pellagra) 예방인자로 알려져 있는데, 전구체인 트립토판 (tryptophan)의 함량이 적은 옥수수를 주식으로 하는 지역에서는 결핍 증세가 나타날 수 있다. ○ X

02 티아민(thiamine)이 결핍되면 당질 대사에 이상이 생겨 혈액 중에 피루브산(pyruvic acid)이 축적된다고 알려져 있다. ○ X

03 비타민 A는 지용성 비타민으로서 구조에 이중결합이 있어서 산화에 취약하며, β-카로 틴(β-carotene)은 장점막에서 비타민 A로 전환되기도 한다. ○ X

04 비타민 E는 항불임성 비타민이라고도 불리며, 식용 유지의 산패를 방지하기 위하여 흔히 사용된다. ○ X

05 단백질 대사에서 보조효소로 작용하며 생체 내에서 생화학적 활성이 있는 구조는 테트 라하이드로엽산(tetrahydrofolate)이다. ○ X

06 테트라하이드로엽산(tetrahydrofolate)은 pH 4~6에서 안정하며, pH 1~2 및 pH 8~12 에서는 불안정하다. ○ X

07 엽산이 체내에 흡수되기 위해서는 소장에서 pteroylpolyglutamate hydrolase에 의한 분해가 일어나야 한다. ○ X

08 *Lactobacillus casei*는 식품의 엽산 분석에 활용되는 미생물 중 하나이다. ○ X

09 비타민C는 환원형과 산화형으로 존재하며, 작용은 환원형이 산화형의 1/2의 효력을 가진다. ○ X

10 건조한 상태에서 비타민C는 안정하지만, 수용액에서는 공기 중 산소, 광선, 기타 산화 제들에 의해 쉽게 파괴된다. ○ X

11 비타민C는 동물성 식품과 곡류, 두류에 널리 존재한다. ○ X

12 비타민C 결핍 시 피부염과 모발이나 털의 탈락이 발생한다. ○ X

13 비타민C는 알칼리, 산소, 일광, 열에 대해 매우 안정하다. ○ X

14 리보플라빈은 산화·환원반응에 관여하는 FMN, FAD 같은 조효소의 구성 성분으로 결핍되면 구각염, 설염 등의 증상을 나타낸다. ○ X

15 바이오틴은 피부염과 관계있는 항피부염 인자이며, 결핍되면 피부염, 모발손상 등의 증상을 나타낸다. ○ X

16 비타민K는 혈액 응고와 관계가 있으며, 결핍되면 혈액 응고가 잘 되지 않는다. ○ X

17 엽산은 체내에서 산화·환원 조절 작용을 하며 철과 칼슘의 흡수를 돕는다. ○ X

18 비오틴은 장내 세균에 의해 일부 합성되며 푸린(purine)과 췌장 아밀라아제의 합성에 관여한다. ○ X

19 리보플라빈은 알칼리성에서 열에는 안정하나 광선에 의해서 분해된다.   ○   X

20 아스코브산은 탄수화물, 단백질, 지질 대사에서 조효소 역할을 한다.   ○   X

정 답

| 01 × | 02 ○ | 03 ○ | 04 ○ | 05 ○ | 06 × | 07 ○ | 08 ○ | 09 × | 10 ○ |
| 11 × | 12 × | 13 × | 14 ○ | 15 ○ | 16 ○ | 17 × | 18 ○ | 19 × | 20 × |

Chapter 1 개요

1. 정의 및 분류

① **회분(ash)**: 인체에 존재하는 원소 중에서 유기화합물을 구성하는 탄소, 수소, 산소, 질소를 제외한 원소의 총칭

② 생체 내에서 에너지원이 되지 않음

③ 생리기능 조절, 신체발육에 필수적

④ 인체 내에서 체중의 약 2~4% 차지

⑤ **다량 무기질**: 1일 필요량이 100mg 이상인 무기질

→ 칼슘(Ca), 인(P), 칼륨(K), 나트륨(Na), 염소(Cl), 마그네슘(Mg), 황(S)

⑥ **미량 무기질**: 1일 필요량이 100mg 이하인 무기질

→ 철(Fe), 아연(Zn), 구리(Cu), 망간(Mn), 요오드(I), 코발트(Co), 불소(F), 셀레늄(Se), 몰리브덴(Mo), 크롬(Cr)

2. 기능

(1) 식품 및 인체의 중요한 구성성분

① Ca: 뼈, 치아

② P: ATP, 핵단백질 및 인지질의 구성성분

③ S: 머리털, 손톱, 피부의 구성성분

④ **혈액**: Fe, Cu, Na, P, Cl 등 함유

(2) 생체 내 조절작용

① pH 및 삼투압 조절

② 혈액 중의 단백질 및 무기질 완충작용 ▶ 산, 알칼리 평형

③ 생체 내 세포의 삼투압 조절 ▶ 세포액의 이동에 관여

④ 근육 및 신경조직 자극

(3) **촉매기능**

   ① **효소의 구성성분**: Fe, Cu, Zn, I, S, P, Mo

   ② **효소의 활성화**: Mg, Mn, Ca

▌무기질의 생리적 역할과 인체 중 무기질 조성

역할	구성소		조절소
	인체구성	생체유기화합물 (단백질, 핵산, 비타민 등)	
종류	• 뼈, 치아: Ca, P, Mg • 머리털, 손톱: S	• 인단백질, 인지질, ATP: P • 함황아미노산: S • 헤모글로빈: Fe • 갑상선 호르몬: I • 비타민 B_{12}: Co • 인슐린: Zn	• 체액의 pH 조절: Na, K, Cl, P • 삼투압 조절: Na, Cl • 신경자극 전달: Na, K, Ca, Cl • 근육의 탄력성 유지: Ca • 효소반응의 활성화: Mg, Cu, Zn, Ca, Na, S, Fe 등 • 효소의 구성성분: Fe, Cu, Zn, Mg, I, S, P, Mo

3. 알칼리성 식품과 산성 식품 기출

(1) **알칼리 생성원소**

   ① Ca, Na, K, Mg, Fe, Cu, Mn, Co, Zn

   ② 수용액에서 해리되어 양이온 형성

(2) **산 생성원소**

   ① P, S, Cl, I

   ② 수용액에서 해리되어 음이온 형성

(3) **알칼리성 식품과 산성 식품**

   ① 식품에 함유된 알칼리 생성원소와 산 생성원소를 가지는 비율에 따라 나뉨

   ② **알칼리성 식품**: 해조류(다시마, 미역), 채소류(시금치), 과일류, 서류(감자), 난백, 유즙, 두류(대두)

   ③ **산성 식품**: 곡류(쌀), 어류(참치, 오징어), 패류(대합, 굴), 육류, 난황, 유가공품(치즈, 버터), 땅콩, 완두

1. 다량 무기질의 종류와 특성

종류	생리작용	결핍증·과잉증	급원식품
칼슘 (Ca)	• 골격과 치아의 형성 • 혈액의 응고 촉진 • 근육의 수축 및 이완작용 • 신경자극 전달 • 효소의 활성화 • 세포의 투과성 조절	[결핍증] 골격과 치아의 발육 부진, 골연화증, 구루병, 골다공증, 신경전달 이상으로 근육 경직과 경련 [과잉증] 신장결석, 일부 무기질 흡수 저해	잔멸치 가공치즈 매생이 검은콩 고춧잎 우유
인 (P)	• 골격과 치아의 형성 • 에너지 대사에 관여 • pH조절(산·알칼리 평형) • 효소와 조효소의 구성성분	[결핍증] 골격과 치아의 발육 부진, 골연화증, 식욕부진, 구루병 [과잉증] 신부전증이 있는 경우 골격 손실 가능	우유 유제품 멸치 쌀겨 전곡
나트륨 (Na)	• 체액의 산·알칼리 평형 • 삼투압 조절 • 신경 흥분, 억제, 자극전달 • 근육의 자극반응 조절	[결핍증] 식욕부진, 성장감소, 근육경련, 메스꺼움 [과잉증] 고혈압, 부종	된장 간장 자반고등어 라면 햄 베이컨
염소 (Cl)	• 체액의 산·알칼리 평형 • 삼투압 조절 • 위액의 산성 유지 • 소화에 관여 • 신경 자극 전달	[결핍증] 위액의 산도 저하, 식욕 부진, 소화 불량 [과잉증] 고혈압	소금 오이지 라면 소시지
마그네슘 (Mg)	• 골격과 치아의 형성 • 신경의 흥분 억제 • 근육 이완작용 • 당질대사 효소의 조효소 구성 성분	[결핍증] 근육경련, 심장기능 약화, 발작, 정신착란, 신경장애 [과잉증] 신장기능의 이상(허약증세 야기), 설사	콩 견과류 코코아 녹색채소
칼륨 (K)	• 체액의 산·알칼리 평형 • 수분 및 삼투압 조절 • 근육 수축 • 신경자극 전달 • 당질, 단백질 저장에 관여	[결핍증] 저칼륨혈증, 근육 이완 장애, 심장박동 이상, 식욕감퇴, 근육경련 [과잉증] 근육이완이 심해져 심장박동 저하, 심장마비	잔멸치 시금치 감자 당근 바나나

황 (S)	• 체조직 및 생체 내 주요물질의 구성성분(결체조직, 함황아미노산, 비타민, 담즙산, 세포 단백질) • 효소의 활성화 • 해독 작용	**[결핍증]** 손톱과 발톱, 모발의 발육 부진, 체 단백질의 질적 저하 **[과잉증]** 거의 없음	돼지고기 쇠고기 우유 콩류 파마늘

2. 칼슘(calcium, Ca) 기출

① 체중의 1.5~2% 차지, 체내에 가장 많이 존재하는 무기질

    ㉠ 99%는 뼈와 치아에 존재: $Ca_3(PO_4)_2$, $CaCO_3$

    ㉡ 1%는 혈액과 근육 중에 분포 ▶ 생체기능 조절에 관여

② 칼슘 흡수에 영향을 미치는 요인

흡수를 촉진시키는 요인	흡수를 억제하는 요인 기출
• 소장상부의 산성환경 • 비슷한 비율의 식이칼슘 및 인 • 비타민 D • 체내 칼슘요구량(성장기, 임신기) • 부갑상선 호르몬 • 유당(칼슘과 복합체 형성, 또는 유산균에 의해 유산으로 분해되어 pH↓ ⇨ 산성환경) • 단백질 • 비타민 C: 소장에서 칼슘이 불용성염이 되는 것을 방지	• 소장 하부의 알칼리성 환경 • 과량의 밀기울 • 칼슘에 비해 과량의 인 • 피트산, 수산 • 비타민 D 결핍 • 노령, 폐경 • 타닌, 식이섬유

③ 흡수: 동물성식품 > 식물성식품, 30~40% 흡수율

④ 칼슘과 인의 비율 1:1 ▶ 칼슘의 흡수↑

⑤ 칼슘의 수요 기능 기출

    ㉠ 골격과 치아구성

    ㉡ 혈액 응고

    ㉢ 신경자극 전달

    ㉣ 근육 수축 및 이완

    ㉤ 세포의 투과성 조절

    ㉥ 세포막을 통한 영양소의 이동

    ㉦ 효소의 활성화

⑥ 혈중 칼슘농도는 9~11mg/dL 수준으로 항상 일정하게 유지 ▶ 부갑상선 호르몬, 비타민 D, 칼시토닌 등에 의해 조절

    ㉠ 혈중 Ca 농도↓ ▶ 부갑상선 호르몬 ▶ 비타민 D 활성 ▶ 소장 Ca 흡수↑, 신장 Ca 재흡수↑

    ㉡ 혈중 Ca 농도↑ ▶ 칼시토닌 ▶ 부갑상선 호르몬 작용억제 ▶ 소장 Ca 흡수↓

⑦ 결핍증: 구루병(어린이), 골연화증, 골다공증(성인)

⑧ 급원식품: 우유, 유제품, 멸치, 뱅어포, 해조류, 콩류 등

3. 인(phosphorus, P)

① 신체의 모든 세포 안에 포함, 칼슘 다음으로 체내에 많은 무기질

② 체중의 0.8 ~ 1.1% 차지

③ 약 85%는 칼슘과 결합하여 $Ca_3(PO_4)_2$ 형태로 존재

④ 골격과 치아 형성

⑤ 인산화합물(인지질, 인단백질, 핵산, ATP)로 존재

    ㉠ 생체 내에서 세포막의 구성성분

    ㉡ 에너지 대사

⑥ pH를 조절하는 완충제 역할: 산 - 알칼리 균형 유지

⑦ 인 흡수에 영향을 미치는 요인

흡수를 촉진시키는 요인	흡수를 억제하는 요인
• 칼슘과 인의 비슷한 섭취 • 비타민 D • 장내 산성환경	• 마그네슘, 철, 칼슘, 알루미늄

⑧ 급원식품: 우유 및 유제품, 멸치, 어육류, 쌀겨, 맥아, 전곡(일반식품에 풍부한 편)

4. 나트륨(sodium, Na), 염소(chlorine, Cl)

① 나트륨

    ㉠ 세포외액의 주된 양이온

    ㉡ 체액의 삼투압 조절과 수분량 유지

    ㉢ 산·알칼리 평형

    ㉣ 근육의 수축작용

    ㉤ 신경의 흥분과 억제 및 자극 전달

    (ㅂ) 채소 섭취↑ ▶ 칼륨 섭취↑ ▶ NaCl 배설량↑

    (ㅅ) 고열, 심한 노동에 의해 땀↑ ▶ NaCl 배설량↑

  ② 염소 [기출]

    ㉠ 세포외액의 주된 음이온

    ㉡ NaCl 형태의 혼합물로 존재

    ㉢ 위액에 다량 존재: 위액의 산성 유지

    ㉣ 부족 시 소화불량, 식욕부진

  ③ **소금의 인체생리 기능**

    ㉠ 신경의 자극 전달

    ㉡ 근육의 흥분성 유지

    ㉢ 삼투압 조절, 산·알칼리의 균형 조절

    ㉣ 소금 섭취↑ ▶ 혈관 수축 ▶ 고혈압

5. 마그네슘(magnesium, Mg) [기출]

  ① 약 70%가 $Mg_3(PO_4)_2$의 형태로 골격에 존재, 나머지는 근육, 체액, 혈액에 존재

  ② 골격과 치아의 구성성분

  ③ 칼슘, 칼륨, 나트륨과 함께 신경자극 전달과 근육 수축 및 이완작용 조절

  ④ 신경 안정 ▶ 근육 이완작용에 주로 관여

  ⑤ 당질대사와 관련된 효소의 작용을 촉진

  ⑥ ATP 구조를 안정화시킴

  ⑦ DNA 및 단백질 합성에 관여

  ⑧ Mg 섭취 부족 시 신경이나 근육에 경련증상(마그네슘 테타니), 심장약화, 발작, 징신착란, 신경장애

  ⑨ 급원식품: 대두, 견과류, 코코아, 전곡, 녹색채소(엽록소의 구성성분)

6. 칼륨(potassium, K)

  ① 체액의 산·알칼리 평형과 세포의 삼투압 조절

  ② 근육의 수축과 신경의 자극전달에 관여

  ③ 글리코겐 및 단백질 합성에 관여 [기출]

  ④ 세포내액의 칼륨농도는 세포외액보다 25배 높음

⑤ 대부분 식품에 골고루 분포 ▶ 결핍 거의 없음

⑥ 저칼륨혈증 유발 시 근육약화, 근육마비, 심장이상

⑦ 칼륨 과잉 섭취 시 소변으로 배설

⑧ 나트륨과는 반대로 생체 내에서 혈압수준 저하시키는 역할

⑨ 식물성 식품에 많이 함유: 시금치, 양배추, 감자, 채소, 과일

7. 황(sulfur, S)

① 함황아미노산(시스테인, 시스틴, 메티오닌), 결체조직, 비타민B_1, 비오틴, 담즙산, 연골, 점액성 다당질(heparin), 글루타치온(glutathione) 등을 구성

② 황산염: 페놀류, 크레졸류와 같은 인체에 해로운 물질과 결합 ▶ 비독성 물질로 전환 ▶ 소변으로 배설 (해독작용)

③ 급원식품: 육류, 우유, 달걀, 콩류, 파, 마늘, 양파, 무, 배추, 부추

Chapter 3 미량 무기질

1. 미량 무기질의 종류와 특성

종류	생리작용	결핍증·과잉증	급원식품
철 (Fe)	• 헤모글로빈의 구성성분(산소운반) • 미오글로빈의 구성성분(산소저장) • 효소의 보조인자 • 신경전달물질의 합성 • 산화적 호흡의 촉매작용	[결핍증] 철결핍성 빈혈, 피로 [과잉증] 혈색소증으로 심장, 췌장에 철 축적, 심부전, 아연·구리흡수 방해	콩류 육류 어패류 맛조개
요오드 (I)	• 갑상선 호르몬(티록신)의 구성성분 • 기초대사 조절 • 체온조절 관여	[결핍증] 단순갑상선종, 크레틴증, 갑상선기능저하증 [과잉증] 갑상선기능항진증, 바세도우씨병	김 미역 대구 굴
구리 (Cu)	• 헤모글로빈의 합성 촉진 • 철의 흡수와 운반에 관여 • 결합조직의 합성 • 신경전달물질 합성에 관여 • 항산화효소의 구성성분	[결핍증] 빈혈, 백혈구 감소, 뼈손실, 심장질환, 성장저하 [과잉증] 복통, 오심, 구토, 간질환	간 굴 조개류 달걀 콩류

아연 (Zn)	• 효소 및 호르몬의 구성성분 • 췌장 호르몬 인슐린의 성분 • 핵산합성 및 상처회복 • 면역 기능 증진	**[결핍증]** 발육 장해, 탈모, 빈혈 **[과잉증]** 철·구리 흡수 저하, 설사, 구토, 면역 기능 억제	굴 조개류 간 가재 콩류 곡류
불소 (F)	• 골격, 치아의 경화 • 충치 예방 및 억제	**[결핍증]** 충치 **[과잉증]** 반상치, 불소증, 위장장애	차 어패류
셀레늄 (Se)	• 항산화 작용(글루타치온 페록 시데이스 구성성분) • 비타민 E 절약작용	**[결핍증]** 근육손실 및 약화, 성장저하, 심근장애 **[과잉증]** 구토, 설사, 피부손상, 간경변	육류 어패류 곡류
망간 (Mn)	• 금속효소의 구성요소 • 당, 지질, 단백질 대사에 관여 • 발육에 관여	**[결핍증]** 생식장애, 성장장애 **[과잉증]** 신경근육계 이상	쌀 귀리 콩류 견과류
코발트 (Co)	• 비타민 B$_{12}$ 구성성분 • 적혈구 생성에 관여	**[결핍증]** 비타민 B$_{12}$의 결핍, 악성빈혈	간 신장 굴 녹색채소
크롬 (Cr)	• 당내성인자의 구성성분 • 인슐린의 작용 강화	**[결핍증]** • 당뇨 • 성장지연	간 난황 육류

2. 철(Iron, Fe)

① 인체에 약 3~4g 함유

② 철의 60~70%: 혈중 혈색소(hemoglobin) 기출

　　　20%: 간, 내장의 페리틴(ferritin)

　　　10%: 근육의 미오글로빈(myoglobin)과 철 함유 색소(cytochrome,
　　　　　　catalase, peroxidase)

③ 체내의 철은 약 70%가 헴철, 약 30%가 비헴철로 존재

헴철(heme iron)	비헴철(non-heme iron)
• 흡수율: 20~25% • 적혈구의 헤모글로빈과 육색소의 미오글로빈의 구성성분 • 시토크롬이나 카탈레이스의 효소에 포함 • 흡수율 높음(포피린 고리 중심에 철이 단단히 결합)	• 흡수율: 2~10% • 식물성 식품 내에 존재하는 철은 대부분 제2철의 형태(흡수율 낮음) • 저장철 성분으로 페리틴이나 헤모시데린의 형태로 존재 • 혈액 내 트랜스페린과 결합해 운반

④ 산소운반과 저장, 신경전달물질의 합성, 효소의 보조인자

⑤ **결핍**: 철 결핍성 빈혈(소혈구성 저색소성 빈혈)

⑥ **흡수**: 제1철(Fe^{2+}, 2가철) > 제2철(Fe^{3+}, 3가철) 기출

　⑦ 비타민 C는 제2철을 제1철로 환원(비타민 C를 많이 함유한 식품 ▶ 철의 흡수↑)

　⑥ 피트산, 수산: 철과 함께 불용성 염을 형성 ▶ 곡류, 콩류의 철 이용률↓

⑦ **철분 흡수에 영향을 미치는 요인**

흡수를 촉진시키는 요인	흡수를 억제하는 요인
• 헴철형태 • 비타민 C • 위산, 유기산 • 체내 요구량 증가(성장기, 임신기) • 동물성 단백질 • 체내 저장철 부족	• 피트산, 수산, 타닌 • 식이섬유소 • 다른 무기질 섭취 과잉 • 위액 분비저하(위 절제, 노인) • 감염, 위장 질환 • 체내 저장철 과잉

⑧ **철의 저장 및 운반**

　⑦ 페리틴: 철을 함유한 단백질의 하나로 간장, 췌장, 비장, 골수 등에 존재하는 아포페리틴이라는 단백질과 결합한 철의 주요 저장 형태

　⑥ 헤모시데린: 페리틴과 비슷한 단백질과 철의 결합물이 거대화된 물질

　⑥ 트랜스페린: 혈소단백질인 β-글로불린의 일종으로 Fe^{3+}와 결합해 각 조직으로 철을 운반

　　• Cu(구리): 철의 흡수↑, 철의 이동($Fe^{2+} \rightarrow Fe^{3+}$)을 도와줌

3. 요오드(iodine, I)

① 갑상선 호르몬인 티록신에 대부분 존재(약 80%가 갑상선에 존재)

② 기초대사율을 조절하고 체온조절에 관여

③ **결핍**: 단순갑상선종, 크레아틴증, 갑상선 기능 저하증

④ **과잉**: 바세도우씨병, 갑상선 기능 항진증

⑤ **급원식품**: 해조류(미역, 김), 해산물(대구, 굴)

4. 구리(copper, Cu) 기출

① 간이나 혈액 속에 많이 함유: ceruloplasmin(이동단백질) 형태로 존재

② 헤모시아닌, 티로시네이스, 아스코브산 산화효소, 폴리페놀 산화효소의 구성성분

③ **생체 내 역할**

　㉠ 헤모글로빈 합성 촉진

　㉡ 철의 흡수와 운반에 관여 ▶ 부족 시 저혈색소성 빈혈 유발

　㉢ 결합조직(콜라겐, 엘라스틴)의 합성에 관여

　㉣ 신경전달물질 합성에 관여

　㉤ 세포의 산화적 손상을 방지하는 항산화효소(SOD)의 구성성분

④ **결핍**: 빈혈, 백혈구 감소, 뼈 손실, 심장질환, 성장저하

⑤ **급원식품**: 간, 조개류, 채소류, 달걀, 콩류, 어육 등

5. 아연(zinc, Zn)

① 인체의 모든 세포에 존재

② 다양한 효소 및 인슐린의 구성성분

③ 핵산합성, 상처회복, 면역기능 증진 및 미각기능에 관여

④ **급원식품**: 굴, 조개류, 간, 육류

⑤ 피트산, 식이섬유, 인산염 등에 의해 아연의 흡수 저해

6. 불소(fluorine, F)

① 뼈와 치아에 존재

② 충치 발생 억제, 골다공증 예방

③ **불소 과잉(1.5ppm이상)**: 치아에 반점(반상치) 유발

7. 셀레늄(selenium, Se) 기출

① 간, 심장, 신장, 비장에 주로 분포, glutathione peroxidase의 구성성분

② 생체세포를 보호, 암을 예방, 유기체의 면역능력 향상

③ 체내에서 산화방지제 역할, 비타민 E의 활성 높임

④ **결핍**: 근육 손실, 성장저하, 심근장애 유발

⑤ **급원식품**: 육류, 곡류, 해산물, 우유, 유제품

8. 망간(manganese, Mn)

① 간, 이자, 유선 등에 분포, 미토콘드리아에 가장 많음

② 피루브산 카복실화 효소, 글루타민 합성효소, 과산화물 제거효소의 보조효소로 작용

③ **급원식품**: 밀의 배아, 두류, 녹색채소, 견과류

9. 코발트(cobalt, Co), 몰리브덴(molybdenum, Mo)

① 코발트

ㄱ 비타민 B_{12}의 구성성분

ㄴ 악성 빈혈의 예방인자

ㄷ 체내에서 간장, 췌장, 흉선에 많이 존재

② 몰리브덴

ㄱ 인체의 정상적인 성장에 필요한 미량원소

ㄴ 산화환원효소의 보조인자

10. 크롬(chrome, Cr)

① 대부분 3가, 6가 형태로 존재

② 당내성인자(glucose tolerance factor)의 구성성분

③ 인슐린작용을 강화

④ 세포내로 포도당의 유입을 도움

⑤ **결핍**: 당뇨, 성장지연, 포도당 내응력 감소

01 무기질은 에너지를 내는 반응을 활성화하는 데 중요한 역할을 한다. ○ X

02 무기질은 생체 내에서 pH, 삼투압을 조절하여 체내 기능을 정상적으로 유지한다. ○ X

03 나트륨, 칼륨, 칼슘은 산 생성 무기질이고 염소, 인, 황은 알칼리 생성 무기질로 완충작용을 한다. ○ X

04 무기질은 인체 내의 호르몬, 효소, 비타민 등의 구성성분으로 함유된다. ○ X

05 시금치에 많이 함유되어 있는 oxalic acid는 칼슘의 흡수를 저해한다. ○ X

06 칼슘의 흡수촉진 인자는 비타민 D와 유당이다. ○ X

07 칼슘은 인지질이나 핵산의 구성 성분으로 작용하지 않는다. ○ X

08 인과 칼슘의 비율이 1 : 1일 때 흡수가 좋다. ○ X

09 칼슘은 특히 곡류 및 채소에 많고, 이들이 인체에 흡수가 잘 된다. ○ X

10 식품의 무기질 가운데 알칼리 생성원소는 Ca, Na, Fe, I 등이 있다. ○ X

11 알칼리성 식품에는 채소, 고구마, 과실, 대두, 우유 등이 포함된다. ○ X

12 식품의 산도란 식품 100g 중의 회분을 중화하는 데 요하는 0.1N HCl의 g수를 말한다. ○ X

13 칼슘(Ca)은 뼈를 구성하는 성분으로 주로 소장에서 흡수되며, 시금치에 다량 함유된 oxalic acid에 의해 흡수가 촉진된다. ○ X

14 염소(Cl)는 삼투압, pH 조절, 위액의 산성유지 및 소화에 참여하고, 결핍 시 식욕부진 및 소화불량을 유발한다. ○ X

15 식품 중 산 생성 무기질의 함량은 산도(acidity)로 알 수 있는데, 이는 식품 100g을 완전히 회화시켜 얻은 회분의 수용액을 중화하는 데 소요되는 0.1N HCl의 mL수이다. ○ X

16 젖당(lactose), 비타민 C, 비타민 D, 피트산(phytic acid) 등은 인체에서 칼슘(Ca)의 흡수를 촉진시킨다. ○ X

17 몰리브덴(Mo)은 글루타티온 과산화효소(glutathione peroxidase)의 구성성분으로 과산화물을 제거하여 세포의 손상을 막는 데 필요한 무기질이다. ○ X

18 마그네슘(Mg)은 인체에서 대부분 인산염의 형태로 뼈나 치아에 함유되어 있으며 근육을 이완시키고 신경을 안정시키는 작용이 있다. ○ X

19 비헴칠은 헴칠에 비해 흡수율이 낮다. ○ X

20 칼슘이나 아연의 함량이 높으면 철의 흡수는 저해된다. ○ X

21 철은 비타민 C나 식이섬유를 함께 섭취하면 흡수율이 높아진다. ○ X

22 Fe^{2+}와 Fe^{3+}는 산화 및 환원 조건에 따라 상호 전환이 가능하다. ○ X

정 답

01 ○	02 ○	03 X	04 ○	05 ○	06 ○	07 ○	08 ○	09 X	10 X
11 ○	12 X	13 X	14 ○	15 X	16 X	17 X	18 ○	19 ○	20 ○
21 X	22 ○								

Chapter 1 식품의 색

1. 발색단과 조색단

① 발색단

ⓐ 발색의 기본이 되는 물질

ⓑ 카보닐기(=CO), 에틸렌기(-C=C-), 아조기(-N=N-), 니트로기(-NO$_2$), 니트로소기(-NO), 티오카보닐기(=CS) 등을 반드시 하나 이상 가지고 있는 원자단

ⓒ 발색단을 갖는 물질: 색소원(chromogen)

② 조색단

ⓐ 빛의 흡수를 장파장 쪽으로 이동시키는 원자단

ⓑ 수산기(-OH), 아미노기(-NH$_2$), 카복실기(-COOH)

③ 색소원은 햇빛의 자외선 부분만을 흡수할 뿐 선명한 색을 나타내지 않으나 조색단이 결합하면 색이 깊고 짙어짐

2. 식품 색소의 분류

(1) 식품급원에 따른 분류 [기출]

급원	특성	색소	식품 및 분포
식물성	지용성	클로로필(chlorophyll)	녹색식품
		카로티노이드(carotenoid)	노랑·주황색 식품
	수용성	안토잔틴(anthoxanthin)	백색식품
		안토시아닌(anthocyanin)	적·자색 식품
		타닌(tannin)	무색채소·과일류
동물성	헴류	헤모글로빈(hemoglobin)	혈액
		미오글로빈(myoglobin)	근육
	카로티노이드류	루테인(lutein)	난황, 고추
		아스타잔틴(astaxanthin)	새우, 게, 연어
	기타	멜라닌(melanins)	피부

(2) 화학구조에 따른 분류

분류	색소
테트라피롤 유도체	클로로필, 헤모글로빈, 미오글로빈
아이소프레노이드 유도체	카로티노이드
벤조피렌 유도체	안토시아닌, 안토잔틴
페놀 화합물	타닌

테트라피롤유도체 (tetrapyrrole)	아이소프레노이드 유도체(isoprenoid)	벤조피렌유도체 (benzopyrene)

3. 식물성 색소

(1) 클로로필(chlorophyll)

① 잎과 줄기에 가장 많이 분포하는 지용성 녹색색소

② 엽록체에 단백질과 결합한 상태로 존재

③ 클로로필의 구조

⑦ 4개 pyrrole

ⓛ 4개 메틴기(-CH=)] porphyrin ring

ⓒ 중심금속 Mg^{2+}

ⓔ C(E)-pyrrole ring: MeOH

- ㉠ D-pyrrole ring: phytol($C_{20}H_{39}OH$)
- ㉡ B-pyrrole ring(C_3)
  - Y → CH_3: chlorophyll a(청록색)
  - Y → CHO: chlorophyll b(황록색)
  - chlorophyll a : chlorophyll b = 2~3 : 1
④ 클로로필의 변화 기출

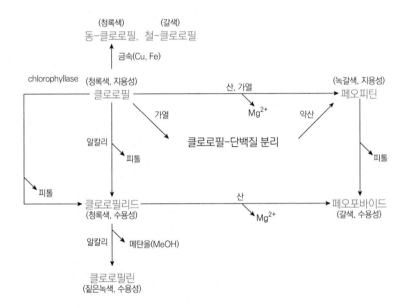

- ㉠ 산에 의한 변화
  - 산과 반응하면 포피린 환의 Mg^{2+}이 H^+으로 치환되어 페오피틴 형성
  - 강산으로 처리하면 Mg^{2+}과 피톨이 동시에 떨어져 나가 페오포바이드 형성
- ㉡ 가열 시 변화
  - 가열 시 단백질과 약하게 결합하고 있는 클로로필이 유리되어 진한녹색이 됨
  - 오랜 시간 동안 삶으면 채소 조직의 부분적인 파괴로 인해 유리된 클로로필은 세포 내 존재하던 유기산에 의해 페오피틴으로 변화
  - 100℃ 고온에서 짧은 시간 가열하는 것이 클로로필 색소 유지하는 데 효과적

ⓒ 알칼리에 의한 변화

  • 알칼리 용액과 반응하면 피톨기가 떨어져 나가 클로로필리드 형성

  • 클로로필리드가 계속하여 알칼리 용액과 반응하면 메틸에스터결합이 가수분해 되어 클로로필린이 됨

  • 클로로필리드에 산을 처리하면 Mg^{2+}이 H^+으로 치환되어 페오포바이드 형성

  • 녹색채소를 삶을 때 중탄산나트륨을 처리하면 녹색 유지

ⓔ 클로로필레이스에 의한 변화

  • 식물 세포가 손상되면 세포내에 함유되어 있던 클로로필레이스가 작용하여 클로로필리드 형성

  • 클로로필레이스는 클로로필(지용성)을 클로로필리드(수용성)로 전환시켜 조직 내에 있는 클로로필의 함량을 감소시킴

  • 클로로필레이스는 80℃ 이상에서 불활성화(데치기)

ⓜ 금속과의 반응

  • Cu, Fe, Zn 등과 반응시키면 Mg^{2+}이 금속이온과 치환되어 동-클로로필(청록색), 철-클로로필(갈색)을 형성

  • 산에 의해 형성된 페오피틴에도 구리를 첨가하면 H^+이 Cu^{2+}로 치환되어 동-클로로필이 되므로 진한 녹색을 유지할 수 있음

(2) 카로티노이드

① 동 · 식물성 식품에 존재하는 노랑, 주황, 빨강 등의 지용성 색소

② 구조 및 분류 [기출]

  ㉠ 8개의 아이소프렌(isoprene) 단위[$CH_2 = C(CH_3)CH = CH_2$]가 결합하여 40개의 탄소로 구성된 테트라테르펜(tetraterpene)구조

  ㉡ 분자 내에 7개 이상의 공액 이중결합

  ㉢ 자연계에서는 대부분 trans형으로 존재

  ㉣ 카로틴(carotene)과 잔토필(xanthophyll)로 구분

    • 카로틴: C, H만으로 구성된 탄화수소

    • 잔토필: 산소원자를 가지는 형태(hydroxy, aldehyde, carboxy, epoxy, methoxy, oxo, ester 등이 결합)

  ㉤ 프로비타민 A(β-ionone 핵): α-카로틴, β-카로틴, γ-카로틴, 크립토잔틴

식품 중의 중요한 카로틴

명칭	색깔	분포 및 특성
α-카로틴 (α-carotene)	등황색	• 당근, 찻잎 • β-카로틴과 공존 • 체내에서 한 분자의 비타민 A를 생성
β-카로틴 (β-carotene)		• 당근, 고구마, 녹색잎, 오렌지, 호박, 감귤류 • 체내에서 두 분자의 비타민 A를 생성 • 식품첨가물(착색료, 영양강화제)로 이용
γ-카로틴 (γ-carotene)		• 당근, 살구 • β-카로틴과 공존 • 체내에서 한 분자의 비타민 A를 생성
라이코펜 (lycopene)	적색	• 수박, 토마토, 감, 앵두 • 비타민 A 효력이 없음

식품 중의 중요한 잔토필 기출

명칭	색깔	분포 및 특성
크립토잔틴 (cryptoxanthin)	등황색	• 옥수수, 감, 오렌지 • 비타민 A 효력이 있음
루테인 (lutein)		• 난황, 녹색잎, 오렌지, 호박 • 비타민 A 효력이 없음
제아진틴 (zeaxanthin)		• 난황, 간, 옥수수, 오렌지 • 비타민 A 효력이 없음
비올라잔틴 (violaxanthin)	주황색	• 자두, 고추, 감, 파파야
아스타잔틴 (astaxanthin) 기출	적색	• 게, 새우, 연어, 송어 결합형 아스타잔틴 ──가열──▶ 유리형 아스타잔틴 (회록색, 청록색)　　　　　　　　　│ 　　　　　　　　　　　　　　불안정 　　　　　　　　　　　　　(쉽게 산화) 　　　　　　　　　　　　　　▼ 　　　　　　　　　　　　아스타신 　　　　　　　　　　　　　(적색)
캡산틴 (capsanthin)		• 고추, 파프리카
칸타잔틴 (canthaxanthin)		• 양송이, 송어, 새우
푸코잔틴 (fucoxanthin)		• 해조류(미역, 다시마)

③ 카로티노이드의 변색

　　㉠ 카로티노이드는 지용성 색소로 물에 녹지 않음

　　㉡ 산, 알칼리 및 가열처리 시 비교적 안정

　　㉢ 이중결합이 많아 산소, 산화효소, 광선에 의해 산화되어 변색되기 쉬움

　　㉣ 분자 중의 이중결합이 모두 trans형인 화합물은 색깔이 짙으나, cis형이 증가하면 최대 흡수 파장이 짧아져 색깔이 밝아짐

(3) 플라보노이드계

① 식품에 널리 분포하는 황색계통의 수용성 색소

② 넓은 의미 - 안토잔틴, 안토시아닌, 타닌 포함
　　좁은 의미 - 안토잔틴

③ 2개의 벤젠핵이 탄소로 연결된 C_6-C_3-C_6(플라반)의 기본구조를 지님

④ 기본구조에 당이 결합된 배당체의 형태로 존재하는 경우가 많음

⑤ 안토잔틴(anthoxanthin, 화황소)

　　㉠ 채소 및 과일에 널리 분포하며 주로 담황색과 황색을 나타냄

　　㉡ 구조에 따른 분류

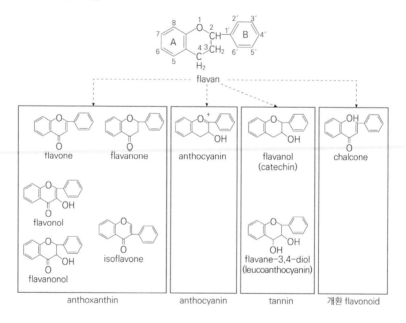

▌식품 중 안토잔틴계 색소의 분류 및 함유식품

분류	색소명	아글리콘명	함유식품
플라본 (flavone)	apiin	apigenin	파슬리, 셀러리, 옥수수
	tricin	tritin	미강
플라본올 (flavonol)	quercitrin	quercetin	양파, 허브티, 사과
	rutin	quercetin	오트밀, 메밀
	myricitrin	myricetin	와인, 포도
플라바논 (flavanone)	hesperidin	hesperetin	감귤 껍질
	naringin	naringenin	오렌지, 귤
	eriodictin	eriodictyol	오렌지, 귤
아이소플라본 (isoflavone)	daidzin	daidzein	콩, 두부
	genistin	genistein	콩, 두부

ⓒ 변색

- 산에 안정 ▶ 무색

- 알칼리에 불안정 ▶ 황색, 갈색

- hesperidin: pH 11~12에서 아글리콘 구조 열려 칼콘(calcone)으로 전환
  - ▶ 황색 또는 짙은 갈색

- 밀가루 반죽 시 중탄산나트륨 첨가 ▶ 국수, 빵(황색 형성)

- 금속과 쉽게 반응: 철(녹색~갈색), 알루미늄(황색)

⑥ 안토시아닌(anthocyanin, 화청소) 기출

ⓐ 식품의 빨강, 자주 또는 청색을 나타내는 수용성 색소

ⓑ 포도, 체리, 블루베리, 크랜베리, 가지 등에 다량 함유

ⓒ 안토시안(anthocyan) = 안토시아닌(anthocyanin) + 안토시아니딘(anthocyanidin)

ⓓ 구조와 분류

청색증가

pelargonidin계   cyanidin계   delphinidin계

pelargonidin

cyanidin

delphinidin

peonidin

petunidin

malvidin   적색증가

분류	색소명	R_1	R_2	R_3	색	함유식품
펠라고니딘계 (pelargonidin)	callistephin	H	OH	H	적색	딸기, 석류
시아니딘계 (cyanidin)	chrysanthemin 기출 cyanin keracyanin idein mecocyanin	OH	OH	H	적자색	검정콩, 오디, 팥, 블루베리, 버찌 붉은 순무, 장미, 버찌, 고구마 사과 버찌
델피니딘계 (delphinidin)	delphin nasunin	OH	OH	OH	청자색	포도 가지
페오니딘계 (peonidin)	peonin	OCH₃	OH	H	적자색	포도
페투니딘계 (petunidin)	petunin	OCH₃	OH	OH	적자색	포도, 자두
말비딘계 (malvidin)	malvin oenin	OCH₃	OH	OCH₃	적자색	포도 포도

ⓜ 변색
- pH에 따른 변화
  - 산성: 적색의 플라빌리움(flavylium)염의 형태로 존재
  - 약산성: 옅은 적색 또는 무색
  - 중성: 자색
  - 알칼리성: 청색
  - 가역적 반응
- 금속에 의한 변화: 철(청색), 주석(회색, 자색), 아연(녹색)

⑦ 타닌(tannin)
ⓐ 특성과 분류
- 떫은맛을 가지는 무색의 폴리페놀(polyphenol) 성분을 총칭
- 타닌(무색) + 산소, 산화효소, 금속 ▶ 갈색, 흑색
- 가수분해형 타닌
  - 갈산(gallic acid)의 카복실기와 당류의 수산기 사이에 에스터 결합을 형성
  - 엘라그산(ellagic acid)
- 축합형 타닌
  - 2~50여 개의 플라보노이드 단량체가 중합
  - 카테킨류(catechin): 차에 많이 함유
  - 류코시아니딘류(leucocyanidin): 과일, 커피원두, 콩류, 초콜릿 등에 함유
  - 클로로젠산(chlorogenic aicd): 커피
  - 테아플라빈(theaflavin), 테아루비긴(thearubigin): 홍차, 우롱차

ⓑ 금속과의 반응
- 타닌 + 제1철(Fe^{2+}) ▶ 회색
- 타닌 + 제2철(Fe^{3+}) ▶ 흑청색, 청록색
- 타닌 + 주석(Sn^{2+}), 아연(Zn^{2+}) ▶ 옅은 회색
- 타닌 + 칼슘(Ca^{2+}), 마그네슘(Mg^{2+}) ▶ 적자색

ⓒ 변환

미숙과실 $\xrightarrow{\text{숙성}}$ 적숙과실

(수용성타닌, 떫은맛↑)　　　　　　(불용성타닌, 떫은맛↓)

- 공기 중 산소와 결합 ▶ 쉽게 산화, 중합 ▶ 흑갈색의 불용성 중합체 형성

▼ 베탈레인(Betalains)

(1) 인돌(indole) 핵을 포함한 알칼로이드 구조를 갖는 수용성 색소로 적색과 황색을 나타냄

(2) 자연계에는 약 70종이 알려져 있으며, 사탕무, 홍당무, 순무, 레드비트, 근대, 맨드라미, 명아주 등에 존재

(3) **기본구조**: 1,7-diazoheptamethin

(4) **베타시아닌(betacyanins)**: 적색 / **베타잔틴(betazanthins)**: 황색

(5) **베타시아닌류**: 배당체로 존재, 베타닌(betanin, aglycone: betanidin)

(6) **베타잔틴류**: 불가잔틴 I(vulgaxanthin I, -NH$_2$)과 불가잔틴 II(vulgaxanthin II, -OH)

(7) 안토시아닌류나 플라보노이드 색소들의 구조와 전혀 다르며, 화학적 성질도 다름

(8) **안정성**

① 철의 존재 시 파괴되나, 비타민 C 첨가에 의해 안정성이 증가됨

② 산성: 적색 또는 황색, pH 4.0 ~ 6.0 사이에서 가장 안정

③ 저온에서 안정성이 크지만, 열이나 빛에 대해 불안정

4. 동물성 색소

(1) 미오글로빈(myoglobin, 육색소) 기출

① **구조**

• 헴(ferroprotoporphyrin, Fe^{2+}, 적색)과 단백질인 글로빈이 결합

- ferroprotoporphyrin: 중심금속 Fe^{2+}

- Fe^{2+}: 6개의 배위결합

→ 4개: pyrrole 질소원자(N)와 결합

→ 1개: globin 중 histidine의 imidazole ring과 결합

→ 1개: H$_2$O(O$_2$, CO, NO로 치환 가능)

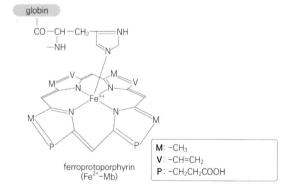

ferroprotoporphyrin
(Fe^{2+}-Mb)

M: -CH$_3$
V: -CH=CH$_2$
P: -CH$_2$CH$_2$COOH

② 변화

⊙ 산화에 의한 변화

- 미오글로빈(Fe^{2+}) + 물 ▶ 적자색

- 미오글로빈(Fe^{2+}) + 산소 ▶ 산소화, 옥시미오글로빈(Fe^{2+}), 선홍색

- 옥시미오글로빈(Fe^{2+}) 장시간 저장 ▶ 산화, 메트미오글로빈(Fe^{3+}), 갈색

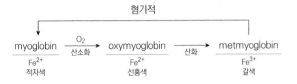

ⓒ 가열에 의한 변화

- 미오글로빈(적자색) ▶ 옥시미오글로빈(선홍색) ▶ 메트미오글로빈(갈색)

- 계속 가열 ▶ 단백질 변성 ▶ 글로빈과 헤마틴(갈색)으로 분리

- 헤마틴은 염소 이온과 결합한 형태인 헤민(갈색)을 형성

- 헤마틴(hematin) = ferriprotoporphyrin(Fe^{3+}) + OH^-
- 헤민(hemin) = ferriprotoporphyrin(Fe^{3+}) + Cl^-

- 산화된 포피린류: 메트미오글로빈에서 변성된 단백질이 떨어져나간 후, 헤마틴, 헤민, 포피린류의 치환기들이 계속 산화된 형태

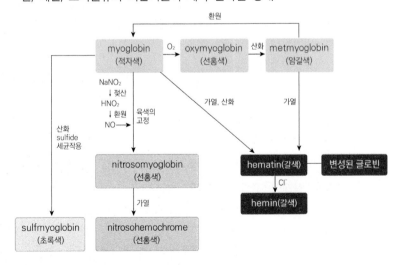

ⓒ 가공과정 중의 변화

- 아질산염에 의해 가열 조리 중에도 육류의 선홍색 유지
- 환원성 물질에 의해 아질산으로부터 생성된 니트로소기는 미오글로빈과 결합하여 니트로소미오글로빈을 형성

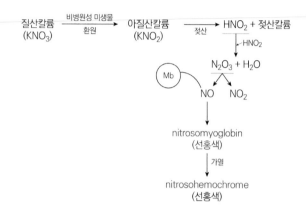

- 가공육류 중에 원래 함유되었던 아민류와 유도체들은 생성된 아질산과 반응하여 니트로사민류(nitrosamine)를 형성 ▶ 강력한 발암성을 나타냄

$$아질산염 + \underset{\text{2급 아민}}{\underline{\text{dimethylamine}}} \longrightarrow \text{nitrosodimethylamine(NDMA)}$$
$\underset{\text{(-NO)}}{}$

(2) 카로티노이드(carotenoid)

① 유지방: 버터나 치즈의 색에 관여

② 난황: 카로틴(루테인, 제아잔틴, 크립토잔틴)

(3) 기타물질

① 리보플라빈: 우유(미황색), 난백(미황녹색), 물고기 눈(미황색 형광)

② 구아닌: 생선 표면의 반짝이는 빛깔

③ 멜라닌 색소: 생선 표면의 검은색, 오징어, 문어 등의 먹물

④ β-카로틴, 루테인, 푸코잔틴 등: 미역(갈조류)

⑤ 피코에리스린(붉은색), 소량의 클로로필, 카로티노이드: 김(홍조류)

1. 효소적 갈변반응 기출

(1) 폴리페놀 산화효소(polyphenol oxidase, Cu 함유)에 의한 갈변

① 카테콜(catechol) 또는 그 유도체 등이 공기 중의 산소 존재하에 퀴논(quinone) 또는 그 유도체로 산화하는 반응을 촉매

② 흑갈색의 멜라닌 색소 형성

③ 사과, 배를 깎아서 공기 중에 방치하면 갈색으로 변하는 반응

(2) 티로시네이스(tyrosinase, Cu 함유)에 의한 갈변

① 모노페놀(monophenol)인 티로신에 작용하여 DOPA로 산화되는 과정 촉매

② 감자 갈변의 원인

③ 티로시네이스(수용성) ▶ 감자를 깎아서 물에 담가두면 용출되어 갈변 억제

갈변효소	갈변 반응 기작
폴리페놀 산화효소	폴리페놀류 $\xrightarrow[1/2\ O_2]{\text{폴리페놀 산화효소}}$ 퀴논류 $\xrightarrow{\text{산화, 중합}}$ 멜라닌 (무색)　　　　　　　　　　　　(암적색)　　　　　　　　(갈색) catechol(무색) $\xrightarrow[+\frac{1}{2}O_2]{\text{polyphenol oxidase}}$ benzoquinone(암적색) $\xrightarrow{\text{중합}}$ melanin(갈색)
티로시네이스 기출	티로신 $\xrightarrow{\text{티로시네이스}}$ DOPA $\longrightarrow$ DOPA-퀴논 $\longrightarrow$ DOPA-크롬 멜라닌 $\xleftarrow{\text{중합}}$ 디하이드록시 인돌카복실산 $\longleftarrow$ (흑갈색)

(3) **효소적 갈변 반응의 억제** 기출

① **가공품종의 선택**

㉠ 인과류(사과, 배 등)와 핵과류(살구, 복숭아, 자두 등): 총 폴리페놀 함량↑, 아스코브산 함량↓ ▶ 갈변반응↑

㉡ 장과류(딸기, 라즈베리, 블랙베리 등): 아스코브산 함량↑ ▶ 갈변반응↓

② **효소작용의 억제**

㉠ 효소의 불활성화 ▶ 가열

- 데치기(blanching) ⎡ polyphenol oxidase 불활성화
  ⎣ 단점: 과일, 채소 가열 시 이취나 물성의 연화 발생

㉡ 최적조건의 변동

- polyphenol oxidase의 최적 pH: 5.8~6.8
  → pH 3.0 이하에서 활성이 상실
  → 구연산, 말산, 인산 등을 가하여 산성으로 변동시켜 효소작용 억제
- 저온 보관 식품 온도를 -10℃ 이하로 유지

③ **산소의 제거**

㉠ 식품을 물에 담그기

㉡ 밀폐된 용기에 보관

㉢ 공기와의 접촉을 방지, 탄산가스나 질소 등으로 대체

④ **기질의 제거**

사과와 같이 기질이 대부분 껍질에 존재할 때 껍질을 벗기고 물에 담금

⑤ **아스코브산의 첨가**

polyphenol oxidase에 의해서 형성된 퀴논류는 ascorbic acid의 환원작용을 받아 본래의 diphenol로 전환

⑥ **환원성 물질의 첨가**

㉠ 아황산가스(SO_2)와 아황산염(Na_2SO_3, $NaHSO_3$)

㉡ 아황산염: 기질인 퀴논을 환원하여 더 이상 산화가 진행되는 것을 억제

㉢ SH화합물 첨가: cysteine, glutathione

⑦ **소금의 첨가**

묽은소금물에 담그기 ▶ 염소이온(Cl^-)에 의해 활성 억제

⑧ 금속이온의 제거

　　㉠ polyphenol oxidase, tyrosinase는 구리(Cu)를 함유

　　㉡ 철이나 구리 등 금속이온이 존재하는 용기나 기구는 사용하지 않는 것이 좋음

2. 비효소적 갈변반응

(1) 마이야르 반응(amino-carbonyl reaction)

- 아미노-카보닐 반응, 멜라노이딘 반응
- 아미노기를 가진 질소화합물＋카보닐기를 가진 환원당 → 갈색물질 생성
- 거의 모든 식품에서 일어날 수 있는 갈변반응
- 식품의 가공 · 저장 중에 있어서 가장 중요한 비효소적 갈변반응
- 외부로부터 에너지의 공급이 적거나 없는 상태에서도 발생 가능
- 식품의 맛, 색, 냄새 등을 향상시킴
- lysine과 같은 필수 아미노산의 파괴를 가져오기도 함
- 빵, 커피, 홍차, 비스켓, 된장, 간장, 맥주 등

① 마이야르 반응 메커니즘

　　㉠ 초기단계(무색)

　　　• 질소배당체 형성(당류와 아미노 화합물의 축합반응)

　　　　- 아미노기 + 알데하이드기 ▶ schiff 염기 생성

　　　　- 질소배당체인 글리코실아민으로 고리화 됨

　　　• 아마도리 전위(amadori rearrangement) 기출

　　　　글리코실 아민이 프럭토실 아민으로 전위를 일으키는 반응

　　㉡ 중간단계(황색)

　　　• 3-deoxyosone 형성

　　　• unsaturated 3,4-dideoxyosone 형성

　　　• reductone 형성

　　　• HMF(hydroxymethyl furfural) 등의 환상물질 형성

　　　• 산화생성물 분해

　　㉢ 최종단계(갈색)

　　　• 알돌형 축합반응

　　　　축합반응을 통해 분자량이 큰 화합물 형성

• 스트레커 분해반응 [기출]

$$\alpha\text{-dicarbonyl} + \alpha\text{-amino acid} \xrightarrow[\text{탈아미노}]{\text{탈탄산}} \text{아미노리덕톤} + \text{알데하이드} + CO_2$$

• 멜라노이딘 색소형성

각종 reductone류, 5-HMF 유도체, 알돌형 축합 생성물, 스트레커 반응 생성물 등이 쉽게 상호 반응을 일으켜 중합체 형성

▼
마이야르반응 중간단계(모델 식품계)

(1) **당의 탈수반응** - pH에 따라 furfural 형성과 reductone 형성으로 나눌 수 있음
   ① furfural 형성: pH 5 이하의 약산성
      ㉠ 3-deoxyosone의 생성
      ㉡ 불포화 osone(unsaturated-3,4-dideoxyosone)의 생성
      ㉢ Hydroxymethylfurfural(HMF), furfural 생성
   ② reductone 형성: pH 5 이상
(2) **당의 분열반응** - 산화생성물 분해

※ 실제 식품계에서는 pH의 영향이 뚜렷하게 구분되지 않고 여러반응들이 동시에 일어나며, pH에 따라 반응생성물의 비율이 달라짐

② 마이야르 반응에 영향을 미치는 요인 [기출]

   ㉠ 온도
      • 마이야르 반응에서 가장 큰 영향을 주는 요인
      • 온도↑ ▶ 반응속도↑

   ㉡ pH
      • pH↑ ▶ 반응속도↑
      • 최적 pH: 6.5~8.5
      • pH 3 이하에서는 갈변속도 느려짐

   ㉢ 당의 종류
      • 5탄당 > 6탄당 > 이당류
      • 5탄당: 카보닐기가 노출되어 있는 사슬형으로 존재하는 비율↑

   ㉣ 질소화합물의 종류
      • 아민 > 염기성 아미노산 > 중성 및 산성 아미노산 > 펩타이드 > 단백질
      • 염기성 아미노산인 lysine: ε-아미노기가 aldose나 ketose와 반응하기 쉬움

◎ 수분

- Aw 0.6~0.7: 가장 빠르게 일어남 / Aw 0.25 이하: 현저히 감소
- 고체 식품의 경우 수분함량이 1% 이하에도 마이야르 반응이 서서히 진행
- 수분함량 10~15%에서 가장 잘 일어남

ⓗ 금속, 광선

자외선이나 Fe, Cu 존재 ▶ 반응속도↑

ⓢ 화학적 저해물질

- 아황산염, 황산염, 싸이올(thiol), 칼슘염
- 아황산염
  - 반응초기단계에서 아미노화합물과 카보닐화합물이 결합하는 것을 방해
  - 마이야르 반응 중간산물인 카보닐, 다이카보닐과도 결합 ▶ 반응 억제
- 염화칼슘($CaCl_2$): Ca^{2+}이 아미노산과 chelate 형성 ▶ 반응 억제

(2) 캐러멜화 반응(caramelization) 기출

- 당류를 180~200℃ 이상으로 가열 ▶ 갈색물질(caramel) 생성
- 반응 최적 pH: 6.5~8.2
- 산성조건과 알칼리성 조건에서의 반응형식이 다름
- 자연 발생적으로 일어나지 않음 ▶ 외부로부터 에너지공급 필수적
- 캐러멜: 장류, 청량음료, 약식, 양주, 과자류 등의 착색료

① 산성에서의 반응

  ㉠ 탈수반응

  ㉡ 산성조건, 당류가열 ▶ 당분자 에놀화 ▶ 1,2-endiol 형성 ▶ HMF 생성

  ㉢ furfural 유도체 산화, 중합 ▶ 흑색, 흑갈색의 humin 형성: 캐러멜

② 알칼리성에서의 반응

  ㉠ 분해반응

  ㉡ 1,2-endiol 형성, 분열 ▶ 탄소 3개를 지닌 glyceraldehyde와 triose endiol을 생성
    ▶ 생성된 각종 알데하이드 및 케톤의 중간체 축합 및 중합
    ▶ 흑갈색의 humin 물질 형성

(3) **아스코브산 산화에 의한 갈변**

① 아스코브산이 일단 산화된 후에는 비가역적이므로 산화방지제로서 기능을 잃고 갈변반응에 참여

② 산소유무와 상관없이 반응, osone, reductone 생성

③ pH가 낮을수록 쉽게 발생

④ 레몬, 포도의 과즙이나 농축즙, 농축분말에서 잘 일어남

01 폴리페놀 옥시다아제(polyphenol oxidase)는 효소활성 측정 시 사용되는 기질에 따라 타이로시나아제(tyrosinase), 페놀라아제(phenolase) 등으로 불린다. ○ X

02 폴리페놀 옥시다아제(polyphenol oxidase)는 페놀성 화합물을 o-quinone이나 o-diphenol로 산화를 촉진한다. ○ X

03 폴리페놀 옥시다아제(polyphenol oxidase)는 분자 내에 아연을 함유하고 있는 효소로 식물조직이 손상되었을 때 갈변을 유도하는 결정적인 역할을 한다. ○ X

04 폴리페놀 옥시다아제(polyphenol oxidase)는 사과나 배의 절편을 소금물에 담가두면 갈변이 방지되는 현상과 관련있다. ○ X

05 카로티노이드계 색소는 이중결합을 가지는 아이소프렌(isoprene) 단위가 결합한 기본 구조로 되어 있고 황색 및 적색을 나타낸다. ○ X

06 소고기의 선명한 적색은 육색소인 미오글로빈(myoglobin)이 산소와 결합하여 메트미오글로빈(metmyoglobin)이 되었기 때문이다. ○ X

07 식물조직이 손상되면 클로로필레이스(chlorophyllase)에 의해 클로로필(chlorophyll)로부터 피톨(phytol)기가 떨어져 나가게 되어 선명한 녹색을 나타내지만, 조직 내의 산 등에 의하여 갈색의 페오포바이드(pheophorbide)가 형성된다. ○ X

08 안토시아닌(anthocyanin)은 꽃이나 과일의 적, 청, 자색을 나타내는 수용성 색소로서 불안정하여 가공이나 저장 중 변색되기 쉽다. ○ X

09 마이야르 반응(maillard reaction) 중 아마도리 전위(amadori rearrangement)에서 생성되는 주요 화합물은 프럭토실아민(fructosylamine)이다. ○ X

10 클로로필(chlorophyll)은 엽록체(chloroplast)내에서 단백질 또는 리포프로테인(lipoprotein) 등과 결합하고 있다. ○ X

11 잔토필(xanthophyll)은 탄소와 수소만으로 구성된 탄화수소의 카로티노이드이다. ○ X

12 라이코펜(lycopene)은 두 개의 슈도-이오논(pseudo-ionone)핵만을 가지고 있기 때문에 비타민 A의 효력이 없다. ○ X

13 안토시아닌(anthocyanin)의 페닐기 중에 하이드록시기(-OH)가 증가하면 청색이 짙어지고 메톡시기(-OCH₃)가 증가하면 적색이 짙어진다. ○ X

14 마이야르 반응(Maillard reaction)에 의한 갈변 반응의 최종 생성물은 멜라노이딘(melanoidin)이다. ○ X

15 폴리페놀 옥시데이스(polyphenol oxidase)에 의한 갈변반응의 최종 생성물은 멜라노이딘(melanoidin)이다. ○ X

16 타이로시네이스(tyrosinase)에 의한 갈변반응의 최종생성물은 캐러멜(caramel)이다. ○ X

17 캐러멜화 반응(caramelization)에 의한 갈변반응의 최종생성물은 멜라닌(melanin)이다. ○ X

18 헌터(Hunter) 색체계에서 L값은 명도를 나타낸다. ○ X

19 헌터(Hunter) 색체계에서 a값은 적색(red)과 보라색(purple)의 강도를 나타낸다. ○ X

20 헌터(Hunter) 색체계에서 b값은 황색(yellow)과 파랑색(blue)의 강도를 나타낸다. ○ X

21 헌터(Hunter) 색체계로부터 측정한 값을 이용하여 두 색의 차이를 ΔE로 나타낼 수 있다.　　O　X

22 안토시아닌(anthocyanin)은 꽃, 과일 및 채소류에 존재하는 적색, 자색 또는 청색의 수용성 색소이다.　　O　X

23 Anthocyanin은 보통 글루코스, 갈락토스, 람노스 등의 당류와 결합한 배당체로 존재한다.　　O　X

24 안토시아닌(anthocyanin)은 산, 알칼리, 효소 등에 의해 쉽게 가수분해되어 안토시아니딘(anthocyanidin)과 당류로 분리된다.　　O　X

25 산성 조건에서 안토시아닌(anthocyanin)은 적색을 나타낸다.　　O　X

26 알칼리성 조건에서 안토시아닌(anthocyanin)은 자색을 나타낸다.　　O　X

27 Maillard reaction은 비효소적 갈변반응으로 초기단계, 중간단계, 최종단계의 3단계로 진행된다.　　O　X

28 마이야르 반응은 amino기와 carbonyl기가 공존할 때 일어나는 반응으로, 자연발생적으로 진행된다.　　O　X

29 pH가 낮을수록 마이야르 반응은 촉진되며, pH 3 이하에서는 급속히 진행된다.　　O　X

30 온도가 10℃ 오르면 마이야르 반응속도가 3~5배 증가한다.　　O　X

31 수분함량 10~15%에서 마이야르 반응이 가장 잘 진행된다.　　O　X

32 클로로필은 클로로필 a와 클로로필 b 두 가지가 존재하며, 이들 모두 1개씩의 pyrrole 유도체가 methine bridge로 연결되어 있다.　　O　X

33 클로로필은 약한 알칼리로 가열하면 phytyl ester 결합이 가수분해되어 선명한 갈색의 클로로필리드가 형성된다.　　O　X

34 Cu-클로로필을 진한 산성용액으로 가수분해하여 Cu-클로로필린의 Na염을 만들어 수용성의 식품착색제로 이용한다.　　O　X

35 클로로필은 acetone, ether, benzene 등에는 잘 용해되며, 약산으로 처리하면 녹갈색의 페오피틴이 형성된다.　　O　X

36 커피생두를 배전(roasting)한 후에 배전된 커피를 바로 알루미늄 재질의 포장지에 넣고 밀봉하였을 때, 포장된 커피는 다량의 CO_2 가스를 방출하여 포장이 부풀게 된다. 이때 다량의 가스를 발생시키는 반응을 Strecker degradation이라 한다.　　O　X

37 글리신(glycine)과 글루코스(glucose)를 함께 가열하면 멜라노이딘(melanoidin)의 갈색 색소가 생성된다.　　O　X

38 마이야르 반응은 라이신(lysine)과 같은 필수 아미노산이 파괴되므로 영양가의 손실을 가져올 수 있다.　　O　X

39 마이야르 반응은 0.5~0.8 정도의 중간 수분활성도에서 가장 빠르게 일어난다.　　O　X

40 마이야르 반응의 최종 단계에서 반응성이 강한 히드록시메틸퍼퓨랄(hydroxymethyl furfural)을 형성한다.　　O　X

41 온도가 높아질수록 마이야르 반응 속도는 증가한다. ○ X

42 pH는 증가할수록 마이야르 반응 갈변속도가 빠르다. ○ X

43 오탄당에 비해서 육탄당이 마이야르 반응 속도가 빠르다. ○ X

44 마이야르 반응(Maillard reaction)을 저해하는 물질로 황산염 및 칼슘염이 있다. ○ X

45 라이코펜, 루테인, 크립토잔틴, 제아진틴은 잔토필(xanthophyll)에 포함된다. ○ X

46 미오글로빈(myoglobin)은 공기와 접촉하면 산소와 결합하여 헴(heme)에 포함된 2가 철 ○ X
이온(Fe^{2+})이 3가 철이온(Fe^{3+})으로 산화되어 옥시미오글로빈(oxymyoglobin)이 형성
되면서 선명한 붉은색을 띤다.

47 미오글로빈(myoglobin)은 1분자의 글로빈(globin) 단백질에 철을 가진 헴(heme)이 결 ○ X
합된 구조로 적자색(암적색)을 띠고 있다.

48 미오글로빈을 오래 가열하면 글로빈(globin)에서 헴(heme)이 분리되어 헤마틴(hematin) ○ X
또는 헤민(hemin)이 생성되고 가열이 계속되면 갈색 또는 회색의 산화 포피린
(porphyrins) 유도체를 형성한다.

49 육류에 질산염을 첨가하면 미생물의 작용에 의해 아질산(HNO_2)을 거쳐 산화질소(NO) ○ X
가 발생하여 미오글로빈과 결합하면 선홍색의 니트로소미오글로빈(nitrosomyoglobin)이
생성된다.

50 엽록소(chlorophyll)를 포함한 채소를 가열하거나 약한 산으로 처리하면 엽록소가 황갈 ○ X
색의 페오피틴(pheophytin)으로 변하는데 적정량의 황산구리($CuSO_4$)를 넣으면 다시
선명한 녹색으로 변한다.

51 플라보노이드(flavonoid) 색소는 식물에 함유되어 노란색을 내는 색소로 quercetin, ○ X
naringenin, catechin 등과 같은 배당체로 존재한다.

52 수박, 토마토에 포함된 라이코펜(lycopene)은 1개의 β-이오논(ionone)핵과 1개의 슈도 ○ X
이오논(pseudo ionone)핵을 가지고 있어 1분자의 비타민 A를 생성할 수 있다.

53 레드비트, 사탕무 등에 포함된 적색 색소인 베타레인(betalain)은 인돌(indole)핵을 포 ○ X
함한 알칼로이드(alkaloid) 구조를 가진 지용성 색소이다.

54 티로신(tyrosine)은 티로시네이스(tyrosinase)에 의해서 DOPA → DOPA 퀴논 → DOPA ○ X
크롬 → 멜라닌 순서로 갈변반응이 일어난다.

정 답

01 ○	02 ○	03 X	04 ○	05 ○	06 X	07 ○	08 ○	09 ○	10 ○
11 X	12 ○	13 ○	14 ○	15 X	16 X	17 X	18 ○	19 X	20 ○
21 ○	22 ○	23 ○	24 ○	25 ○	26 ○	27 ○	28 ○	29 X	30 ○
31 ○	32 X	33 X	34 X	35 ○	36 ○	37 ○	38 ○	39 ○	40 X
41 ○	42 ○	43 X	44 ○	45 X	46 X	47 ○	48 ○	49 ○	50 ○
51 X	52 X	53 X	54 ○						

1. 맛의 인지

(1) 맛의 인지 순서 기출

정미성분 ▶ 혀 ▶ 유두(맛꼭지) ▶ 미뢰(맛봉오리) ▶ 미공(맛구멍) ▶ 미각세포(맛세포)
▶ 맛수용체 ▶ 맛신경섬유 ▶ 중추신경 ▶ 맛 인지

▌맛봉오리의 모양

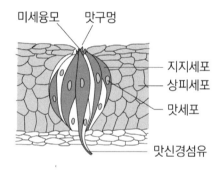

▌미세융모의 맛 수용체

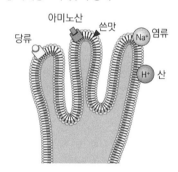

(2) 맛의 역치(threshold value)

① 미각세포에 흥분을 일으킬 수 있는 정미성분의 최저 농도(임계값, 문턱값)

② **절대역치**: 맛이 처음으로 느껴지는 정미물질의 최저 농도

③ **상대역치**: 정미물질이 지닌 특정한 맛을 제대로 인식할 수 있는 최저 농도

④ 맛의 종류, 성별, 나이, 건강상태, 혀의 피로도 등에 따라 달라짐

⑤ 쓴맛에 대한 역치 낮음(예민성↑), 단맛에 대한 역치 높음(예민성↓)

⑶ **미각에 영향을 미치는 요인**

① **온도**

  ㉠ 혀의 미각: 10~40℃일 때 잘 느낌(30℃에서 가장 예민)

  ㉡ 단맛: 온도↑ ▶ 역치 감소 ▶ 반응↑

  ㉢ 짠맛, 쓴맛: 온도↑ ▶ 역치 증가 ▶ 반응↓

  ㉣ 신맛: 온도의 영향을 거의 받지 않음

  ▌온도에 따른 미각의 반응

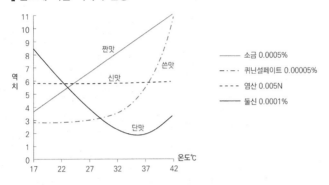

② **농도**

  ㉠ 동일한 정미성분이라도 농도에 따라 맛이 달라질 수 있음

  ㉡ sodium benzoate: 0.03% 이하에서 쓴맛 강하나 그 이상의 농도에서는 단맛

③ **혀의 부위**

  ㉠ 단맛: 혀끝

  ㉡ 신맛: 혀 양쪽

  ㉢ 쓴맛: 혀의 안쪽(뒤)

  ㉣ 짠맛: 혀의 앞쪽 가장자리 또는 혀 전체

④ **미맹**

  ㉠ 쓴맛을 전혀 느끼지 못하거나 다른 맛으로 느끼는 일부 미각능력의 결여 현상

  ㉡ phenylthiocarbamide(PTC) 용액: 미맹인 경우 쓴맛을 인식하지 못함

2. 맛의 분류

① 5원미: 단맛, 신맛, 쓴맛, 짠맛, 감칠맛

② 기타: 매운맛, 떫은맛, 아린맛, 알칼리맛, 금속맛, 교질맛, 기름진맛 등

③ 맛성분의 화학구조

    ⊙ 발미단

       • 단맛: 수산기(-OH), α-아미노기(-NH$_2$)

       • 신맛: H$^+$

       • 쓴맛: 설폰산기(-SO$_3$OH), 니트로기(-NO$_2$)

    ⓛ 조미단

       메틸기(-CH$_3$), 에틸기(-C$_2$H$_5$), 프로필기(-C$_3$H$_7$)

3. 맛의 변화 기출

맛의 대비	서로 다른 맛 성분 혼합 ▶ 주된 성분의 맛↑	
	① 단맛 + 소량의 짠맛 ▶ 단맛↑ (단팥죽, 호박죽)	
	② 짠맛 + 소량의 신맛 ▶ 짠맛↑ (유기산 소금)	
	③ 감칠맛 + 소량의 짠맛 ▶ 감칠맛↑ (멸치국물)	
맛의 억제	서로 다른 맛 성분 혼합 ▶ 주된 성분의 맛↓	
	① 쓴맛 + 소량의 단맛 ▶ 쓴맛↓ (커피)	
	② 신맛 + 소량의 단맛 ▶ 신맛↓ (오미자주스)	
맛의 상승	서로 같은 맛 성분 혼합 ▶ 각각 본래 가지고 있는 맛↑	
	① 아미노산계 조미료 + 핵산(5'-IMP, 5'-GMP) ▶ 감칠맛↑ (복합조미료)	
	② 설탕 + 사카린 ▶ 단맛↑ (분말주스)	
맛의 상쇄	서로 다른 맛 성분 혼합 ▶ 각각 고유의 맛↓	
	① 단맛 + 신맛 ▶ 조화로운 맛(청량음료)	
	② 짠맛 + 신맛 ▶ 조화로운 맛(김치)	
	③ 짠맛 + 감칠맛 ▶ 조화로운 맛(간장, 된장)	
맛의 변조	한 가지 맛을 느낀 직후 다른 맛을 보면 정상적으로 느끼지 못함	
	① 오징어 먹은 후 물마심 ▶ 물맛이 쓰게 느껴짐	
	② 쓴 약 먹은 후 물마심 ▶ 물맛이 달게 느껴짐	
	③ 신 귤을 먹은 후 사과 섭취 ▶ 사과가 달게 느껴짐	

맛의 상실	열대의 김네마 실베스터(*Gymnema sylvestre*)라는 식물의 잎을 씹은 후 1~2시간 동안 단맛과 쓴맛을 느끼지 못함(다른 맛은 정상적으로 인지)
	① 단맛 없이 모래알 같은 감촉만 느껴짐(설탕)
	② 단맛 없이 신맛만 느껴짐(오렌지주스)
	③ 쓴맛이 느껴지지 않음(퀴닌 설페이트)
맛의 순응	특정한 맛 성분을 장시간 맛볼 때 미각이 차츰 약해져서 역치가 상승하고 감수성이 점차 약해짐
	① 미각신경의 피로에 기인하여 발생
	② 한 종류의 맛에 순응하면 다른 종류의 맛에는 더 예민해짐

1. 단맛(sweet)

① 당류, 당알코올류, 일부 아미노산, 방향족 화합물, 합성 감미료 등

② **단당류, 이당류, 당유도체**: 단맛(O)

③ **다당류**: 단맛(X) - 분자량↑ ▶ 용해도↓ ▶ 단맛↓

④ 글리코시드성 -OH와 인접한 탄소의 -OH가 cis형일 때가 trans형일 때보다 단맛이 강함 기출

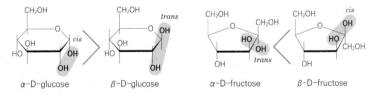

α-D-glucose β-D-glucose α-D-fructose β-D-fructose

㉠ glucose: α(1.5배↑) > β

㉡ fructose: α < β(3배↑, 저온에서 β형 우세)

㉢ maltose: α > β → 가열하면 β형이 α형으로 전환 ▶ 단맛 증가

㉣ lactose: α < β → 흡습 시 β형이 α형으로 전환 ▶ 단맛 감소

분류		단맛성분	감미도
당		프럭토스(fructose)	1.3~1.7
		전화당(invert sugar)	1.2~1.3
		수크로스(sucrose)	1.0
		글루코스(glucose)	0.7
		말토스(maltose)	0.6
		자일로스(xylose)	0.4
		갈락토스(galactose)	0.3
		락토스(lactose)	0.16
당유도체	당알코올	말티톨(maltitol)	0.75~0.9
		자일리톨(xylitol)	0.9
		소비톨(sorbitol)	0.65~0.7
		만니톨(mannitol)	0.7
		이노시톨(inositol)	0.45
		에리트리톨(erythritol)	0.7~0.8
		둘시톨(dulcitol)	0.41
	데옥시당	람노스(rhamnose)	0.6
	아미노당	글루코사민(glucosamine)	0.5
황화합물		프로필머캅탄(propyl mercaptan)	50~70
아미노산		글리신(glycine)	0.7
		알라닌(alanine)	0.6
단백질		토마틴(thaumatin)	2,000~3,000
		모넬린(monellin)	1,500~2,000
방향족 화합물		스테비오사이드(stevioside)	200~300
		글리시리진(glycyrrhizin)	50
합성감미료		아스파탐(aspartame)	180~200
		아세설팜케이(acesulfame-K)	180~200
		사카린(saccharin)	300~500
		수크랄로스(sucralose)	450~600
		나린진 다이하이드로칼콘 (naringin dihydrochalcone)	300
		네오헤스페리딘 다이하이드로칼콘 (neohesoeridin dihydrochalcone)	1,500~1,800
		알리탐(alitame)	2,000
		네오탐(neotame)	7,000~13,000

▌감미료의 분류 및 특성

분류	특성
스테비오사이드	• 국화과 스테비아 잎에 배당체 형태로 함유 • 청량감 보유, 수용성 가공적성 우수 • 주류(소주), 간장, 건강음료, 절임식품류에 많이 이용
글리시리진	• 감초의 뿌리에 함유 • 감미 발현이 늦고 뒷맛이 강한 조미료 등과 사용 시 효과 상승 • 국내에서는 간장과 된장에만 첨가하도록 허가되어 있음
네오헤스페리딘 다이하이드로칼콘	• 광귤나무의 네오헤스페리딘이 알칼리에 의해 고리가 열려 칼콘이 되면 이를 환원시켜 제조 • 상업적으로 이용되는 유일한 소수성의 저칼로리 감미료
모넬린	• 식물에서 추출되는 단백질(분자량 11,000 dalton) • 설탕의 1,500~2,000배 단맛 지님 • 아프리카에서 자라는 *Dioscoreophyllun cumminsii* 식물의 열매에 함유
토마틴 [기출]	• 식물에서 추출되는 단백질(분자량 23,000 dalton) • 설탕의 2,000~3,000배 단맛 지님 • 서아프리카 식물인 *Thaumatococcus daniellii*의 열매에 함유 • 207개의 아미노산이 8개의 이황화물 결합에 의하여 안정되어 있음
미라쿨린	• 식물에서 추출되는 단백질 • 아프리카 식물인 *Synsepalum dulcificum*에 함유된 당단백질 • 자체는 단맛이 없으나, 이 열매를 씹은 후 신맛의 식품을 먹으면 신맛이 단맛으로 바뀜
아세설팜-K	• 낮은 농도에서 높은 감미를 나타내는 무칼로리 감미료 • 단맛의 상승을 위해 다른 감미료와 병용하여 사용 • 산, 알칼리, 고온에서 안정 ▶ 제빵류와 장기 저장식품에 이용
사카린	• 강한 단맛을 지닌 사카린나트륨의 형태로 이용 • 우리나라는 안정성의 문제로 아직 제한적으로 사용 • 혈당을 상승시키지 않으므로 당뇨병환자 식이에 사용
수크랄로스	• 뒷맛이 오래 가나 불쾌하지 않은 무칼로리 감미료 • 물에 잘 녹고 열에 안정, 넓은 pH 범위에서 사용 가능 • 식품에 다양하게 이용되나 사용량은 규제하고 있음
아스파탐 [기출]	• 페닐알라닌과 아스파트산을 합성한 다이펩타이드의 메틸에스터 • 체내에서 아미노산과 같이 소화, 흡수되며 주로 청량음료에 사용 • 열에 불안정 ▶ 고온에서 굽는 빵 등의 제품에는 부적당 • 저페닐알라닌 식이가 필요한 페닐케톤뇨증 환자는 사용 제한

네오탐	• '차세대 아스파탐'으로 불리는 새로운 아스파탐의 유도체 • 아스파탐보다 열과 저장에 안정, 단맛도 40배 강함 • 대사속도 빠르고 완전히 제거 ▶ 체내에 축적되지 않음 • 미량으로 감미료 및 향미강화제로 사용
알리탐	• L-aspartic acid와 D-alanine으로 이루어진 dipeptide의 아마이드 유도체 • 설탕보다 2,000배 강한 단맛

2. 신맛(sour)

① 미량 존재 시 식욕을 증진시키는 맛

② 유기산이나 무기산이 해리한 수소이온의 맛

③ 같은 pH에서 무기산의 신맛은 유기산의 신맛보다 약함 [기출]

④ 같은 농도에서 무기산의 신맛은 유기산의 신맛보다 강함

⑤ 유기산에서 해리된 음이온 ▶ 감칠맛 부여
　무기산에서 해리된 음이온 ▶ 쓴맛, 떫은맛 부여

분류	신맛 성분	특성 및 함유식품
무기산	인산 (phosphoric acid)	• 수용액이 강한 산미 보유 • 청량음료
	탄산 (carbonic acid)	• 강하고 톡 쏘는 자극적인 신맛 성분 • 맥주, 청량음료
유기산	아세트산 (acetic acid, 초산)	• 식초에 3~5% 함유된 자극성의 신맛 • 살균작용 ▶ 음식물의 부패 방지에 이용 • 식초, 김치류
	젖산 (lactic acid, 유산)	• 장내 유해균의 발육 억제 효과 • 청량음료의 산미료, pH 조절제로 이용 • 주류의 발효 초기의 부패 방지에 이용 • 김치, 요구르트
	숙신산 (succinic acid, 호박산)	• 신맛과 함께 감칠맛 함유 • MSG와 혼합하여 조미료로 이용 • 청주, 조개류
	말산 (malic acid, 사과산)	• 융점↓ (구연산보다 산미가 오래 지속) • 흡습성↓ (장기보관 용이) • 사과, 복숭아, 포도
	타타르산 (tartaric acid, 주석산)	• 포도의 K, Ca과 결합해 주석산염을 형성 ▶ 포도주의 침전 • 포도, 와인

	시트르산 (citric acid, 구연산)	• 상쾌한 신맛과 청량감 보유 • 과즙, 청량음료에 이용 • 레몬, 파인애플, 귤
유 기 산	글루콘산 (gluconic acid)	• 부드럽고 청량한 산미 보유 • 주류, 식초, 청량음료의 산미료로 이용 • 곶감, 양조식품
	아스코브산 (ascorbic acid)	• 상쾌한 신맛을 지니며, 항산화제로 이용 • 식품의 변색 방지에 이용 • 신선한 과일, 채소
	옥살산 (oxalic acid, 수산)	• 아세트산보다 3,000배 정도 강한 산도 보유 • 칼슘의 흡수를 저해 • 시금치, 근대

3. 짠맛(saline)

- 무기 및 유기의 알칼리염이 해리되어 생성되는 이온의 맛
- 짠맛은 주로 음이온의 맛
- 양이온은 짠맛을 강화하거나 쓴맛을 나타내는 등 부가적인 맛에 관여
- $SO_4^{2-} > Cl^- > Br^- > I^- > HCO_3^- > NO_3^-$ 기출
- 염화나트륨(NaCl): 짠맛이 기준물질

(1) 무기염

① 짠맛: NaCl, KCl, NH₄Cl, NaBr, NaI

$①$ 짠맛: $NaCl$, KCl, NH_4Cl, $NaBr$, NaI

② 짠맛, 쓴맛: KBr, NH_4I

③ 쓴맛: KI, $MgCl_2$, $MgSO_4$

④ 불쾌한 맛: $CaCl_2$

⑤ 무기염의 조성 이온 직경의 합이 6.58Å 이상일 경우 ▶ 쓴맛을 내기도 함

▌무기염의 화학 특성에 따른 짠맛과 쓴맛

염	이온 직경의 합(Å)	쓴맛	짠맛	분자량
NaCl	5.56		+	58.44
NaBr	5.86		+	102.90
KCl	6.28		+	74.56
NaI	6.34		+	148.89
KBr	6.58	+	+	119.01
KI	7.06	+		166.01

(2) **유기산염**

① 말산이소듐(disodium malate), 말론산이암모늄(diammonium malonate), 세바신산이암모늄(diammonium sebacinate), 글루콘산소듐(sodium gluconate)

② 식염섭취가 제한된(Na^+ 섭취 제한) 신장질환 및 고혈압 환자의 대용식에 이용

4. 쓴맛(bitter)

> • 가장 예민하고 낮은 농도에서 감지
> • 미량이라도 쓴맛이 존재하면 전체 식품의 맛에 크게 영향을 미침
> • N≡, =N≡, $-NO_2$, -S-S-, -S-, =CS, $-SO_2$와 같은 고미기를 지님

(1) **알칼로이드**

식물체에 함유된 염기성 함질소 화합물의 총칭, 쓴맛과 함께 특수한 약리작용

① **차, 커피**: 카페인(caffeine)

② **코코아, 초콜릿**: 테오브로민(theobromine)

③ **양귀비**: 모르핀(morphine)

④ **키나**: 퀴닌(quinine, 쓴맛의 표준물질)

(2) **배당체**

채소, 과일 등의 식품계에 널리 존재

① **오렌지, 자몽, 감귤류**: 나린진(naringin)

naringin(rhamnose-glucose-naringenin) ▶ naringinase에 의해 [rhamnose + (glucose-naringenin)]로 분해

② **오이**: 큐커비타신(cucurbitacin)

③ **양파껍질**: 퀘르세틴(quercetin)

④ **메밀**: 루틴(rutin)

(3) **케톤류**

① **홉(hop) 암꽃의 쓴맛성분** 기출

㉠ α-acid: 휴물론(humulon)류

㉡ β-acid: 루풀론(lupulone)류

② **고구마**: 이포메아마론(ipomeamarone, 독성물질)

(4) 기타

① **콩, 도토리**: 사포닌(saponin, triterpene)

② **쑥**: 투존(thujone, monoterpene)

③ **감귤류**: 리모닌(limonene, 지연성 쓴맛 성분)

④ **무기염류**: $CaCl_2$, $MgCl_2$

5. 감칠맛(umami) 기출

- 단맛, 신맛, 짠맛, 쓴맛과 조화를 이룬 복합적인 맛
- 맛난맛, 구수한 맛
- 해조류, 조개류, 버섯, 된장, 간장 등에서 느낄 수 있음

(1) 아미노산 및 유도체

① **새우, 게, 조개류**: 글리신(glycine, 겨울), 베타인(betain, 여름)

② **척추동물의 근육 속에 다량 존재**: 크레아틴(creatine), 크레아티닌(creatinine)

③ **조미료, 맛난맛**: MSG(monosodium glutamate), glutamic acid

(2) 아마이드 및 펩타이드류

① 글루타민(glutamine), 아스파라진(asparagine), 테아닌(theanine)

② carnosine(β-alanine + histidine), anserine(β-alanine + methylhistidine), glutathione (glutamate + cysteine + glycine)

(3) 뉴클레오타이드

① ribonucleotide 내 ribose 5번 탄소위치에 인산이 결합한 5′-nucleotide

② 5′-GMP(마른 표고버섯), 5′-IMP(멸치, 가다랑어포, 육류), 5′-XMP(고사리)

③ 감칠맛 크기: 5′-GMP(guanosine) > 5′-IMP(inosine) > 5′-XMP(xanthosine)

④ MSG와 혼합하여 사용하면 맛의 상승효과를 나타냄

(4) 기타

① 콜린(choline), 카르니틴(carnithine)

② **조개류, 청주**: 호박산이나트륨(disodium succinate)

③ **해산어류**: TMAO(trimethylamine oxide)

④ **오징어, 문어**: 타우린(taurine)

6. 매운맛(hot)

> • 식품의 풍미를 향상시켜 식욕을 촉진시키는 자극적인 냄새, 통각의 일종
> • 적정량 첨가 시 고유의 자극적인 향미 부여
> • 식욕 촉진, 살균작용, 항산화 작용 ▶ 향신료

(1) 방향족 알데하이드 및 케톤류

① 생강

ㄱ 진저올(gingerol), 진저론(zingerone), 쇼가올(shogaol): 케톤류, 구아이야콜 유도체

ㄴ 진저올: 진저론, 쇼가올의 전구체

ㄷ 진저론: 매운맛은 다소 약하지만 달콤한 향미

ㄹ 쇼가올: 진저올보다 매운맛이 2배 강함

② 강황(울금): 커큐민(curcumin)

③ 바닐라콩 추출물: 바닐린(vanillin)

④ 계피나무 껍질: 계피알데히드(cinnamic aldehyde)

(2) 산 아마이드류

① 고추: 캡사이신(capsaicine, 지용성)

② 후추: 채비신(chavicine)

ㄱ 후춧가루를 분쇄하면 trans형의 피페리인이 cis형의 채비신으로 변화

ㄴ 후추를 오래 저장하면 cis형의 채비신이 안정한 trans형의 피페리인으로 이성화되어 매운맛 감소

③ 산초나무 열매: 산쇼올(sanshool)

(3) 황 화합물 [기출]

① 흑겨자, 고추냉이, 백겨자

ㄱ 흑겨자, 고추냉이: sinigrin $\xrightarrow[\text{마쇄}]{\text{myrosinase}}$ allylisothiocyanate

ㄴ 백겨자: sinalbin $\xrightarrow[\text{마쇄}]{\text{myrosinase}}$ hydroxy benzyl isothiocyanate

② 마늘, 파

　　㉠ 마늘: alliin $\xrightarrow{\text{allinase}}$ allicin(allinase에 의해 매운맛 성분 생성)

　　㉡ 마늘의 매운맛이 감소하는 경우

　　　　• 가열에 의해 allinase 불활성화

　　　　• disulfide ▶ mercaptan(단맛)

　　　　• 마늘 속 당(inulin) → 분해되어 fructose 생성

　　㉢ 파: diallylsulfide, diallyldisulfide, propylallylsulfide, divinylsulfide

(4) 아민류

　① 부패한 생선, 변질된 간장: histamine, tyramine

　② 미생물 작용에 의해 탈탄산되어 생성된 amine류

7. 떫은맛(astringent)

> • 입안의 표피 단백질을 변성·응고시킴으로써 미각신경의 마비 또는 수축에 의해 일어나
> 　는 수렴성의 불쾌한 맛
> • 강하면 불쾌하나 약하면 다른 맛과 조화되어 독특한 풍미를 형성

　① 차: 카테킨(catechin), 에피카테킨 갈레이트(epicatechin gallate), 에피갈로카테킨
　　　갈레이트(epigallocatechin gallate)

　② 커피: 클로로젠산(chlorogenic acid), 카페산(caffeic acid)

　③ 밤: 엘라그산(ellagic acid)

　④ 감: 시부올(shibuol), 디오스피린(diospyrin)

　⑤ 불포화지방산: 아라키돈산($C_{20:4}$), 클루파노돈산($C_{22:5}$)

8. 아린맛(acrid)

　① 떫은맛과 쓴맛이 혼합되어 나타나는 불쾌한 맛

　② 무기염류(Ca^{2+}, Mg^{2+}, K^+), 타닌, 알데하이드, 알칼로이드, 유기산

　③ 죽순, 고사리, 우엉, 토란, 가지: 호모젠티스산(homogentisic acid)

9. 기타

① **금속맛**: 숟가락, 포크, 칼 등이 닿을 때 느껴지는 금속이온의 맛

② **알칼리맛**: 수산화이온(OH^-)의 맛, 초목을 태운 재, 중조($NaHCO_3$)

③ **교질맛**

　⊙ 식품에 함유된 다당류나 단백질이 교질상태로 입안의 점막에 물리적으로 접촉될 때 느껴짐

　ⓛ 아밀로펙틴, 펙틴질, 알긴산, 한천, 글루텐, 뮤신, 뮤코이드 등

④ **기름진맛**: 유지나 유화물 또는 콜로이드 상태의 물질을 입에 넣었을 때 느껴지는 맛

01 떫은맛은 폴리페놀(polyphenol)이 많이 함유된 식품을 먹을 때 혀의 표면이 일시적으로 수축되는 감각이다. ○ X

02 타닌(tannin)은 대표적인 떫은맛 성분이다. ○ X

03 커피의 주요 떫은맛 성분은 클로로겐산(chlorogenic acid)이다. ○ X

04 과일이 숙성되면서 떫은맛이 없어지는 것은 타닌(tannin)의 함량이 줄어들기 때문이다. ○ X

05 과당의 α-형은 불안정하여 그 수용액을 가열하거나 오랫동안 정치하면 일부 α-형이 β-형으로 이성화(isomerize)하여 더 달아진다. ○ X

06 홉 중 케톤류(ketones)인 아세설팜칼륨(acesulfame potassium)은 쓴맛을 나타내는 주요 성분이다. ○ X

07 소고기에는 감칠맛을 나타내는 5′-구아닐산(5′-guanylic acid)이 5′-이노신산(5′-inosinic acid)보다 더 많이 함유되어 있다. ○ X

08 생강 중 바닐릴 케톤류(vanillyl ketones)인 쇼가올(shogaol)은 매운맛을 나타내는 주요 성분이다. ○ X

09 커피에 함유된 카페인(caffeine)은 피리미딘(pyrimidine) 유도체로 쓴맛을 낸다. ○ X

10 측쇄 소수도가 큰 Val, Leu, Ile 등의 아미노산과 소수성 아미노산으로 이루어진 펩타이드(peptide)는 쓴맛이 난다. ○ X

11 오이의 대표적인 쓴맛 성분은 큐커비타신(cucurbitacin) 이다. ○ X

12 감귤류의 쓴맛 성분인 나린진(naringin)은 나린제닌(naringenin)과 람노오스(rhamnose) 등으로 이루어진 배당체 형태이다. ○ X

13 과당의 단맛은 α형이 β형보다 3배 정도 더 달다. ○ X

14 같은 pH에서 유기산은 무기산에 비해 더 강한 신맛을 나타낸다. ○ X

15 무기염이 해리하여 생긴 음이온의 경우 짠맛의 강도는 요오드이온(I^-)이 황산이온(SO_4^{2-})보다 크다. ○ X

16 매운맛은 혀와 점막 단백질을 일시적으로 변성 응고시킴으로써 미각신경의 마비에 의해 일어나는 맛이다. ○ X

정 답

01 ○	02 ○	03 ○	04 X	05 X	06 X	07 X	08 ○	09 X	10 ○
11 ○	12 ○	13 X	14 ○	15 X	16 X				

Chapter 1 냄새성분의 특성

1. 냄새의 인식

① 코 ▶ 후각상피세포 ▶ 후각섬모 ▶ 후각수용체세포 ▶ 후각신경 ▶ 뇌(후각중추)

② 냄새의 역치

　　㉠ 후각세포에 흥분을 일으킬 수 있는 최소한의 자극 크기

　　㉡ 맛의 역치에 비하여 훨씬 더 예민함

　　㉢ ppm(part per million), ppb(part per billion)정도의 낮은 농도에서도 쉽게 감지

2. 냄새의 분류

① 헤닝(Henning, 1916): 기본적인 냄새를 6종류로 분류 ▶ 프리즘으로 표시

　　㉠ 꽃향기(fragrant): 재스민, 장미, 백합

　　㉡ 과일향기(ethereal): 귤, 사과, 레몬

　　㉢ 매운냄새(spicy): 후추, 마늘, 생강

　　㉣ 수지향기(resinous): 터펜유, 송정유

　　㉤ 썩은냄새(putrid): 썩은 고기, 부패한 달걀

　　㉥ 탄냄새(brunt): 캐러멜, 커피

② 아무어(Amoore, 1964): 입체화학설을 제안, 7가지 기본냄새로 분류

　　㉠ 장뇌냄새(camphoraceous)

　　㉡ 사향(musky)

　　㉢ 꽃향(floral)

　　㉣ 박하향(pepperminty)

　　㉤ 에테르냄새(ethereal)

　　㉥ 매운냄새(pungent)

　　㉦ 썩은냄새(putrid)

3. 냄새성분의 분류

분류	특성 및 종류(함유식품)			
알코올류 (alcohol)	식물성 식품 및 주류의 향기성분 • 과일, 채소, 청주의 향기는 주로 C_5 이하의 알코올이 많음 • 이중결합을 지닌 알코올은 향기가 강해짐 • 방향족 알코올은 꽃향기에 많음			
	hexenol	찻잎	propanol	양파
	eugenol	계피	furfuryl alcohol	커피
	1-octen-3-ol	송이버섯	2,6-nonadienol	오이
	ethanol	주류	pentanol	감자
알데하이드류 (aldehyde)	동·식물성 식품의 향기성분, 가열 중 생성되는 것도 많음 • 저급 알데하이드: 비슷한 탄소수를 가진 알코올에 비해 불쾌한 냄새 많음 • 방향족 알데하이드: 강한 향기 • 신선한 살코기: 알데하이드의 약한 피냄새 • 신선한 우유: 카보닐 화합물, 지방산 함유			
	hexenal	차엽, 녹엽	vanillin	바닐라
	cinnamaldehyde	계피	acetaldehyde	육류
	benzaldehyde	아몬드	δ-aminovaleraldehyde	민물고기
에스터류 (ester)	과일의 주된 향기성분이며 종류가 다양하여 양조식품, 낙농제품, 기호식품에도 함유됨 • 분자량이 크고 향이 강한 에스터: 꽃향기 • 메틸, 에틸, 프로필, 부틸, 아밀기가 붙은 분자량이 작은 에스터: 과일향			
	ethyl acetate	파인애플	isoamyl isovalerate	바나나
	amyl formate	사과, 복숭아	sedanolide	셀러리
	isoamyl acetate	사과, 배	apiol	파슬리
	isoamyl formate	배	methyl cinnamate	송이버섯
락톤류 (lactone)	• 대부분의 락톤류는 식품에서 과일, 코코넛, 견과류, 버터 등의 향을 냄 • 평균 0.1ppm 정도의 낮은 한계값을 지니므로 풍미가 강한 편 • 한 분자 내의 OH와 COOH 사이에 형성된 ester • γ-lactone: 식물성 식품에서 많이 나타남 • δ-lactone: 동물성 식품에서 많이 나타나며 유제품에서 달콤한 크림과 우유의 특징을 나타냄 • γ-butyrolactone: 달콤한 볶음 향(육류, 과일류, 가열 가공식품, 발효식품 등)			
	• δ-decalactone • γ-decalactone • γ-dodecalactone	복숭아 등 과일	• γ-octalactone • γ-hexalactone • γ-heptalactone	복숭아 등 과일

테르펜류 (terpene)	과일, 채소, 허브와 향신료의 향기성분에 많음

과일, 채소, 허브와 향신료의 향기성분에 많음
- 식물의 꽃, 잎 등을 수증기 증류로 얻는 방향성의 유상물질(무색~연황색)
- 기름진 느낌이 없고 향기를 지니므로 기름(oil)과 구별됨
- 아이소프렌{$CH_2 = C(CH_3)-CH = CH_2$}의 중합체 구조를 지님
- 모노터펜($C_{10}H_{16}$)과 세스퀴터펜($C_{15}H_{24}$)이 식품의 향기성분으로 작용
- 냄새를 갖는 동시에 자극적인 매운맛을 지닌 것이 많음

테르펜류 (terpene)

monoterpene(isoprene 2분자)		thujone	쑥
menthol	박하	geraniol	오렌지, 정유
menthone		sesquiterpene(isoprene 3분자)	
camphene, β-citral	레몬	humulene	홉(hop)
limonene	오렌지, 레몬	zingiberene	생강
myrcene	미나리	β-selinene	사향초유

$$CH_2 = CH - C = CH_3$$
$$CH_3$$
Isoprene (C_5H_8)

$(C_5H_8)_2$ 모노터펜	$(C_5H_8)_3$ 세스퀴터펜	$(C_5H_8)_4$ 디터펜	$(C_5H_8)_6$ 트라이터펜	$(C_5H_8)_8$ 데트라터펜	$(C_5H_8)_n$ 폴리터펜
	정유류			카로티노이드	고무
냄새		-피톨 -레티놀	-콜레스테롤 -스쿠알렌		

유황화합물

채소, 향신료의 매운 향기성분
- 효소반응에 의한 분해산물이 향기 생성
- 휘발성 유황화합물은 일반적으로 악취의 원인
- 미량으로 존재 시 식품에 좋은 향 제공

methyl mercaptane	무	dimethyl sulfide	구운김
propyl mercaptane	양파	methyl-β-methylmercapto propionate	파인애플
S-methylcysteine sulfoxide	양배추, 순무	furfuryl mercaptane	커피
allylisothiocyanate	겨자, 무, 고추냉이	alkyl sulfide	마늘, 파
		β-methylmercapto propyl alcohol	간장
		dimethyl mercaptane	단무지

지방산류

우유나 유제품의 향기성분으로 알려짐
- 휘발성 저급지방산이 주 향기성분
- 고급지방산은 비휘발성으로 향이 적음

butyric acid caproic acid	우유	δ-aminovaleric acid	담수어

질소화합물	어류나 육류의 냄새성분			
	• 대개 세균의 환원작용에 의해 발생			
	• 선도가 저하될 때 비린내 성분으로 작용			
	• 부패하거나 가열할 때도 일부 생성			
	ammonia trimethylamine	어류, 육류 해수어	piperidine	담수어

Chapter 2 | 냄새성분의 분류

1. 식품별 냄새성분의 분류

(1) 과일 및 과채류의 냄새성분

분류	냄새성분
사과	• butanol, ethanol, hexanol, hexenal • ethyl acetate, ethyl propionate, ethyl butyrate, ethyl-2-methylbutyrate
감귤류	• limonene(80% 이상), γ-terpinene, β-citral, p-cymene, α-pinene • 레몬: limonene, geranial, neral • 자몽: nootkatone, limonene • 귤: α-sinensal • 오렌지: β-sinensal
복숭아, 살구, 자두	• γ-decalactone, γ-dodecalacotne, amyl butyrate • 2,3-hexenal, hexanal, benzaldehyde, ethyl formate
키위	• 2-hexenal, hexanal (국내산 키위) • hexenol, 2-hexen-1-ol
배	• pentyl butyrate 함유
바나나	• isopentyl acetate, isoamyl acetate • eugenol
아몬드, 체리	• 아몬드: benzaldehyde, benzyl alcohol • 체리: benzaldehyde
딸기, 라즈베리	• 딸기: furaneol, nerolidol, maltol, acetate, ethyl butanoate, methyl butanoate • 라즈베리: 4-hydroxyphenyl-2-butanone
파인애플	• 2,5-dimethyl-4-hydroxy-3-furanone, chavicol, γ-caprolactone

토마토	• 2-methyl-1-butanol, farnesylactone, geranylactone, 2-methylpropanol
메론, 참외	• ethyl acetate, 2-methylbutyl acetate, nonanyl acetate, ethyl-2-methyl-thioacetate
수박	• 3-nonen-1-ol, 3,6-nonadien-1-ol

(2) 채소류의 냄새성분 [기출]

분류	냄새성분
버섯	• 표고버섯: lenthionine(환상의 지용성 유황화합물) [기출] • 양송이버섯: 1-octen-3-ol, 1-octen-3-one • 송이버섯: methyl cinnamate, 1-octen-3-ol
미나리, 쑥, 홉	• 미나리: myrcene, α, β-pinene, terpinolene • 쑥: 1,8-cineol(25~30%), caryophyllene, linalool, borneol, thujone • 홉: humulene, myrcene
셀러리, 파슬리	• 셀러리: phthalide류 중 sedanolide • 파슬리: apiol
오이	• 2,6-nonadienol, 2-nonenal, 2,6-nonadienal
찻잎	• cis-3-hexenol, cis-3-hexenal (가열하면 감소) • benzyl alcohol, linalool
겨자, 갓, 배추, 무, 브로콜리, 콜리플라워	• 십자화과 채소: 겨자, 갓, 배추, 양배추, 브로콜리, 콜리플라워, 무, 순무 • sinigrin(전구체) ▶ myrosinase의 활성화로 allyl isothiocyanate, 유도체 생성 • 무(순무): trans-4-methylthio-3-butenyl isothiocyanate
양파, 마늘, 파, 부추	• 백합과 채소: 양파, 마늘, 파, 부추 • 양파, 마늘: S-alkylcysteine sulfoxide 함유 ▶ 1-propenyl기(양파), allyl기(마늘) • 양파를 자르거나 마늘을 다지면 allinase 활성화 ▶ 1-propenyl sulfenic acid와 allylsulfenic acid로 분해 • 양파 　- 최루성 효소(LF synthase)에 의하여 thiopropionaldehyde-S-oxide로 변환되어 눈물이 흐르며, 1-propenyl sulfenic acid는 쉽게 분해되거나 재배열되어 disulfide, trisulfide, mercaptan 등으로 전환 　- Disulfide류는 가열에 의해 propyl mercaptan으로 전환 ▶ 단맛 형성 • 마늘 　- 2 분자의 allylsulfenic acid가 중합되어 향균성이 강한 diallyl thiosulfinate (allicin)를 형성 ▶ 매운 냄새, 매운맛 　- 이후 알리신은 불안정하여 황화물(sulfide)로 변환 ▶ 다진 마늘을 오래 보관할 때 생성되는 불쾌취의 원인

(3) 우유 및 유제품의 냄새성분

분류	냄새성분
신선한 우유	• butyric acid, caproic acid, propionic acid 등 저급지방산 • acetaldehyde, pentanal, 2-hexanal 등 카보닐화합물 • methyl sulfide 등 유황화합물
오래된 우유	• o-aminoacetophene 등에 의한 불쾌취
연유, 분유	• 가공 유제품은 지방산의 가수분해에 의한 δ-decalactone 함유
버터	• 신선한 버터: acetoin, diacetyl이 주성분, 각종 휘발성 지방산도 관여 $$\underset{\text{acetoin}}{CH_3-\underset{\underset{OH}{\mid}}{C}H-\underset{\underset{O}{\parallel}}{C}-CH_3} \quad \overset{-H_2}{\underset{+H_2}{\rightleftharpoons}} \quad \underset{\text{diacetyl}}{CH_3-\underset{\underset{O}{\parallel}}{C}-\underset{\underset{O}{\parallel}}{C}-CH_3}$$
치즈	• ethyl-β-methyl mercaptopropionate(methionine으로부터 생성)

(4) 어 · 육류의 냄새성분 [기출]

분류	냄새성분
해수어	해수의 신선도↓ ▶ trimethylamine oxide가 세균의 작용으로 환원되어 특유한 비린내 성분인 trimethylamine으로 변화
담수어	세균에 의해 염기성 아미노산인 lysine이 탈탄산되어 생성된 piperidine과 이들이 더욱 산화되거나 arginine으로부터 생성된 δ-aminovaleric acid에 기인 $$lysine \xrightarrow{-CO_2} cadaverine \xrightarrow{-NH_3} piperidine$$ $$\downarrow$$ $$\delta\text{-aminovaleraldehyde}$$ $$\downarrow$$ $$arginine \longrightarrow \delta\text{-aminovaleric acid}$$
상어, 홍어	상어나 홍어는 선도가 감소하면 체액에 함유된 요소(urea)가 세균에 의해 암모니아로 분해되어 자극적인 냄새 발생
오징어, 대합	생선 냄새를 지닌 1-pyrroline 함유
육류	신선한 살코기에서는 acetaldehyde에 의한 피 냄새 발생

2. 가열조리에 의해 생성되는 냄새성분

분류	냄새성분

마이야르 반응	• 아미노산과 당 함유식품 가열 조리 시 휘발성 향기성분 생성
	  - 스트레커 반응에 의한 향기: aldehyde, CO_2, pyrazine
	  - 볶은 커피: pyrazine, furan, pyrrole, thiophene, furfuryl alcohol
	  - 볶은 코코아, 초콜릿: isovaleraldehyde, isobutylaldehyde, propionic aldehyde

캐러멜화 반응	• 당류 등의 탄수화물 식품을 180℃ 이상의 고온으로 가열 - 빵, 비스킷: furfural, 5-hydroxymethyl furfural

밥, 숭늉	• 밥에서는 좋은 향기, 쉰밥에서는 이취 발생
	• 누른밥에서 유도된 숭늉: 특정 성분의 열분해 산물이나 중합체에 의해 향기 생성
	  - 따뜻한 밥: H_2S, NH_3, acetaldehyde, acetone, C_3~C_6의 저급 알데하이드
	  - 숭늉: pyrazine, isovaleraldehyde
	  - 쉰밥: butyrate
	  - 묵은쌀: n-caproaldehyde

식빵	• 반죽의 발효와 굽는 과정에서 생성 • 빵 껍질의 형성과 갈변(마이야르반응)이 크게 기여 - diacetyl, hydroxymethyl furfural 등의 카보닐화합물

가열된 어·육류	• 신선한 육류는 냄새가 비교적 약하고 휘발성 물질도 적으나, 가열조리하면 많은 휘발성 물질이 생성되고 특유한 향기 발생
	  - 구운 고기: H_2S mercaptane, NH_3, thiazole, oxazole, pyrazine 등
	  - 가열 닭고기: 3-cis-nonenal, 4-cis-decenal 등
	  - 삶거나 구운 오징어, 문어: 타우린과 질소화합물의 반응물
	  - 지나치게 구운 생선: acrolein

가열된 채소	• 채소를 가열하면 황화합물이 환원된 특징적인 향기 생성
	  - 가열된 무, 파: methyl mercaptane, propyl mercaptane
	  - 가열된 양배추, 아스파라거스, 파래, 매생이국, 구운 김: dimethyl sulfide
	  - 조리된 마늘, 양파: sulfonate, sulfide, disulfide, trisulfide, sulfoxide

유제품 가열	• 살균할 때 지질의 산화에 의한 휘발성 카보닐 화합물의 향기 생성 - 가열한 우유, 연유, 분유: H_2S, δ-decalactone, carbonyl compounds • 지방구막 단백질과 β-lactoglobulin의 분해에 의한 황화합물

3. 훈연 · 발효 · 부패 중 생성되는 식품의 냄새

분류	냄새성분
훈연향	• 나무를 불완전 연소시켜 발생하는 연기에 육류나 어패류 등을 건조시켜 독특한 풍미 생성 - 훈연 육류제품(햄, 베이컨, 소시지) 및 훈제 어류제품: 카보닐 화합물, 유기산류, 페놀류(4-vinyl guaiacol) - 가츠오부시: 훈연에 의해 생성된 페놀류
발효향	• 미생물에 의해 발효된 식품들(발효차, 맥주, 간장, 된장, 김치, 식초)은 독특한 향기를 지님 - 발효차: linalool, geraniol, damascenone, isonone, theaspirane - 간장: methionol, γ-mercaptopropyl alcohol, methional - 식초: acetic acid - 된장, 치즈: ethyl-β-methyl mercaptopropionate
부패취	• 다양한 식품이 부패되면 여러 가지 악취를 생성 - 쉰밥 냄새: 탄수화물 분해에 의해 생긴 butyric acid 등의 유기산에 의한 것 - 오래된 지방질 식품에서 발생하는 자극취: 지방산분해로 생긴 케톤의 냄새 - 어 · 육류의 단백질이나 아미노산이 분해되면서 다양한 부패 산물 생성: methyl mercaptane, H_2S, NH_3, indole, skatol, CO_2

Part 10 효소

Chapter 1 | 효소의 특성

1. 개요

① 생물체에서 일어나는 모든 화학반응을 촉매하는 일종의 생촉매

② 기질과 반응하여 생성물을 생산

2. 화학적 특성

- 효소의 본체가 단백질로만 이루어진 단순단백질과 비단백질 부분이 결합되어 있는 복합
단백질로 나눌 수 있음
- 완전효소(holoenzyme) = 결손효소(단백질) + 보결분자단(보조효소, 보조인자)
  - 결손효소(apoenzyme): 효소의 특이성 결정, 열에 약함

  - 보결분자단 ┌ 보조효소: 비타민이 조효소형으로 전환된 것
             │   예 transaminase(아민전이효소): PLP
             │
             └ 보조인자: 무기질(Mg²⁺, Cu²⁺, Fe²⁺), 효소작용을 도움
                      예 아스코브산 산화효소(Cu)

(1) 효소반응의 메커니즘

① 효소(E)는 기질(S)과 결합하여
효소-기질 복합체(ES)를 형성

② 효소의 활성부위와 기질의 형
태가 일치하는 경우에만 효소
-기질 복합체 만듦

③ 복합체의 전이상태는 촉매작용
이 없는 기질보다 훨씬 낮은 활
성화 에너지를 가지게 되어 반
응속도가 빨라짐

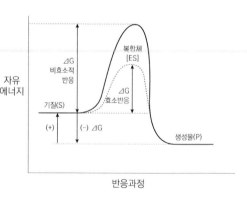

효소반응 메커니즘

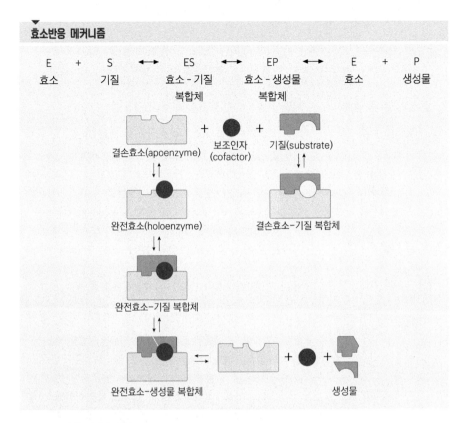

(2) 효소반응의 특이성

- 효소는 화학반응의 촉매와 같은 역할을 하지만 일반적인 화학반응에 작용하는 무기촉매와는 그 특이성에서 큰 차이가 있음
- 무기촉매: 한 종류가 여러 가지 화학반응에 관여함
- 효소: 제한된 종류의 화학반응 또는 어느 특정한 반응에만 관여하는 특이성 있음

① **절대적 특이성**: 어떤 한 종류의 기질에만 작용

　　예 maltase(maltose), urease(urea), pepsin(protein), dipeptidase(dipeptide)

② **상대적 특이성**: 일부 효소는 유사한 형태의 기능기를 갖는 기질에 대해 작용하여 특이성이 약간 적음

　　예 트립신 → 펩타이드 결합을 가수분해할 뿐만 아니라 에스터 결합까지도 가수분해함

③ 광학적 특이성: 효소는 광학적 구조에 따라 달리 작용

　　　예 aspartase → L-aspartate에만 작용하여 탈아미노반응 촉매

　　　　D-amino acid oxidase → D-amino acid만을 산화하여 α-keto acid 생성

3. 효소의 분류 　기출

그룹	효소명	효소 촉매 반응의 특징 및 예시
I	산화·환원효소 (oxidoreductase)	• 생체 내에서 일어나는 여러 가지 산화 및 환원 반응 • 수소원자나 전자의 이동 또는 산소 원자의 기질로의 첨가 반응을 촉매 • 탈수소반응, 수소첨가반응, 산화반응, 환원반응 • catalase, peroxidase, polyphenol oxidase, ascorbate oxidase
II	전이효소 (transferase)	• 원자단(메틸기, 아세틸기, 글루코스기, 아미노기)의 전이반응 • 기 또는 원자단을 한 화합물로부터 다른 화합물로 전달하는 반응을 촉매
III	가수분해효소 (hydrolase)	• 물(H_2O) 분자를 가하여 복잡한 유기화합물을 분해 • ester결합, glucoside결합, peptide결합, amino결합 등의 가수분해 반응 • 영양소의 소화 및 식품의 조리, 가공 및 저장과 밀접한 관련 • carbohydrase, lipase, protease
IV	탈리효소 (lyase)	• 비가수분해적으로 반응기를 분리·제거하는 반응 • 기질로부터 카복실기, 알데하이드기, H_2O, NH_3 등을 분리하여 이중 결합을 만들거나 이중결합에 이들을 첨가하는 반응을 촉매 • 탈탄산반응, 탈알데하이드반응, 탈수반응, 탈암모니아반응
V	이성화효소 (isomerase)	• 기질분자의 분자식은 변화시키지 않고 분자구조를 변환 • 입체이성화반응, cis-trans 전환반응, 분자 내 산화·환원, 분자 내 전이반응
VI	합성효소 (ligase)	• ATP와 같은 고에너지 인산화합물을 이용하여 분자를 결합시키는 반응을 촉매 • 결합 및 합성반응

4. 효소 반응에 영향을 미치는 인자 　기출

(1) 온도

① 온도↑ ▶ 반응속도↑

② 효소(단백질): 높은 온도에서는 변성 ▶ 반응속도↓, 활성 잃게 됨

③ 최적온도: 효소가 최대 반응속도를 나타내는 온도 ▶ 30~45℃

④ 60~70℃ 이상에서 열에 의한 불활성화 ▶ 데치기(blanching)

⑤ 예외: α-amylase(최적온도 60~70℃), β-amylase(최적온도 60℃)

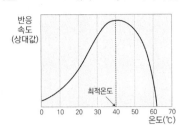

(2) pH

① 최적 pH: 일정한 pH 범위 안에서 최대의 활성도를 나타냄

　⊙ 일반적으로 효소의 최적 pH: 4.5~8.0

　ⓛ pepsin의 최적 pH: 1.8 (위)

　ⓒ trypsin의 최적 pH: 7.7 (소장)

　ⓔ arginase의 최적 pH: 10.0

② 종모양(bell shape) 형성

반응용액의 pH가 최적 pH보다 알칼리성 또는 산성쪽으로 변하면 효소활성도가
점차 감소

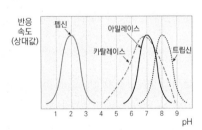

(3) 기질의 농도

① 기질의 농도에 따른 반응속도의 변화(pH, 온도 일정)

　┌ 반응초기단계: 기질농도↑ ▶ 반응속도↑

　└ 반응후기단계: 기질농도↑ ▶ 반응속도 일정

② 미카엘리스 상수(K_m) 기출

　ⓐ 반응속도(V_0)가 최대반응속도(V_{max})의 절반일 때의 기질농도([S])

　ⓑ K_m 값은 효소와 기질의 친화도를 의미

　ⓒ K_m↓ ▶ 효소 - 기질 친화도↑

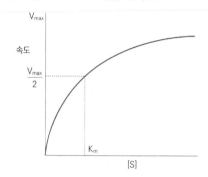

$$v_0 = \frac{V_{max}[S]}{K_m + [S]}$$

- v_0: 초기 반응 속도
- $[S]$: 기질농도
- V_{max}: 최대 반응 속도
- K_m: 미카엘리스 상수

(4) 저해제

① 비가역적 저해

저해제가 효소의 활성과 관련이 있는 특정한 원자단이나 효소의 활성중심 근처의 아미노산 잔기에 비가역적으로 공유결합 ▶ 효소와 기질이 결합할 수 없게 함

② 가역적 저해

효소의 결합부위(활성부위, 다른 자리)에 저해제가 가역적으로 결합하여 효소의 작용을 저해

　ⓐ 경쟁적 저해

- 기질과 저해제의 화학구조가 비슷함 ▶ 효소단백질의 활성부위에 대하여 저해
- 기질의 농도↑ ▶ 효소의 활성이 가역적으로 회복
- 호박산 탈수소효소에 대하여 말로닉산이 경쟁적 저해제로 작용

　ⓑ 비경쟁적 저해

- 저해제가 효소의 활성부위가 아닌 다른 부위에 결합 ▶ 효소 작용 억제
- 저해제는 유리형의 효소(E)나 효소-기질 복합체(ES)에 모두 가역적으로 결합
- 효소 - 저해제 복합체(EI), 효소-기질-저해제 복합체(ESI) 형성
- 기질의 농도를 증가시켜도 효소의 활성은 회복되지 않음
- 은(Ag^+), 수은(Hg^{2+}), 납(Pb^{3+})과 같은 중금속이온

- 황화합물, 시안화물(cyanide), 계면활성제
- 금속이온을 요구하는 효소에 대한 킬레이트(chelate) 시약
- 대두에 함유된 트립신저해제(trypsin inhibitor)

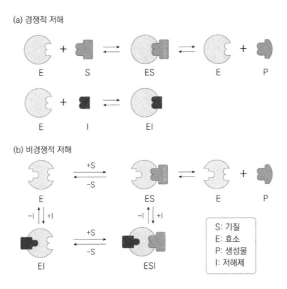

(a) 경쟁적 저해

(b) 비경쟁적 저해

S: 기질
E: 효소
P: 생성물
I: 저해제

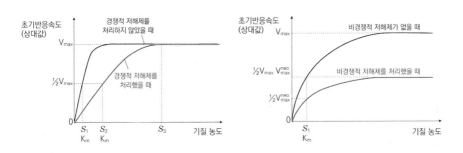

경쟁적 저해, 비경쟁적 저해, 무경쟁적 저해 비교(저해방식, K_m, V_{max})

	경쟁적 저해	비경쟁적 저해	무경쟁적 저해
저해방식	효소	효소, 효소 - 기질 복합체	효소 - 기질 복합체
K_m	증가	일정	감소
V_{max}	일정	감소	감소

(5) 활성제(activator) 기출

① **활성화**: 효소작용이 어떤 물질의 첨가로 촉진되는 현상

② **papain의 활성제**: cysteine, glutathione, 2-mercaptoethanol

③ **polyphenol oxidase의 활성제**: Cu^{2+}

④ **carboxylase, hexokinase의 활성제**: Mg^{2+}

⑤ **다른 자리 입체성 효과(allosteric effect)**: 효소의 활성부위가 아닌 다른 부위에 활성제가 결합함으로써 입체적 구조가 변화되어 효소의 활성화가 일어남

(6) 반응생성물

① 효소작용은 반응생성물이 축적됨에 따라 속도가 감소되어 평형에 이름

② **음의 되먹임 저해(negative feedback inhibition)**: 일련의 효소반응에 있어서 그 경로의 초기 단계 효소가 최종산물에 의해 저해를 받는 현상

③ 되먹임저해를 받는 효소는 자신의 기질과 구조가 다른 화합물에 의해 저해 받는 다른 자리 입체성 조절효소인 경우가 많음

Chapter 2 식품에 관계되는 효소

1. 산화 · 환원효소

카탈레이스 (catalase)	• Fe 함유 효소 • 두 분자의 과산화수소를 분해하여 물과 산소를 만드는 반응을 촉매 $2H_2O_2 \rightarrow 2H_2O + O_2$ • glucose oxidase와 함께 식품의 산화 및 갈변을 억제하는 용도로 사용
과산화효소 (peroxidase) 기출	• Fe 함유 효소 • 과산화수소: 수용체 / AH_2(유기화합물): 수소원자 공여체 • 카탈레이스와 차이점: 산소생성(x) • $H_2O_2 + AH_2 \rightarrow 2H_2O + A$(산화유기화합물) • 식물조직 중에 널리 존재 • 식물조직의 발육과 성숙에 중요한 역할: 에틸렌의 생합성, 성숙과 과숙의 조절, 클로로필의 분해 등 • 과산화효소의 활성도 측정 시 곡물의 신선도 확인 가능 • glucose oxidase와 함께 포도당 정량분석에 활용

폴리페놀 산화효소 (polyphenolase) 기출	• Cu 함유 효소 • 효소적 갈변반응에 관여 • 페놀성 물질을 o-퀴논으로 산화 catechol + 1/2 O_2 → o-benzoquinone + H_2O
아스코브산 산화효소 (AAO)	• Cu 함유 효소 • ascorbic acid를 산화시켜 dehydroascorbic acid와 물을 생성 • 호박, 당근, 오이, 무 등에 많이 함유
리폭시제네이스 (lipoxygenase)	• 식물조직에 널리 분포하고 대두, 콩류, 땅콩, 감자, 밀 등에도 소량 존재 • 불포화지방산(RH)의 산화 촉매 RH(불포화지방산) + O_2 → ROOH(불포화지방산의 과산화물) • 제빵 시 바람직한 변화 - 콩가루를 밀가루 반죽에 첨가하면 표백효과(잔토필 색소의 산화 때문) • 불쾌취 생성, 카로틴이나 비타민 A 파괴에 관여
글루코스 산화효소 (glucose oxidase)	• glucose를 gluconolactone으로 산화시키는 효소 • 식품에 함유되어 있는 glucose와 산소를 제거하여 식품의 산패나 갈변반응을 억제하기 위한 목적으로 catalase와 함께 사용됨 $$2glucose + O_2 \xrightarrow[catalase]{glucose\ oxidase} 2gluconic\ acid$$

2. 가수분해효소

α-아밀레이스 (α-amylase)	• 액화효소, endo type • 아밀로스, 아밀로펙틴의 α-1,4 결합을 내부에서 불규칙하게 가수분해 • 다량의 α-한계덱스트린, 소량의 맥아당 생성 • 췌장, 침, 곰팡이에 함유 • Ca^{2+}이 존재할 경우 효소의 안정성이 강화 ▶ 높은 온도에서도 활성 유지
β-아밀레이스 (β-amylase)	• 당화효소, exo type • 아밀로스, 아밀로펙틴의 α-1.4 결합을 비환원성 말단에서부터 maltose 단위로 가수분해 • 물엿, 고구마, 맥아 등에 존재 • 다량의 맥아당, 소량의 β-한계덱스트린 생성 • 전분을 발효성 당으로 전환시키는 맥주제조, 주정공업에서 이용
글루코아밀레이스 (glucoamylase)	• 전분의 비환원성 말단에서부터 glucose 단위로 하나씩 절단하여 가수분해 • α-1,4 결합, α-1,6 결합 분해 • 주로 미생물에 의해 생성 • 전분으로부터 포도당을 생산하는 전분당산업에 주로 이용

풀루라네이스 (pullulanase)	• endoglucosidase • pullulan(maltotriose가 α-1,6 결합으로 연결된 α-glucan) 가수분해 • 아밀로펙틴의 α-1,6 결합 분해
셀룰레이스 (cellulase)	• 섬유소의 β-1,4 결합을 가수분해하여 cellobiose나 glucose 생성 • 사과주스의 혼탁제거 등에 이용
헤미셀룰레이스 (hemicellulase)	• 커피의 검(gum)질을 분해하여 제거할 때 이용 • 섬유질을 가수분해

펙틴분해효소
(pectinase)
	• 펙틴질을 분해하는 효소, 식물의 세포벽을 분해하는 용도로 사용
	• 과일주스, 포도주의 청징 및 과일 펄프의 마쇄를 촉진하는 데 이용
	• galacturonic acid 분해 ▶ 수용성이 되고 현탁력 감소, 점도 감소
	• protopectinase: 불용성의 프로토펙틴에 작용해서 가용화시킴
	  pectin esterase(PE): 펙틴의 메틸 에스터를 가수분해
	  polygalacturonase(PG): polygalacturonic acid의 α-1,4 결합을 가수분해

말테이스 (maltase)	• maltose를 2 분자의 glucose로 분해 • 밀가루, 엿기름의 당화작용
전화효소 (invertase)	• 설탕을 glucose와 fructose로 가수분해 (β-fructofuranosidase) • 설탕으로부터 생성된 glucose와 fructose의 혼합물을 전화당(invert sugar) 이라 함(설탕보다 용해도↑, 단맛↑, 결정 석출↓)
락테이스 (lactase)	• 유당을 glucose와 galactose로 가수분해 • 유당을 분해하여 용해가 쉽고 단맛이 있는 당류 생성 • 유당의 소화가 어려운 유당불내증 환자를 위하여 우유에 함유된 유당을 분해하는 용도로 사용
글리코시데이스 (glycosidase)	• 배당체를 가수분해하여 당과 아글리콘을 형성하는 반응을 촉매 • hesperidinase, myrosinase, naringinase
라이페이스 (lipase)	• triacylglycerol의 ester bond를 가수분해하여 유리지방산과 글리세롤을 생성 • 물 - 지방질 계면에서만 작용 • 유지식품에서는 산패를 일으키는 유리지방산을 생성 • 치즈나 초콜릿 제조 시 향미 증진

단백질 분해효소
(protease)
	• endopeptidase
	  - pepsin(위장): 단백질 → 폴리펩타이드 + 아미노산
	  - trypsin(췌장): 단백질 → 폴리펩타이드 + 펩톤
	  - chymotrypsin(췌장)
	  - cathepsin(간, 신장, 비장): 단백질 → 폴리펩타이드 + 펩톤
	  - papain(파파야열매): 단백질 → 폴리펩타이드 + 아미노산
	  - rennin(양, 송아지의 위): 카세인 → 파라카세인 + 펩타이드
	  - bromelin(파인애플)
	• exopeptidase
	  - aminopeptidase, carboxypeptidase(동물의 장, 곰팡이, 세균): 프로테오
	    스, 펩톤, 펩타이드 → 아미노산 + 다이펩타이드
	  - dipeptidase(동물의 장, 곰팡이, 세균): 다이펩타이드 → 아미노산

아미데이스
(amidase)
	• 산 아마이드 결합을 가수분해(육류, 생선을 방치하면 NH_3 생성)
	  - urease: urea → CO_2 + NH_3
	  - arginase: arginine → ornithine + NH_3
	  - asparaginase: asparagine → aspartate + NH_3
	  - glutaminase: glutamine → glutamate + NH_3

3. 식품 가공에 사용되는 효소 [기출]

효소	식품	작용
amylase	제빵, 제과	효모 발효에 필요한 당 함량 증가
	맥주	발효를 위해 전분을 말토스로 전환
	시리얼	전분 → 덱스트린 + 당, 흡습성 증가
	초콜릿	전분을 액화하여 유동성 높임
	시럽과 당	전분 → 저분자의 덱스트린
	펙틴	압착된 사과로부터 펙틴의 회수 도움
	과일주스, 젤리	발포성 증가시키기 위하여 전분 제거
	채소류	두류의 연화를 위한 전분의 가수분해
cellulase	양조	탄수화물 세포벽 성분의 가수분해
	커피	원두 건조 시 섬유소의 가수분해
	과일	배의 촉감 개선, 살구·토마토의 박피 촉진
invertase	인조꿀	설탕 → 포도당 + 과당
	캔디	초콜릿을 입힌 연질 크림캔디의 제조
dextran sucrase	당시럽	시럽의 농축(증점)
	아이스크림	증점제로 덱스트란 첨가

lactase	아이스크림	유당제거(결정화로 인한 거친 촉감 부여)
	사료	유당 → 포도당 + 갈락토스
	우유	냉동유에서 유당을 제거함으로서 단백질 안정화, 유당불내증 환자를 위한 락토스의 제거
naringinase	감귤류	나린진을 가수분해하여 감귤펙틴과 주스의 쓴맛제거
tannase	양조	폴리페놀화합물의 제거
pectic enzyme (유용)	과일	연화
	과일주스	주스의 수율 향상, 농축과정의 개선, 혼탁방지
	올리브	유지추출
	과실주	청징작용
	커피	원두 발효시 외피의 점질물질 제거
	초콜릿·코코아	코코아 발효시 가수분해 작용
pectic enzyme (변질)	감귤주스	주스의 펙틴질 분리 및 분해
	과일	과도한 연화작용
protease (유용)	제빵	반죽의 연화작용 및 신장성 증가, 혼합시간의 단축, 조직감, 덩어리부피의 증가, β-아밀레이스 유리
	양조	발효과정 중 영양소향상, 여과, 청징, 냉각공정에 활용
	시리얼	건조속도를 빠르게 하기 위해 단백질을 변화시킴
	두류	된장과 두부 제조
	치즈	카제인 응고, 숙성 과정 중 특유의 풍미 생성
	달걀 가공품	건조특성 개선
	두유	두유제조
	단백질 가수분해물	간장, 건조수프, 육즙분말, 가공육, 특수식품
	과실주	청징
protease (부패)	달걀	건조전란의 서상기간에 영향
	게, 가재	빨리 불활성화 시키지 않으면 과도한 연화유발
	밀가루	활성이 너무 강하면 빵의 부피 및 조직감에 영향
lipase (유용)	유지	지질 → 글리세롤과 지방산으로 분해
	우유	밀크초콜릿에 사용되는 약간 숙성된 향미의 생산
	치즈	숙성 및 고유의 향미 부여
lipase (산패)	우유 및 유제품	가수분해형 산패
	유지	가수분해형 산패

효소	식품	작용
phosphatase	유아식	섭취가능한 인산염의 증가
	양조	인산화합물의 가수분해
	우유	저온살균 여부 확인
nuclease	향미증진	핵산(nucleotide 및 nucleoside)의 생성
catalase	우유	저온살균 시 과산화수소 파괴
	각종제품	포도당이나 산소를 제거하여 갈변 또는 산화를 억제하기 위해 glucose oxidase 사용 시 병용
peroxidase (유용)	채소	blanching 효과의 검정
	포도당 정량	glucose oxidase와 혼용
peroxidase (변패)	채소	불쾌취
	과일	갈변반응 촉진
glucose oxidase	각종 제품	맥주, 치즈, 과일주스, 탄산음료, 건조달걀, 분유, 육·어류, 포도주 제조과정 중 포도당이나 산소를 제거하여 산화 및 갈변방지
polyphenol oxidase (유용)	차, 커피, 담배	숙성, 발효기간에 갈변
polyphenol oxidase (변패)	과일, 채소	갈변 및 불쾌취 발생, 비타민 손실
lipoxygenase	채소	필수지방산 및 비타민 A의 파괴, 불쾌취 유발
ascorbate oxidase	채소, 과일	비타민 C의 파괴
thiaminase	육·어류	비타민 B_1의 파괴
pentosanases	빵	귀리 빵 제품의 밀가루 반죽 시간 단축, 습윤성 증가
glucose isomerase	시럽, 당류	glucose의 이성질화에 의한 fructose 제조
sulfhydryl oxidase	빵, 면류	-S-S-결합 형성에 의한 밀가루 반죽 강화
hesperidinase	감귤 과즙, 통조림	hesperidin 가수분해

01 산화환원효소(oxidoreductase)는 수소 원자, 산소 원자 또는 전자를 다른 기질로 전달 하여 산화환원 반응을 촉매한다.   O   X

02 전이효소(transferase)는 기 또는 원자단을 한 화합물로부터 다른 화합물로 전달하는 반응을 촉매한다.   O   X

03 이성화효소(isomerase)는 기질로부터 카복실기(-COOH), 알데히드기(-CHO), 물, 암모 니아 등을 가수분해에 의하지 않고 분리하여 이중결합을 만들거나 이중결합에 이들을 첨가하는 반응을 촉매한다.   O   X

04 가수분해효소(hydrolase)는 물 분자가 작용하여 복잡한 유기화합물을 분해하는 반응을 촉매한다.   O   X

05 효소는 단백질로 구성되어 있으며, 화학적 촉매작용과는 달리 특정 대상을 선택하여 작용하는 기질특이성을 가지고 있다.   O   X

06 α-amylase는 amylase와 amylopectin의 α-1,4 결합을 비환원성 말단에서 규칙적으로 절단하는 효소이다.   O   X

07 효소반응은 일반적으로 30 ~ 40℃의 범위에서 최고의 활성을 나타낸다.   O   X

08 Naringinase는 감귤의 과피나 과즙 중에 존재하는 쓴맛 성분을 분해하여 쓴맛을 감소 시킨다.   O   X

09 Pectinase는 polygalacturonic acid의 α-1, 4 결합을 가수분해하는 효소이다.   O   X

10 프로토펙티네이스(protopectinase)는 불용성의 프로토펙틴을 가수분해하여 수용성의 펙틴으로 전환하는 효소이다.   O   X

11 펙틴에스터레이스(pectin esterase)는 펙틴의 메틸에스터 결합을 가수분해하여 과실이 나 채소의 조직을 단단하게 한다.   O   X

12 폴리갈락투로네이스(polygalacturonase)는 폴리 갈락투론산 분자를 가수분해하여 분 자 크기를 감소시키는 효소로 절임식품에 연부현상을 일으킨다   O   X

13 펙틴라이에이스(pectin lyase)는 메틸에스터화된 갈락투론산의 메틸기를 가수분해하는 효소이다.   O   X

14 α-amylase는 amylose와 amylopectin의 α-1, 6 글루코사이드 결합을 주로 사슬 안쪽 에서 임의로 절단하는 효소이다.   O   X

15 β-amylase는 β-1, 4 글루코사이드 결합을 비환원성 말단으로부터 maltose 단위로 절 단하는 효소이다.   O   X

16 Glucoamylase는 amylose와 amylopectin의 α-1, 4 및 α-1, 6 글루코사이드 결합을 환 원성 말단에서 glucose 단위로 차례로 절단하는 효소이다.   O   X

17 Isoamylase는 amylopectin과 β-limit dextrin의 α-1, 6 글루코사이드 결합을 가수분해 하는 가지 제거 효소이다.   O   X

정 답

01 O	02 O	03 X	04 O	05 O	06 X	07 O	08 O	09 O	10 O
11 O	12 O	13 X	14 X	15 X	16 X	17 O			

Part 11 식품의 물리적 성질

Chapter 1 물성의 개요

1. 물성의 정의

① **물성**: 물체의 성질, 변형과 유동의 과학을 의미

② **물성의 범위**

  ㉠ 흐르는 성질: 점성, 점조성

  ㉡ 기계적 및 기하학적 변형성: 견고성, 응집성, 탄력성, 점착성

③ 식품 ▶ 조직감, 텍스처

2. 식품의 리올로지(rheology)

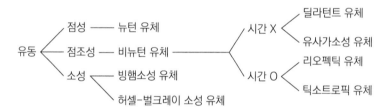

(1) 점성(viscosity)과 점조성(consistency)

> • **점성**: 외부 힘에 의하여 유체가 흐르는 것에 대해 저항하는 성질
> • **점조성**: 유체의 흐름과 변형에 관련된 성질, 비뉴턴 유체의 특성을 표현

① **뉴턴 유체** 기출

  ㉠ 전단력과 전단속도가 비례

  ㉡ 유체에 가한 힘이 증가할수록 유체의 움직이는 속도가 비례적으로 증가하는 유체

  ㉢ 분자가 구형의 저분자 물질로서 균일하게 액체를 이루고 있는 묽은 용액

  ㉣ 물, 꿀, 청량음료, 식용유, 술

② 비뉴턴 유체

　㉠ 대부분의 식품 용액들이 해당

　㉡ 전분, 펙틴질같이 거대한 분자들이 용액 안에 존재할 때 힘을 가해도 비례적으로 흐르지 않는 물질

　㉢ 전단력과 전단속도의 사이의 관계가 곡선(curve)으로 표시됨

　㉣ 시간의 흐름과 무관한 유체

　　• 유사가소성(pseudo-plastic, 의사가소성), 딜라턴트(dilatant)

　　• 유사가소성 유체: 전단력↑ ▶ 점도↓, 큰 힘으로 저으면 쉽게 흐름 예 채소수프

　　• 딜라턴트 유체: 전단력↑ ▶ 점도↑, 작은 힘으로 저으면 쉽게 흐름
　　　예 땅콩버터, 초콜릿 시럽류, 60% 옥수수 생전분 현탁액

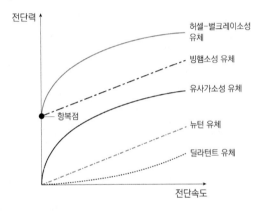

　㉤ 시간에 따라 점성이 변하는 유체

　　• 틱소트로픽(thixothropic), 리오펙틱(rheopectic)

　　• 틱소트로픽 유체: 시간↑ ▶ 점도↓, 같은 힘을 주어도 쉽게 흐름
　　　예 겨자, 토마토 페이스트, 케첩, 샐러드드레싱, 마요네즈, 무스

　　• 리오펙틱 유체: 시간↑ ▶ 점도↑, 흐름의 속도↓ 예 달걀흰자, 크림

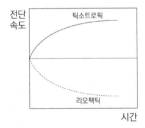 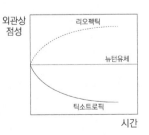

(2) **가소성(plasticity)**

   ① 파열됨이 없이 계속해서 변형될 수 있는 성질

   ② 어느 정도의 힘이 있어야 흐르기 시작하는 유체

   ③ **항복치**: 흐름을 일으킬 수 있는 일정 규모의 힘, 탄성에서 소성으로 변하는 한계점

   ④ **빙햄 소성(bingham plastic)**

      ㉠ 전단력과 물질의 흐름이 비례

      ㉡ 전단력이 항복점 이하에서는 고체와 같은 성질

      ㉢ 전단력이 항복점 이상이 되면 흐르는 성질

   ⑤ **비빙햄 소성(non-bingham plastic)**

      ㉠ 전단력과 물질의 흐름이 비례하지 않음

      ㉡ 허셀벌크레이소성 유체

        • 항복점 이상에서 흐르기 시작

        • 유사가소성 유체와 흐르는 특성이 유사한 유체

   ⑥ **가소성의 성질을 지닌 고체**

      ㉠ 생크림, 버터, 마가린

      ㉡ 외부힘에 의해 변형된 고체가 외부의 힘이 제거되었을 때 원상태로 되돌아가지 않는 성질

(3) **탄성(elasticity)**

   ① 외부의 힘에 의하여 변형을 받고 있는 물체가 외부의 힘이 제거될 때 원래 상태로 되돌아가려는 성질

   ② 젤리, 곶감, 묵, 곤약

(4) **점탄성(viscoelasticity)** 기출

   ① 어떤 물체가 고체와 유체의 특성을 모두 보여 탄성변형과 점성유동을 함께 가지고 있는 성질

   ② 외부 힘에 의하여 탄성 변형이 일어나며, 일부는 점성에 의한 흐름이 발생

   ③ 반죽, 치즈

   ④ **점탄성체 특성**

      ㉠ 예사성(spinability): 청국장이나 난백 등을 젓가락으로 당겨 올리면 실처럼 가늘게 따라 올라오는 성질

ⓒ 와이센베르크(weissenberg) 효과: 연유와 같은 점성을 띤 액체를 그릇에 담고 막대기를 중심축으로 회전시켰을 때 액체가 막대기에 감기듯이 올라오는 현상

ⓒ 경점성(consistency): 반죽 또는 떡의 점탄성을 나타내는 식품의 경도, farinograph 로 측정

ⓔ 신전성(extensibility): 국수 반죽과 같이 대체로 고체를 이루고 있는 식품이 막 대 또는 긴 끈 모양으로 늘어나는 성질, extensograph로 측정

밀가루 반죽의 경점성 및 신전성

(1) 밀가루 반죽의 farinograph

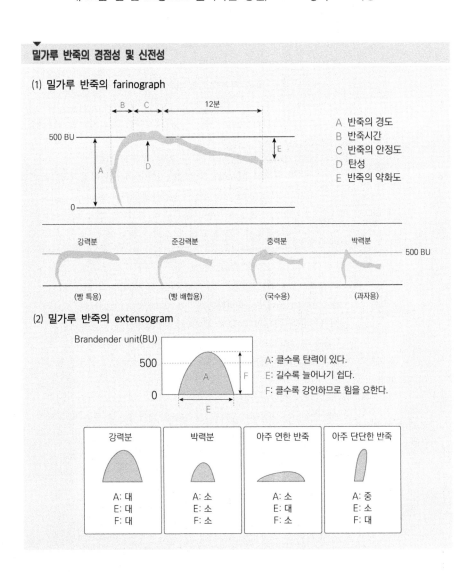

(2) 밀가루 반죽의 extensogram

Chapter 2 | 식품의 텍스처

1. 텍스처 성질의 분류(Szczeniak) 기출

일차적 특성	이차적 특성	정의(관능적인 표현)
경도, 견고성 (hardness)		• 형태 변화에 필요한 외부 압력에 관한 특성 표현 • 물질을 어금니 사이(고체)나 혀와 입천장 사이(반고체)에 놓고 압착하는 데 드는 힘 • 무르다(soft) ▶ 굳다, 견고하다(firm) ▶ 단단하다(hard)
응집성 (cohesiveness)		• 부서지기 전까지 변형이 있을 수 있는 정도와 관련된 기계적인 특성 • 식품의 구성물질이 서로 잡아끄는 힘
	파쇄성 (brittleness)	• 시료가 부서지고 깨지며 조각이 나는 데 드는 힘 • 부스러지다(crumbly) ▶ 깨지다(brittle)
	씹힘성 (chewiness)	• 고체 물질을 삼킬 수 있게 씹는 시간이나 씹는 횟수와 응집성에 관련된 특성 • 식품을 삼키기 전까지 씹는 데 필요한 힘 • 연하다(tender) ▶ 쫄깃쫄깃하다(chewy) ▶ 질기다(tough)
	검성 (gumminess)	• 유연성을 지닌 물질의 응집성에 관련된 특징으로 시료를 씹는 동안 흩어지지 않고 계속 덩어리로 남아 있는 정도 • 반고체 식품을 삼킬 수 있을 정도로 분쇄하는 데 드는 힘 • 바삭바삭하다(short) ▶ 거칠다(mealy) ▶ 풀같다(pasty) ▶ 고무질같다(gummy)
점성 (viscosity)		• 숟가락에 있는 액상물질을 입에 대고 혀로 끌어들이는 데 드는 힘 • 힘에 의하여 유체가 이동하는 정도 • 묽다(thin) ▶ 진하다(thick) ▶ 끈적하다(viscous)
탄성, 탄력성 (elasticity)		• 시료가 이 사이에서 압착된 뒤 원래의 모양으로 되돌아가는 정도 • 외부에서 가해진 힘에 의해 물체가 변형된 후 다시 본래의 상태로 돌아가는 성질 • 가소성 ▶ 점성 ▶ 탄력성
접착성, 부착성 (adhesiveness)		• 보통 섭취하는 과정에서 입에 붙은 물질을 제거하는 데 드는 힘 • 힘을 가하는 물체를 잡아당기는 힘 • 미끈미끈하다(sticky) ▶ 끈적끈적하다(tacky) ▶ 달라붙는다(gooey)

2. 식품의 텍스처 성질 기출

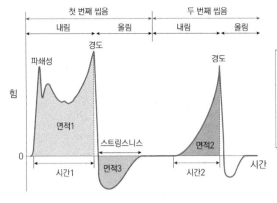

$$응집성(cohesiveness) = \frac{면적2}{면적1}$$

접착성(adhesiveness) = 면적3

검성(gumminess) = 견고성 × 응집성

씹힘성(chewiness) = 검성 × 탄성

Chapter 3 식품의 교질성

1. 교질의 상태

(1) 진용액

① 소금, 설탕 등과 같이 분자량이 비교적 작은 물질이 물과 접촉하게 되면 분자 또는 이온상태로 물과 수소결합을 하여 수화됨

② 1nm(10^{-9}m)이하의 작은 용질이 용매에 녹아 균질하게 되는 상태

③ 녹기 전의 모습이 녹은 후에는 육안으로 확인하기 힘든 형태

(2) 교질용액

① 현탁액과 진용액의 중간으로 콜로이드(colloid) 또는 교질용액이라고 함

② 1~100nm(10^{-9}~10^{-7}m) 범위의 크기를 지닌 입자가 분산되어 있는 형태

③ 분산질(분산상)은 용질, 분산매(연속상)은 용매와 비슷한 개념 기출

분산매	분산질	명칭	식품의 예
액체	액체	유화액(에멀전)	마요네즈, 우유, 버터, 마가린, 난황
	기체	거품(포말질)	사이다, 콜라, 맥주, 난백의 거품
	고체	졸(sol)	된장국, 수프, 난백
고체	액체	젤(gel)	양갱, 젤리, 밥, 두부, 치즈
	기체	고체 포말질	빵, 케이크

④ **보호교질(protective colloid)**: 소수성 졸의 전해질에 대한 안정성을 높이기 위하여 친수성 졸을 첨가한 경우
⑤ **이액현상(syneresis)**: 망상구조가 약한 젤을 장시간 방치하면 망상구조가 수축되고 윗부분에 물이 분리되는 현상

2. 교질의 성질 [기출]

(1) 반투성

① 셀로판막과 같은 반투막은 이온이나 작은 분자는 통과시키지만, 중합체와 같은 거대분자 또는 교질입자(단백질, 젤라틴, 전분, 한천 등)는 통과시키지 않음
② 단백질 정제 시 투석(dialysis)현상 이용

(2) 틴달(tyndall)현상

① 투명한 용액이라도 교질액이 되면 빛이 교질입자에 난반사되어 산란하기 때문에 빛의 통로 옆 방향에서 그 빛의 진로가 뚜렷하게 보임
② 교질입자가 커서 빛이 투과하지 못하고 입자에 부딪히면서 산란되어 눈에 보임
③ 콜로이드 입자의 크기가 클수록 빛이 산란되는 정도도 커짐

(3) 브라운(Brown) 운동

① 입자가 자체적으로 움직이는 것이 아니라 외부 힘에 의하여 이동하기 때문에 다른 입자에 충돌할 때까지 직선운동을 하는 현상
② 졸(sol) 상태에서 교질입자는 항상 브라운 운동을 함
③ 졸(sol)을 안정화하는 하나의 힘으로 중요한 역할을 하며, 불균일한 힘의 작용으로 교질입자는 침전하지 않고 물속에 분산되어 있음

▌ **교질용액의 틴달현상(A)과 브라운운동(B)**

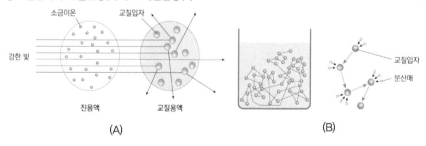

(4) 응석(coagulation)

소수성 졸에 소량의 전해질을 가하면 교질입자가 서로 결합하여 침전되는 현상

(5) 염석(salting out)

① 친수성 졸에 다량의 전해질을 가하면 침전되는 현상

② 친수성 졸에 소량의 전해질을 가하면 염용(salting in)현상이 일어나고, 전해질의
농도가 진해지면 염석(salting out)현상이 일어남

(6) 흡착

교질입자는 표면적이 넓어 다른 물질을 흡착하려는 성질이 있음

3. 유화현상 기출

① 유화: 교질의 한 형태로 서로 혼합하지 않는 두 가지 이상의 액체의 교질상태

② 물과 기름의 계면에서 양쪽에 녹아 표면장력에 영향을 주어 계면을 안정화함

③ 유중수적형(W/O)

　　㉠ 분산질 – 물 / 분산매 – 기름

　　㉡ 마가린, 버터

④ 수중유적형(O/W)

　　㉠ 분산질 – 기름 / 분산매 – 물

　　㉡ 마요네즈, 아이스크림, 우유

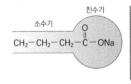 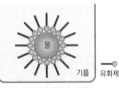

유화제　　　　수중유적(O/W)형 유화액　　　유중수적(W/O)형 유화액

⑤ **유화형에 영향을 주는 요인**

　　㉠ 유화제의 성질

　　㉡ 전해질의 종류와 농도

　　㉢ 물과 기름의 비율

　　㉣ 기름의 성질

　　㉤ 물과 기름의 첨가 순서

⑥ HLB(hydrophilic-lipophilic balance)

　　㉠ 유화제 분자 내의 친수기와 소수기의 균형

　　㉡ HLB 3~6: 유중수적형의 유화액에 사용하기 적합

　　㉢ HLB 8~18: 수중유적형의 유화액에 사용하기 적합

$$HLB = 20(1 - \frac{SV}{AV})$$

SV: soponification value(유화제의 비누화값)

AV: acid value(지방산의 신가)

⑦ 유화제의 종류

　　㉠ 천연: 단백질, 인지질(레시틴), 글리코리피드, 사포닌 등

　　㉡ 합성: 모노아실글리세롤, 다이아실글리세롤, 당의 지방에스터류

4. 거품현상

① 거품: 분산상 - 기체 / 분산매 - 액체

② 순수한 물은 거품 형성 어려움 ▶ 물속에 단백질, 사포닌과 같은 성분이 존재할 때 거품이 잘 생성

③ 기포제

　　㉠ 기체와 액체의 계면에 흡착 → 거품을 안정화시킴

　　㉡ 맥주의 거품: hop의 수지성분 및 단백질 → 기체와 액체의 계면에 흡착되어 안정화

④ 소포제

　　㉠ 거품 일부의 표면장력이 감소되도록 변화시킴 → 거품 제거

　　㉡ 유지, 지방산 에스터, 실리콘

⑤ 액체의 표면장력↑ ▶ 거품이 잘 생기지 않으나, 일단 생성되면 잘 소실되지 않음

⑥ 온도↑ ▶ 표면장력↓ 기출

　　㉠ 차가운 맥주는 거품형성 잘 되지 않으나(차가우면 표면장력이 커서 거품형성 어려움) 거품이 한 번 형성되면 안정함

　　㉡ 상온의 맥주는 거품형성 잘 되지만 쉽게 소실됨

01 토마토케첩은 빙햄가소성(bingham-plastic) 유체이다. ○ X

02 설탕물은 뉴턴(newton) 유체이다. ○ X

03 땅콩버터는 다일레이턴트(dilatant) 유체이다. ○ X

04 식용유는 유사가소성(pseudo-plastic) 유체이다. ○ X

05 포스파티딜콜린(phosphatidylcholine), 카제인(casein) 및 수크로오스 지방산에스테르 ○ X
(sucrose fatty acid ester)는 기름과 물을 혼합하여 유화시키고, 그 상태를 유지하게
하는 물질이다.

06 곤약, 양갱, 묵과 같은 식품처럼 외부의 힘에 의해 변형을 받고 있는 물체가 힘을 제거 ○ X
하면 원래의 상태로 되돌아가는 현상을 탄성이라 한다.

07 전분을 물에 넣어 교반하면 설탕이나 소금 용액처럼 투명하지 않고 흐르는 용액을 이루 ○ X
며, 방치하면 불용성 침전이 생기는데, 이러한 상태를 콜로이드(colloid)라고 한다.

08 우유와 같이 분산매가 액체이고, 분산질이 고체 또는 액체의 교질입자가 분산되어 흐를 ○ X
수 있는 유동성을 가지고 있는 것을 졸(sol)이라고 한다.

09 한천을 따뜻한 물에 푼 것을 냉각시키면 굳어져서 일정한 모양을 지니게 되는데 이와 ○ X
같은 상태를 겔(gel)이라고 한다.

10 점성(viscosity)은 물질의 흐름에 대한 저항을 나타내는 물리적 성질이다. ○ X

11 탄성(elasticity)은 외부의 힘에 의하여 변형이 된 물체가 그 힘을 제거해도 원상태로 ○ X
되돌아가지 않는 성질을 말한다.

12 점탄성(viscoelasticity)은 외부의 힘에 의하여 변형이 되어 있는 물체가 그 힘이 제거될 ○ X
때 본래의 상태로 되돌아가려는 성질을 말한다.

13 예사성(spinability)은 점탄성을 나타내는 식품의 견고성을 말한다. ○ X

14 된장국, 스프, 젤라틴 용액은 졸(sol) 상태에 해당하는 식품이다. ○ X

정 답

01 X 02 X 03 ○ 04 X 05 ○ 06 ○ 07 ○ 08 ○ 09 ○ 10 ○
11 X 12 X 13 X 14 ○

Part 12 식품의 독성물질

Chapter 1 식품의 위해인자 및 독성시험

1. 식품의 위해인자

(1) 내인성(natural, intrinsic)

① 식품의 원재료 자체에 함유되어 있는 유독·유해물질

② 정상적인 생육 조건에서 식품 원료에 의해 생합성된 대사물질

병인물질의 종류	병인물질의 예
식품고유성분(자연독) 유해·유독성분	• 식물성 자연독: 버섯독, 알칼로이드, 시안배당체 등 • 동물성 자연독: 복어독, 조개독 등
생리작용성분	• 항비타민성 물질, 항효소성 물질, 항갑상선 물질 • 식이성 allergen, 변이원성 물질

(2) 외인성(invasion, add)

식품의 원재료 자체에는 함유되어 있지 않으나 채취, 제조, 가공, 저장, 조리, 운반 또는 진열 등의 과정 중에 외부로부터 혼입, 이행된 유독·유해물질

병인물질의 종류	병인물질의 예
생물성	• 식중독, 경구감염병(미생물) • 곰팡이독 • 기생충
인위성	• 의도적 식품첨가물(유해첨가물) • 비의도적 식품첨가물(농약, 방사능물질, 기구·용기·포장재) • 제조·가공과오(비소, PCB)

(3) 유기성(induce)

식품의 제조, 조리 및 가공과정에서 생성되는 유독 · 유해물질

병인물질의 종류	병인물질의 예
물리성	• 가열(산화)유지, 조사(照射)유지 등 • 벤조피렌
화학성	• 조리과정의 가열분해물(Trp-P-1, IQ 등) • 식품 성분의 상호반응으로 생성되는 N-nitroso 화합물
생물성	• 생체 내 반응생성물(N-nitrosamine)

2. 독성시험

(1) 급성 독성시험

① 보통 반수치사량(50% lethal dose, LD_{50}) 값을 사용

② 시험물질을 실험동물에게 1회만 투여하고 그 결과 실험동물의 50%가 죽는 양

③ 저농도에서 고농도로 투여량 설정, 각 투여군마다 6~10마리 사용, 1~2주 관찰

④ LD_{50}(mg/kg) 값이 작을수록 독성 강함

▌독약, 극약, 보통약의 구분(LD_{50})

독약	30mg/kg 이하
극약	30~300mg/kg
보통약	300mg/kg 이상

(2) 아급성 독성시험

① 시험물질을 실험동물에 대해 그 수명의 1/10 정도의 기간(3~12개월, 흰쥐 1~3개월)에 걸쳐 경구투여하여 독성 관찰(주로 쥐를 대상으로 함)

② 만성 독성시험의 투여량 결정 등 기타 조건을 설정하기 위한 예비시험

(3) **만성 독성시험**

① 시험물질을 소량식 장기간 경구투여 시의 증상관찰

② 쥐는 2~2.5년, 큰 동물(개, 원숭이 등) 약 1~2년간 사육

③ 체중변화, 사료와 물 섭취량, 움직임 등 일반 증상, 생존일수, 새끼수, 사망률, 병리 조직학적 검사 등을 실시하여 최대무작용량 결정

④ **최대무작용량**(Maximum No Effect Level, MNEL)

㉠ 동물에게 아무런 영향을 주지 않는 투여의 최대량

㉡ 무독성이 인정되는 최대의 섭취량

㉢ 동물의 체중 kg당 mg으로 표시

⑤ **사람의 1일 섭취허용량**(Acceptable daily intake, ADI)

㉠ 사람이 일생동안 섭취하여도 어떠한 건강장해가 일어나지 않을 것으로 예상되는 독성물질의 양

㉡ 최대무작용량(MNEL)에 안전계수를 곱하여 산출

㉢ 안전계수: 사람과 실험동물 간의 검체에 대한 감수성 1/10 × 사람 간 개인차 1/10

㉣ ADI(mg/kg) = MNEL(mg/kg) × 안전계수(1/100)

[예제]

식품첨가물의 1일 섭취량을 알아보기 위해 쥐에 대한 실험결과가 50mg/kg/rat/day이었다면, 체중 70kg인 사람에 대한 1일 섭취허용량은 다음과 같이 계산한다(단, 쥐에 대한 사람의 안전계수는 100이다).

50mg/kg × 1/100 × 70kg = 35mg/day

---

(4) **변이원성시험**

① 화학물질이 세포의 유전물질(DNA)에 직접 또는 간접적으로 영향을 끼쳐 돌연변이를 유발하는 것

② **시험방법**

㉠ 박테리아를 이용한 복귀 돌연변이 시험(ames test)

histidine 요구성 균 (histidine이 없으면 증식할 수 없는 균) His⁻	변이원성 물질 ▼ 돌연변이	histidine 비요구성 균 (histidine이 없어도 증식할 수 있는 균) His⁺

ⓛ 포유류 배양세포를 이용한 체외 염색체이상 시험(chromosomal aberration test)

ⓒ 설치류 조혈모세포를 이용한 체내소핵 시험(micronucleus test)

(5) 발암성시험

시험물질을 실험동물에 만성독성시험보다 오랜기간 투여하여 암(종양)의 생성 여부를 관찰하는 시험

(6) 최기형성시험

태자의 기관형성기 동안 임신 모체에 약물을 투여하여 태자의 기형유발 여부 및 차세대의 신체발달, 반사기능, 학습기능 발달 등의 이상유무를 확인하기 위한 시험

(7) 번식시험(다세대시험)

① 시험물질의 생식선기능, 발정주기, 교배, 임신, 출산, 수유, 이유 및 태아의 성장에 미치는 작용정보를 얻기 위한 시험

② 차기세대의 축적효과의 유무에 대하여 검토하는 것이 주목적

Chapter 2 | 식물성·동물성 자연독

1. 식물성 자연독 기출

(1) 유독성분을 함유하고 있는 식물

종류	독소 성분	특징 및 주요증상
감자 기출	solanine	• 알칼로이드 배당체, 발아·녹색부위, 내열성(보통조리로 파괴 안됨), 불용성 • cholinesterase의 작용을 억제하여 용혈작용 및 운동중추의 마비작용 • 증상: 위장장애, 복통, 두통, 허탈, 현기증, 졸음 및 가벼운 의식장애 • 발아 및 녹색부위를 완전히 제거하여 예방
	sepsine	• 부패감자
면실류 기출	gossypol	• 유독페놀류, 정제가 불충분한 면실유(목화씨 기름)와 그 박(粕)에 존재 • 위장장애, 식욕감퇴, 피로, 현기증, 장기출혈, 심부전증, 출혈성 신염, 신장염 증상

피마자 기출	ricin	• 적혈구를 응집시키는 hemagglutinin(특수단백질) • 독성 매우강함, 이열성
	ricinine	• 유독 alkaloid
청매 살구씨 복숭아씨 아몬드	amygdalin	• 청산배당체 • 효소에 의해 청산(HCN)이 생성되어 독작용을 나타내며 배당체 형태로는 독성을 나타내지 않음 • 두통, 호흡곤란, 경련, 사망 • 오래 끓여서 휘발시키거나 수용성이므로 물에 담가 용출시켜 제거
오색콩 미얀마콩 카사바	phaseolunatin (linamarin) lotaustralin	• 청산배당체
죽순	taxiphyllin	• 청산배당체
수수	dhurrin	• 청산배당체
	zieren	
두류	saponin	• 배당체(aglycone - sapogenin), 강한 용혈작용
	trypsin inhibitor	• 단백분해효소 저해제
	hemagglutinin	• 적혈구 응집, 가열에 쉽게 파괴
	phytate	• 무기물의 흡수저해
꽃무릇	lycorine	• 맹독성 alkaloid, 강한 구토작용
고사리	ptaquiloside	• 배당체, 발암성, 최기형성 • 불안정하므로 물에 우려내고 가열처리로 쉽게 제거 가능
소철	cycasin	• 배당체, 신경독, 발암성(간장, 신장에 종양)
은행	methyl-pyridoxine	• 내종피 함유 • 다량 섭취 시 위장장애
	hilobol	• 우루시올(urushiol)과 비슷한 회합물로 피부에 발진유발

(2) 식용식물로 오용되기 쉬운 식물

종류	독소 성분	특징 및 주요증상
독버섯 기출	muscarine	• 광대버섯, 땀버섯, 파리버섯 • 알칼로이드의 일종이며 맹독성 • 부교감신경에 작용: 발한, 눈물이나 침 흘림, 구토, 설사, 위장의 경련성수축, 동공축소, 자궁수축, 기관지 수축으로 호흡곤란
	muscaridine (pilzatropin)	• 광대버섯, 삿갓외대버섯 • 뇌증상, 동공확대, 일과성 발작

216 Part 12 식품의 독성물질

독버섯 기출	choline	• 굽은외대버섯 • muscarine과 유사한 증상(위장염 증상)을 나타내지만 독성이 약함 • 많은 종류의 독버섯에 광범위하게 함유
	neurine	• 굽은외대버섯 • muscarine과 유사증상(신경 증상) • 부패균에 의해 choline으로부터 생성
	phaline	• 알광대버섯, 독우산광대버섯 • 배당체, 열에 불안정하여 가열에 의해 파괴 • 용혈작용, 콜레라상 증상, 구토, 설사
	amanitatoxin (amatoxin군, phallotoxin군)	• 알광대버섯, 독우산광대버섯, 흰알광대버섯 • 콜레라상 증상(구토, 설사, 복통), 청색증, 경련, 간장·신장 조직파괴, 핵산 생합성저해 • 7~8개의 아미노산으로 이루어진 환상의 펩타이드 구조 • 지효성의 amatoxin군과 속효성의 phallotoxin군으로 나눌 수 있음
	pilztoxin	• 광대버섯, 마귀버섯 • 열이나 건조에 의해 쉽게 파괴 • 반사항진, 평형장애, 강직성경련
	bufotenine	• 광대버섯, 파리버섯, 마귀광대버섯 • 환각, 발한, 구역질, 동공확대
	psilocybin, psilocin	• 미치광이버섯, 환각버섯, 목장말똥버섯 • bufotenine의 입체이성체, 환각(흥분작용) • psilocin: psilocybin의 분해로 생성되며 독성이 강함
	coprine	• 두엄먹물버섯 • 자율신경계에 작용, 알코올과 함께 섭취할 때만 발생함(혈액 중 알코올 분해 저지) • 안면홍조, 혈압저하, 구토, 구역질, 심장박동 증가
	lampterol (illudin S)	• 화경버섯 • 일본에서 가장 많이 발생하는 버섯식중독 • 구토, 설사, 복통
	fasciculol	• 노란다발버섯 • 구토, 설사, 신경마비, 경련 • 중독사망자의 온몸, 특히 복부에서 목에 이르는 부위에 자색 반점이 생기는 특징을 지님

독버섯 기출	gyromitrin	• 마귀곰보버섯 • 가열하거나 건조하면 무독화 • 구토, 설사, 복통, 황달, 빈혈, 경련
	agaricic acid	• 발(말)굽잔나비버섯 • 독성이 강하지 않음, 위장장애형 • 설사, 구토 및 위염, 위장카타르(위장조직 파괴를 일으키지 않는 점막의 일종)
	clitidine, acromelic acid	• 깔대기버섯, 독깔대기버섯 • 손발 끝이 붉어지고 화상을 입은 것 같은 통증 • clitidine은 acromelic acid보다 독성이 약한 편이며, acromelic acid는 강한 신경독성을 나타냄
	ibotenic acid	• 파리버섯, 마귀광대버섯 • 구토, 구역질, 현기증, 시력장애
	orellanine, orelline, orellinine	• 끈적이버섯 • 섭취 후 2주간 이상의 긴 잠복기를 거쳐 증상 나타남 • 피로감, 심한 갈증, 탈수증, 구토, 근육통, 혈중요소나 크레아티닌 증가 및 신부전 등을 일으킴
독미나리	cicutoxin	• 미나리와 비슷하지만 미나리보다 큼, 심한위통, 구토, 현기증, 경련
미치광이풀	hyoscyamine	• 유독 alkaloid • 개별꽃, 뿌리는 산마, 어린싹은 산나물과 비슷 • 뇌흥분, 심계항진, 호흡정지
	scopolamine	
	atropine	
가시독말풀	hyoscyamine	• 유독 alkaloid • 종자를 참깨, 뿌리를 우엉으로 오인하여 섭취
	scopolamine	
	atropine	
비꽃	aconitine	• 맹독성 alkaloid, 마비성 신경중독
붓순나무	shikimin	• 향신료로 사용되는 대회향(大茴香)과 비슷 • 현기증과 구토, 허탈상태
	shikimitoxin	
	hananomin	
독보리	temuline	• 유독 수용성 alkaloid, 종피와 배유사이에 곰팡이가 기생하면서 생성 • 밀과 혼생하므로 밀가루에 혼입 가능
독공목	coriamyrtin	• 단맛이 있는 열매를 보통과일로 오인, 구토, 경련
	tutin	

(3) 기타 식물성 자연독

독성분	원인식물	증상
andromedotoxin	벌꿀	
retrorsine(pyrrolizidine alkaloid)	민들레, 컴프리	간 기능장애
myristicin	방풍나물, 셀러리, 파슬리	환각작용
safrol	Sassafras oil	간암과 식도암
digitoxin(배당체)	디기탈리스	용혈작용, 오심, 구토
senecionine(pyrrolizidine alkaloid)	개쑥갓	간장독
urushiol	옻나무	알레르기성 피부염
petasitenine	머위의 새순	발암성 물질
veratramine(steroid 계)	박새	최토성 물질
cocaine	코카나무잎	마취제
morphine(alkaloid)	양귀비	중추신경 자극, 마비
sinigrin	꽃양배추, 고추냉이, 겨자	다량섭취 시 갑상선종 유발
benzofuran toxol	쥐방울풀	우유병 증상, 전율증(戰慄症)
lysolecithin(인지질)	쌀	용혈성 독, 가열시 파괴
colchicine(alkaloid)	원추리	설사, 구토, 복통, 경련, 호흡곤란
asebotoxin I ~ IV, asebotin, grayanotoxin III	마취목의 꽃과 잎	명정감(술에 취한 느낌), 메스꺼움, 구토 및 경련
protopine	죽사초의 꽃	구토, 명정감, 동공축소, 체온 강하, 혼수, 호흡마비
isopimpionellin, furocoumarin	감귤류(레몬즙)	
caffeine	찻잎, 커피콩	다량 섭취 시 흥분작용, 이뇨
erucic acid	유채씨, 겨자씨	심장근육에 지방 침착, 심근염
oxalic acid	시금치, 파슬리, 완두, 홍차	칼슘흡수 방해, 신장결석 유발
phytic acid	견과류, 곡류, 통곡식	아연, 칼슘, 철 등의 흡수 방해

2. 동물성 자연독

종류	독소 성분	특징 및 주요증상
복어독	tetrodotoxin (TTX)	• 복어 • 주요 축적부위: 생식선, 간장 • 약염기성 물질, 맹독성 물질 • 동물성 자연독 중 가장 많이 발생 • 독력세기: 난소 > 간장 > 껍질, 내장 > 고깃살 • 독성은 종류별, 지역별, 계절별, 어체 부위별, 성별에 따라 다름 • *Vibrio* 속이나 *Pseudomonas* 속 등 해수 세균이 테트로도톡신의 1차 생산자(복어가 자기 몸에 독을 축적) • 무색, 난용성, 가열과 산에 안정하나 알칼리에 불안정 • 보통의 조리조건으로는 무독화 되지 않음 • 나트륨의 세포막 통과에 비정상적인 영향을 주어 신경과 근육에 장애를 일으킴 • 치사율 60% • 식후 2~3시간 이내에 증상유발, 중독 후 8시간이 경과해도 사망하지 않은 경우 대부분 회복됨 • 지각마비, 언어장애, 혈압저하, 호흡곤란, 청색증 • 해독제 없음, 복어조리사가 만든 요리 섭취, 독소부위 섭취 제한 • 복어독 기준: 육질 및 껍질 - 10MU/g 이하
ciguatera 중독	ciguatoxin palytoxin maitotoxin scaritoxin	• 남방해역의 독어(毒魚)에 의한 식중독을 총칭 • ciguatoxin: 지용성, 말초신경과 중추신경에 작용 • 위장장애, 신경마비 증상, 온도위화감(냉온감각 이상) • 내열성, 일반가열조리법으로는 파괴되지 않음
돗돔 중독	과잉 비타민 A	• 돗돔, 삼치, 참치, 상어 • 축적부위: 간장 • 특정 어류의 간에 비타민 A가 다량 함유 • 피부박리현상
독꼬치 중독	지용성 마비성 물질	• 가벼운 마비 • 언어장애, 보행장애 • 내열성 강함

마비성 패독 (PSP)	saxitoxin(STX) gonyautoxin(GTX) protogonyautoxin (PX)	• 검은조개, 섭조개, 홍합, 진주담치, 대합조개 등 • 축적부위: 중장선 • 내열성(100℃, 6시간 이상 가열로 파괴) • 신경마비증상(치사율 15%) • 유독플랑크톤을 조개가 섭취하여 체내에 독소 축적 • 적조발생과 관련(3~5월) • 마비성 패독 기준

대상식품	기준(mg/kg)
패류	0.8 이하
피낭류(멍게, 미더덕, 오만둥이 등)	

설사성 패독 (DSP)	okadaic acid dinophysistoxin pectenotoxin yessotoxin	• 검은조개, 큰가리비, 백합, 섭조개, 민들조개, 피조개, 홍합 • 축적부위: 중장선 • 물에 불용, 유기용매에 용해(지용성) • 내열성(보통의 조리로 파괴되지 않음) • 섭취 후 4시간 이내에 설사, 위장증상 • 설사성 패독 기준

대상식품	기준(mg OA 당량*/kg)
이매패류	0.16 이하

* 오카다산 및 디노피시스톡신-1, 디노피시스톡신-2를 오카다산
으로 환산하여 합한 값

기억상실성 패독 (ASP)	domoic acid(DA)	• 진주담치, 홍합, 굴 • 신경흥분성 아미노산 • 구토, 설사, 복통 등 위장관계 장애 및 기억 상실, 발작, 혼수 등 신경계 장애 • 기억상실성 패독 기준(도모익산)

대상식품	기준(mg/kg)
패류	20 이하
갑각류	

신경성 패독 (NSP)	brevetoxin(BTX)	• 굴, 대합, 진주담치 • 신경 이상 증세, 마비성 패독과 비슷한 증상, 위장장애(구토, 설사)
베네루핀 중독	venerupin	• 모시조개, 바지락, 굴 • 축적부위: 중장선 • 간장독, 황달, 피하출혈반점, 전신권태 • 잠복기: 12~48시간, 3~4월 발생 • 내열성, 치사율 44~55%

유독 권패류	tetramine	• 소라고둥, 조각매물고둥 • 축적부위: 타액선 • 구토, 두통, 시각이상
	pheophorbide	• 전복류 • 축적부위: 중장선 • 광과민증 유발
	neosurugatoxin prosurugatoxin	• 수랑 • 축적부위: 중장선

Chapter 3 곰팡이 독

1. 정의 및 특징

① 곰팡이가 생산하는 2차 대사산물로 사람이나 동물에게 질병이나 생리적 · 병리적 장애를 유발하는 물질을 총칭한 것

② 탄수화물이 풍부한 곡류에 압도적으로 많이 발생

③ 계절과 관계가 있음(봄 · 여름에는 *Aspergillus, Penicillium* 속, 겨울에는 *Fusarium* 속)

④ 약제요법이나 항생물질에 의한 효과가 없음

⑤ 동물에서 동물로 또는 사람에서 사람으로 이행되지 않음

⑥ 원인식품에서 곰팡이 분리

2. 장애부위에 의한 분류(Conveny et al.)

간장독	aflatoxin, rubratoxin, sterigmatocystin, luteoskyrin, islanditoxin, ochratoxin
신경독	patulin, citreoviridin, maltoryzine, cyclopiazonic acid
신장독	citrinin, citreomycetin, kojic acid
광과민성 피부염물질	sporidesmin, psoralen
기타	zearalenone(생식장애), slaframin(유연물질)

3. *Aspergillus*속 곰팡이 독

독성분	원인곰팡이	특징
aflatoxin	*A. flavus* *A. parasiticus*	• 탄수화물이 풍부한 쌀, 보리, 옥수수 등의 곡류, 견과류 • 간장독, 강력한 발암성 • Aflatoxin B_1: 내열성, 불용성, 강산이나 강알칼리에 분해, 자외선, 방사선에 불안정 • 최적 생성조건: 25~30℃, 습도 75% 이상(기질수분 16% 이상, 불충분한 건조상태) • 총 아플라톡신(B_1, B_2, G_1, G_2의 합)

대상식품	기준(μg/kg)
식물성 원료* (단, 조류제외)	15.0 이하 (단, B_1은 10.0 이하이어야 한다)
가공식품 (영아용 조제식, 성장기용 조제식, 영·유아용 이유식 제외)	15.0 이하 (단, B_1은 10.0 이하이어야 한다)
영아용 조제식, 성장기용 조제식, 영·유아용 이유식	0.10 이하 (B_1에 한함)

* 제1. 총칙 4. 식품원료 분류 1) 식물성 원료의 조류를 제외한 식물성 원료를 말한다.

• 아플라톡신 M_1

대상식품	기준(μg/kg)
원유	0.50 이하
우유류, 산양유	
조제유류	0.025 이하*
영아용 조제식, 성장기용 조제식, 영·유아용 이유식, 영·유아용 특수조제식품	0.025 이하* (유성분 함유식품에 한함)

* 분말제품의 경우 희석하여 섭취하는 형태(제조사가 제시한 섭취방법)를 반영하여 기준 적용

독성분	원인곰팡이	특징
ochratoxin	*A. ochraceus*	• 쌀, 보리, 밀, 옥수수, 콩, 커피원두, 볶은커피 등 • ochratoxin A, B, C 세종류(A가 가장 독성 강함) • 간장 및 신장장애
maltoryzine	*A. oryzae var.* *microsporus*	• 맥아근을 사료로 먹인 젖소에서 집단 식중독 발생 • 중추신경계 독소, 식욕부진, 근육마비, 뇌 및 장막 출혈
sterigmatocystin	*A. versicolor* *A. nidulans*	• 간장독 • aflatoxin의 1/250 정도 발암성을 나타냄

4. *Penicillium*속 곰팡이 독

독성분		원인곰팡이	특징
황변미	citreoviridin	*P. citreoviride* *P. toxicarium*	• Toxicarium 황변미 • 신경독: 경련, 호흡장애, 상행성 마비 • 관련식품: 곡류(쌀, 보리), 유량 종자(땅콩)
	cyclochlorotin (islanditoxin)	*P. islandicum*	• Islandia 황변미 • 속효성 간독소: 간장 장해, 간암 • luteoskyrin보다 독성이 강함, 수용성
	luteoskyrin		• 지효성 간독소 • 지용성 황색 결정
	citrinin	*P. citrinum*	• Thai 황변미 • 신장독 • 관련식품: 쌀, 옥수수, 보리, 땅콩 등
rubratoxin		*P. rubrum*	• 간장독, 간장손상, 장출혈 • 수용성, 열 저항성
patulin		*P. patulum* *P. expansum* *A. clavatus*	• 신경독, 간장, 비장, 신장 손상, 출혈성 폐부종 • 관련 식품: 보리, 쌀, 콩, 부패된 사과나 사과주스

5. *Fusarium*속 곰팡이 독 및 기타 곰팡이에 의한 독성분

독성분	원인곰팡이	특징
deoxynivalenol (vomitoxin)	*F. roseum*	• 밀, 옥수수, 보리 등에 독소생성 • 한랭지역 농산물, 장관비대충혈, 흉선의 위축 등
sporofusariogenin fagicladosporic acid epicladosporic acid	*F. tricinctum* *F. sporotrichoides* *Cladosporium* *epiphylum*	• 식중독성 무백혈구증(Alimentary toxic aleukia, ATA), 기온이 낮고 강설량이 많은 지방 • 구강과 소화기 이상, 조혈기능 장애, 소화관과 신장외 출혈
zearalenone	*F. graminearum*	• F-2 toxin • 발정증후군, 불임, 태아의 성장저해 및 유산 등의 생식장애 유발
fumonisin	*F. moniliforme*	• 오염된 옥수수를 사료로 먹은 동물에서 중독증상 • 식도암 발생
ergotamine ergotoxine ergometrine	*Claviceps* *purpurea*	• 맥각(ergot): 맥각균이 기생하여 종자 상단부에 흑갈색의 균핵이 생성된 것 • 유독 알칼로이드: 구토, 설사, 무기력증 등 • 교감신경 차단에 의한 혈관 확장 작용, 자궁 근육 수축 작용

1. 화학적 식중독 분류

농약		유기인제, 유기염소제, 유기수은제, 카바메이트제, 유기불소제
항생물질		항생물질, 합성항균제, 성장호르몬
중금속		Hg, Cd, Pb, As, Cu, Sn, Sb, Zn, Cr
유해성 식품첨가물	유해착색료	아우라민, ρ-니트로아닐린, 로다민 B, 버터 엘로우, 수단색소, 실크스 칼렛, 메틸바이올렛, 말라키트그린
	유해표백료	롱가리트, 삼염화질소, 형광표백제
	유해보존료	붕산, 포름알데히드, 승홍, 불소화합물, β-나프톨, 살리실산
	유해감미료	ρ-니트로-o-톨루이딘, 에틸렌 글리콜, 페릴라틴, 둘신, 사이클라메이트
	증량제	멜라민
기구 · 용기 · 포장재에서 용출		금속제품, 유리제품, 도자기, 법랑피복, 합성수지(열경화성, 열가소성), 종이 및 가공품
식품의 제조 · 조리 및 저장과정에서 생성		다환방향족탄화수소, 이환방향족아민, 니트로사민, 메탄올, 트리할로메탄, 3-MCPD, 아크릴아마이드, 페오포바이드, 에틸카바메이트, 지질과산화물, 바이오제닉아민, 아크롤레인
환경오염		PCB, 다이옥신, 방사성 동위원소, 비스페놀A, 프탈레이트, 스티렌

2. 농약에 의한 중독

구분	종류	특성
유기인제	• parathion, methyl parathion, phosdrin, schradan, malathion, DDVP, fenitrothion, dimethoate, diazinon, EPN	• 독성↑, 잔류성↓, 대부분 급성중독 • cholinesterase 작용 억제 ▶ acetylcholine 축적 • 부교감신경 증상: 오심, 구토, 발한, 청색증 • 교감신경 증상: 혈압상승
유기염소제	• 살충제: DDT, BHC, drin제, heptachlor, chlordane, methoxychlor • 제초제: PCP, 2,4,5-T, 2,4-D	• 독성↓, 잔류성↑, 주로 만성중독 • 지용성: 인체의 지방조직에 축적 • 복통, 설사, 구토, 두통, 시력 감퇴, 전신권태, 경련, 사망

유기수은제	• phenylmercuric acetate • phenylmercuric iodide	• 종자소독을 제외한 다른 목적은 사용금지 • 잔류성↑, 맹독성은 아님, 만성독성위주 • 피부염, 위장장애, 중추신경계 증상
유기불소제	• 살서제: fratol • 살충제: fussol, nissol(진딧물, 깍지벌레 구제)	• 고독성, 침투성 • 체내에서 aconitase의 강력한 저해제로 작용 → 구연산이 체내에 축적되어 독작용 • 전신위화감, 두통, 위통, 구토, 현기증, 보행장애, 언어장애, 간질, 심부전증, 사망
카바마이트제	• aldicab, carbaryl, BPMC, CPMC	• 유기염소제의 사용금지에 따라 그 대용으로 만들어진 살충제 및 제초제 • 아미노기와 카르복실기가 결합한 카르밤산의 메틸 유도체 • 가역적, 독성이 유기인제보다 약함 • 유기인제와 비슷하여 인체에서 cholinesterase 저해작용으로 중독

농약허용물질목록관리제도(PLS, Positive List System)

(1) 농약을 지금보다 더욱 신중하게 사용하여 안전한 농산물을 생산할 수 있도록 관리하는 제도
(2) PLS 시행 전과 후의 변화

잔류허용기준 여부	농약허용기준 강화제도 시행 전	농약허용기준 강화제도 시행 후
기준 설정 농약	설정된 잔류허용기준(MRL) 적용	좌동
기준 미설정 농약	① CODEX 기준 적용 ② 유사 농산물 최저기준 적용 ③ 해당농약 최저기준 적용	일률기준(0.01ppm) 적용 ※ 기준이 없음에도 ①, ②, ③ 순차허용으로 발생하는 농약 오남용 개선

(3) 일률기준 0.01ppm이 적용되는 경우
① 잔류허용기준이 설정되지 않은 농약이 식품에 산류하는 경우
예 국내에 등록되지 않은 농약 검출
② 일부식품에 잔류허용기준이 설정되어 있으나, 그 외의 식품에 해당농약이 잔류하는 경우
예 사과, 감에 대한 잔류허용기준이 설정되어 있는 농약이 바나나에서 검출
(4) 일률기준 0.01ppm을 적용하는 이유
① 안전성이 입증되지 않은 수입농산물 차단
② 미등록 농약의 오·남용 방지
(5) PLS 적용시기
① 1차(2016년 12월 31일): 견과종실류 및 열대과일류를 대상으로 우선 적용
② 2차(2019년 1월 1일): 국내 생산·수입되는 모든 농산물 적용

3. 항생물질, 합성항균제 및 합성호르몬의 식품 중 잔류원인과 문제점

(1) 잔류원인

① 식품제조·가공 중 위해균 증식 억제

② 가축이나 양식 어류의 질병 예방과 치료, 성장 촉진 목적으로 사료에 첨가

(2) 문제점

① 급·만성 독성

② 내성균의 출현

③ 균교대증

④ allergy의 발현

4. 중금속에 의한 식품오염

중금속	특성

Hg
(수은)
	• 어패류(특히, 다랑어)와 관련성↑
	• 무기수은(수은증기, 수은이온)
	  - 환경 중으로 배출되는 수은
	  - 표적장기: 신장
	  - 장관흡수율은 10% 미만으로 낮음
	  - 장기간 대량 섭취 시 전신권태감, 식욕부진, 두통, 구내염, 신장장애 등
	• 유기수은
	  - 메틸수은(CH_3Hg^+)과 같은 alkyl수은과 페닐수은($C_6H_5Hg^+$)과 같은 aryl수은
	  - 어패류 등 동물성 식품에 주로 존재
	  - 표적장기: 메틸수은(중추신경계), 페닐수은(신장)
	  - 장관에서 흡수율이 95%로 매우 높은 편
	• 메틸수은
	  - 지용성, 소화관과 폐에 흡수되어 중추신경계와 태아조직에 농축
	  - 소변과 모발은 수은의 폭로와 축적정도를 판단하는 재료
	  - 생물학적 반감기: 70일 정도
	• 대표적인 수은중독 사건: 미나마타 병
	  - 미나마타만 연안 주변 어업가족에게 발생
	  - 마비, 보행장애, 언어장애, 시야협착, 난청 등

Cd (카드뮴)	• 식물성 식품: 곡물류(벼) 　동물성 식품: 간장이나 신장부위에 많음 • 사람에서 생물학적 반감기: 10년 이상 • 소화관 흡수율은 낮음(5~8%) • 표적장기: 신장 ┌ 신장세뇨관 손상 → 단백뇨 　　　　　　　 └ 칼슘과 인 대사의 불균형 초래 → 골연화증 • 대표적인 카드뮴 중독 사건: 이타이 이타이 병 　- 강 상류에서 배출된 폐수에 카드뮴이 함유되어 벼 재배 시에 관개용수로 사용 　- 아프다고 신음하면서 사망에 이르며 출산횟수가 많은 중년부인에게 발생빈도가 높음
Pb (납)	• 주요 원인식품: 쌀, 야채, 어패류(수질오염을 통해 오염) • 소성온도가 불충분한 도자기 그릇에서 산성식품으로 납이 용출 • 땜납으로 밀봉한 통조림 식품 • 유기납(테트라에틸납): 중추신경계 장애, 뇌에 축적 • 무기납: 조혈기, 중추신경계, 신장, 소화기 장애, 헤모글로빈 합성저해에 의한 빈혈, 　소변 중의 coproporphyrin 증가 유발 • 혈중 납의 반감기는 약 1개월이지만 뼈에서는 약 10년으로 길어짐
As (비소)	• 자연계에서 주로 3가, 5가원소로 존재 • 무기비소가 유기비소에 비해 독성이 강함 • 대부분 식품에는 비소가 함유되어 있으나, 특히 해산물에 높음 • 간, 신장, 뼈, 피부, 손톱, 발톱, 모발에 축적 • 흡수된 비소의 80%는 체내에 축적되어 분포 • 발열, 식욕부진, 구토, 복통, 혈압저하, 경련, 사망, 비중격천공, 피부증상(흑피증, 백반) • 대표적인 비소 중독사건: 모리나가 조제분유 사건 　- 불순물로서 아비산(As_2O_3)이 3~9% 함유
Cu (구리)	• 조리용 기구 및 식기에서 용출되는 구리녹에 의해 식중독 유발 • 구리로 만든 조리 기구에서 물이나 탄산에 의해 생성된 녹청(염기성 탄산동)에 의함 • 축적성 없음(담즙을 통해서 배설), 급성중독 많음 • 오심, 구토, 설사, 위통, 발한, 간세포의 괴사, 간의 색소침착
Sn (주석)	• 식품 중에서 주석의 함량이 많은 식품은 통조림 식품 • 사용된 물이나 식품중에 질산이온이 함유되어 있으면 주석이 과일 · 채소 중에 있는 　유기산과 물에 녹는 착화합물을 형성하여 용출되기 쉬워짐 • 구토, 설사, 복통 • 통조림 중의 주석의 용출 허용량을 150mg/kg 이하로 규제(산성통조림 200mg/kg)
Sb (안티몬)	• 법랑제 식기, 도자기, 고무관 등의 착색료 또는 에나멜 도료에 안료로 사용되며 식품 　제조용 기구나 용기에 사용 • 메스꺼움, 구토, 복통, 설사, 경련 등

Zn (아연)	• 체내 필수영양원소, 한꺼번에 다량 흡입 시 문제 • 에나멜코팅용 기구 및 도금용기에서 용출(산성식품에서 문제) • 복통, 설사, 구토, 경련
Cr (크롬)	• 중독 증상은 3가(Cr^{3+})보다 6가(Cr^{6+}) 크롬화합물의 독성이 강함 • 무통성의 궤양, 접촉성 피부염, 알레르기 습진, 결막염, 비중격천공, 폐암 등의 발암성

5. 유해 첨가물에 의한 식품오염

(1) 유해표백료

표백료	특성
rongalite	• 수용액에서 발생되는 아황산에 의해 표백작용을 나타내지만 동시에 발생되는 포름알데히드가 축적 • 밀가루 물엿, 연근의 표백제
삼염화질소 (NCl_3)	• 노란색의 유성 액상물질, 자극취(휘발성↑), 물에 불용 • 과거에 밀가루 표백제로 사용
형광표백제	• diaminostilben sulfonate • 국수, 찐쌀 표백 ▶ 독성이 강해 사용금지

(2) 유해착색료

착색료	특성
auramine	• 황색의 염기성 타르색소 • 단무지, 카레, 엿 • 다량 섭취 시 피부흑자색 반점, 두통, 구토, 심계항진, 맥박감소
p-nitroaniline	• 지용성의 황색 색소 • 방향족아민이나 nitro 화합물과 같이 혈액독과 신경독 증상을 나타냄 • 두통, 청색증, 혼수, 맥박감소, 심계항진, 색소뇨
rhodamine B	• 적색의 염기성 타르색소, 토마토케첩, 과자, 생선조림 • 전신착색, 색소뇨
수단(sudan)색소 sudan Ⅰ~Ⅳ호	• 기름, 왁스, 구두약, 마룻바닥 광택제에 함유된 붉은 색소 • 구토, 설사, 위염, 발암유발(색소자체는 독이 없지만 분해되면서 발암물질 발생) • 고춧가루, 고추장, 고추씨기름, 유탕면류 중 분말스프
silk scarlet	• 등적색의 수용성 타르색소 • 복통, 구토, 두통, 오한 및 마비 증세

methylviolet	• 보라색 색소
	• 팥고물 등에 부정하게 사용
malachite green	• 밝은 청록색의 염기성 염료로 물에 잘 녹아 살균제·염색제 등으로 사용되었음
	• 곰팡이와 그람양성균에 항균력을 지님
	• 양식생물의 물곰팡이, 기생충 구제 목적으로 사용되었으나 유럽연합, 미국, 일본, 캐나다, 영국, 우리나라에서 식용 어류에 사용을 금지
	• 생식독성, 유전독성, 발암성 등을 유발하는 것으로 추정(동물실험)
	• 2005년 7월에 수입한 중국산 장어가공품에서 검출

(3) 유해보존료

보존료	특성
붕산 (boric acid, H_3BO_4)	• 햄, 베이컨과 같은 육제품 및 과자류의 보존에 사용, 미생물 억제 • 체내 축적성 있음 • 소화불량, 체중감소, 식욕감퇴, 구토
포름알데히드	• 살균력과 방부력이 강함 • 주류, 장류, 육류 • 소화작용의 저해, 두통, 위경련 및 신장염증 유발
승홍	• 살균력과 방부력이 강해 주류 등에 사용 • 체내의 -SH기와 결합 ▶ 세포의 대사기능 저해 ▶ 사구체, 세뇨관에 변성 유발
불소화합물	• 육류, 알코올음료 • 구토, 복통, 경련 및 호흡장애, 반상치, 골연화, 체중감소, 빈혈 등
살리실산 (salicylic acid)	• 방부작용이 강하며 약산성 조건에서 곰팡이, 효모, 세균 등의 발육 억제 • 유산균 및 초산균 등에 대하여 항균작용: 청주, 과실주 및 식초 등에 보존료로 사용
β-나프톨	• 간장표면의 흰곰팡이 억제 시 사용 • 강한 독성으로 사용금지

(4) 유해감미료

보존료	특성
p-nitro-o-toluidine	• 살인당, 원폭당, 설탕의 200배 단맛 • 오심, 구토, 황달, 혈액독, 혼수상태, 사망
ethylene glycol	• 자동차 엔진의 부동액, 흡습성이 있는 점조성 단맛, 식혜, 팥앙금에 부정사용 • 체내에서 산화되어 수산(oxalate) 생성 → 구토와 호흡곤란 → 뇌와 신장장애
peryllartine	• perylla sugar, 자소당, 설탕의 2000배 단맛 • 자소유 성분인 peryllaldehyde의 oxime을 가지고 있어 구조적으로 불안정하여 알데히드로 분해됨 → 신장장애 유발
dulcin	• 설탕의 250배 단맛 • 열에 안정, 뜨거운 물에 잘 녹음(찬물(X)) • 위 속에서 위액에 의해 phenacetin과 p-aminophenol로 분해 • p-aminophenol: 혈액독으로 적혈구 생성 억제 및 간종양 유발 • 간종양, 중추신경계 자극, 혈액독, 적혈구 생성억제
cyclamate	• 설탕의 40~50배 단맛, 무칼로리 • 발암성, 방광암

6. 기구·용기·포장재에서 용출되는 유독성분

종류		특성
도자기 및 법랑피복 제품		• 도자기: 유약에 함유된 유해금속의 용출(Pb, Sb) • 법랑: 철기표면에 유약을 바르고 구운 것으로 유해금속 용출(Pb, Sb)
합성 수지 (plastic)	열경화성 수지	• 페놀수지(phenol resin): 식기, 찬합, 냄비손잡이(페놀, 포름알데히드) • 요소수지(urea resin): 병마개, 쟁반 등(포름알데히드) • 멜라민수지(melamine resin): 쟁반, 식기 등(멜라민, 포름알데히드)
	열가소성 수지	• polyethylene(PE), polypropylene(PP), polystyrene(PS), polyvinyl chloride(PVC) • 단량체: VCM, styrene monomer(발암성이나 자극성의 이취) • 가소제: 유연성 부여, 프탈산에스테르(DOP, DBP) • 안정제, 착색제

7. 식품의 제조·가공 중 생성되는 유독성분 기출

종류	특성
다환방향족 탄화수소류	• PAH(polycyclic aromatic hydrocarbon) • 산소가 부족한 상태에서 식품이나 유기물을 가열할 때 생기는 물질 • benzopyrene: 가장 강력한 발암물질, 피부염, 결막염, 기관지염 • 고온가열(300℃ 이상) 가공 시 촉진 • 식품의 경우 주성분인 탄수화물, 단백질, 지질 등이 분해되어 생성 • 지방함유 식품과 불꽃이 직접 접촉할 때 가장 많이 생성 • 불고기, 불갈비, 훈제육, 스테이크, 커피, 땅콩
헤테로 고리아민류	• 단백질을 300℃ 이상 온도에서 가열할 때 생성되는 열분해산물로부터 분리·확인됨 • 구운 육류와 생선과 같은 식품의 근육 부위에 있는 아미노산과 크레아틴이 반응하여 생성 • 육류 등의 가열, 분해 외 마이야르 반응에 의해서도 생성됨 • IQ, MeIQ, Glu-P-1, Trp-P-1

니트로사민	• 아질산염 + amine(아민) → nitrosamine(식품 내 안정, 강력한 발암물질)
	  아질산염 + amide(아마이드) → nitrosamide(식품 조리과정 중 파괴)
	• 식품 내 아질산염
	  - 육류의 발색제, 색소고정제
	  - 보툴리누스 균 억제 효과
	  - 독성: 헤모글로빈과 결합 시 호흡곤란 유발, 니트로사민 생성 원인

메탄올	• 포도주와 같은 과실주에 존재하는 펙틴에 의해 알코올 발효과정 중 생성 • 메탄올 기준: 0.5mg/mL(과실주 1.0mg/mL) 이하 • 배설이 완만하고 체내에서 산화불충분으로 포름산, 포름알데히드 생성 • 두통, 구토, 복통, 설사, 시각장애
트리할로메탄	• trihalomethane(THM, CHX_3), chloroform이 가장 독성 강함 • 최기형성, 약한변이원성, 발암성, 강한 간독성 • humin질에서 유래하는 부식산 등의 유기물 또는 화학물질의 염소처리에 의해서 생성 • 먹는물 수질기준: 총 트리할로메탄은 0.1mg/L를 넘지 아니할 것

3-MCPD	• 3-monochloropropandiol • 콩을 염산으로 가수분해하여 제조하는 산분해 간장 제조 시 생성 • 염산처리로 콩단백질은 아미노산으로, 지방은 지방산과 글리세롤로 분해됨 ▼ 분해산물인 글리세롤이 염산과 반응하여 생성되는 염소화합물 • 기준 {표} <table><tr><th>대상식품</th><th>기준</th></tr><tr><td>산분해간장, 혼합간장(산분해간장 또는 산분해간장 원액을 혼합하여 가공한 것에 한한다)</td><td>0.02mg/kg 이하</td></tr><tr><td>식물성 단백가수분해물(HVP: Hydrolyzed vegetable protein)</td><td>1.0mg/kg 이하 (건조물 기준으로서)</td></tr></table>

아크릴아마이드
기출
	• 감자나 곡류의 주요 아미노산인 아스파라긴과 포도당 같은 환원당의 carbonyl
	group의 마이야르 반응을 통해 생성
	• 가열온도에 따라 함량이 증가하며 전분질 식품에서 높게 검출됨
	• 국제 암 연구소(IARC)에서 Group 2A로 분류
	• 신경독소로 최근 남성 생식저하 및 암 유발
	• 저감화 방안
	  - 8℃ 이하로 감자를 냉장보관하지 말 것(냉장보관 시 환원당 증가)
	  - 120℃ 이하의 온도에서 삶거나 끓이는 음식에서는 아크릴아마이드 생성 감소
	  - 튀김온도가 160℃를 넘지 않게 하고, 오븐에서도 200℃를 넘지 않도록 할 것
	  - 전처리: 조리 전 15 ~ 30분 동안 물과 식초의 혼합물(1 : 1)에 침지 후 조리

지질의 과산화물과 산화생성물	• 유지의 자동산화 및 열산화로 인한 생성물 • 산화생성물 중 malonaldehyde: 돌연변이 및 발암성 • 메스꺼움, 구토, 복통, 설사 및 권태감 • 유지의 변패 판별 지표: 산가(AV), 과산화물가(POV), TBA가 • 트랜스 지방 - 경화유(마가린, 쇼트닝) 제조과정 중 생성 <div align="center">LDL↑, HDL↓, 심혈관 질환 유발과 관련</div>
에틸카바메이트	• 우레탄(urethane) • 식품 중에 풍부한 아미노산을 이용한 효모의 대사과정에서 생성된 요소가 알 코올과 반응하여 생성(효모가 arginine이나 citrulline을 이용하여 생성된 urea 가 알코올과 반응하여 생성)

바이오제닉아민	• 단백질함유 식품의 유리아미노산이 저장·발효, 숙성과정에서 미생물의 탈탄산반응으로 생성되는 분해산물 • 열에 안정하며 가공 및 조리후에도 식품 내에 존재함 • 관련식품: 어류(고등어, 청어, 참치, 정어리 등), 육류제품, 전통식품(된장, 간장, 청국장, 멸치젓, 배추김치 등), 우유, 유제품, 시금치, 토마토 등의 채소, 견과류, 초콜릿, 맥주 등 • 저감화 방안 　- 종균(starter) 사용, pH, 온도 및 소금농도 조절로 잡균제어 및 미생물 성장 조절 　- 발효온도 및 저장온도 낮추기 • histamine, tyramine, tryptamine, cadaverine 등
아크롤레인	• 자극적인 냄새가 나는 무색의 휘발성 기체 • 식용유를 180℃ 이상의 고온에서 가열할 때 많이 발생 • 튀긴 음식을 공기 중에 오랫동안 두어 기름이 산패하는 과정에서도 생성 • 기도의 점막이나 폐조직을 자극하고 암을 유발하기도 함

8. 환경오염에 기인하는 유독성분

종류	특성
PCB (polychloro-biphenyl)	• 산, 알칼리, 산화제 등에 내약품성·내열성·내염성 • 지용성, 지방조직에 쉽게 축적 • 피부발진, 손톱의 착색, 모공의 흑점발생, 구강점막과 치은착색, 관절통, 월경이상, 체중감소, 간경화, 간종양, 갑상선 장애, 면역기능이상 • 미강유(카네미유: 쌀겨기름) 중독사건 발생 • 기준: 어류 - 0.3mg/kg
다이옥신 (dioxin)	• 폴리염화디벤조 다이옥신(PCDD: Polychlororinated dibenzo-p-dioxins) 　- 강한 독성물질(발암성, 기형아 유발) 　- 높은 지방친화성: 지방조직에 축적, 잔류성↑ • 2,3,7,8-tetrachlorodibenzo-p-dioxin(2,3,7,8 - TCDD): 가장 독성 강함 • 염소여드름증(염소좌창), 말초신경장애, 간 및 부신의 이상장애, 암발생 • 생성 　- 폴리염화비닐, 폴리염화비닐리덴 등 유기염소화합물 폐기처리과정에서 생성 　- 850℃ 이하의 온도에서 소각 시(소각온도 300~600℃에서 잘 생성) • 대책 　- 염소가 함유된 것 소각 금지 　- 불완전 연소 금지, 850℃ 이상의 고온에서 소각할 것 　- 집진기 온도를 200℃ 이하로 할 것 • 월남전 당시 사용되었던 맹독성 제초제인 고엽제 성분에 다이옥신이 불순물로 섞임 • 주로 음식물을 통해 인체로 들어옴(음식물 97~98%, 호흡기 2~3%)

다이옥신 (dioxin)	• 기준	

대상식품	기준
소고기	4.0pg TEQ/g fat 이하
돼지고기	2.0pg TEQ/g fat 이하
닭고기	3.0pg TEQ/g fat 이하

방사성 물질 기출

• 식품과 관련된 방사성 핵종

핵종	방사선	물리적 반감기	생물학적 반감기	유효 반감기	표적장기	
^{90}Sr	β	28년	35년 (뼈는 50년)	18년	뼈 (백혈병, 조혈기능장애, 골수암)	Ca^{2+}
^{137}Cs	β, γ	30년	109일	70일	근육, 연골조직	K^+
^{131}I	β, γ	8.1일	8일	7.6일	갑상선 장애	

• **물리적 반감기**: 방사성 물질이 스스로 붕괴하여 방사선을 내뿜게 됨으로서 자신의 방사능이 반으로 감소하는데 걸리는 시간
• **생물학적 반감기(대사반감기)**: 몸 안에 들어온 방사성 물질의 절반가량이 우리 몸의 대사과정을 거쳐 몸 밖으로 배출되는데 걸리는 시간
• **유효반감기(실제반감기)**: 생물학적 반감기 기간 내에서 물리적 반감기를 고려한 시간
• 식품 중 방사능 국내기준

핵종	대상식품	기준(Bq/kg, L)
^{131}I	모든식품	100 이하
$^{134}Cs + ^{137}Cs$	영아용 조제식, 성장기용 조제식, 영·유아용 이유식, 영·유아용특수조제식품, 영아용 조제유, 성장기용 조제유, 원유 및 유가공품, 아이스크림류	50 이하
	기타 식품*	100 이하

* 기타식품은 영아용 조제식, 성장기용 조제식, 영·유아용 곡류조제식, 기타 영·유아식, 영·유아용특수조제식품, 원유 및 유가공품을 제외한 모든 식품 및 농·축·수산물을 말한다.

비스페놀 A	• 폴리카보네이트(젖병, 식기, 생수병)와 에폭시페놀릭수지(음료수캔 내부코팅제) 생산의 원료로 사용 • **주요 인체 노출경로** 　- 비스페놀A를 포함하는 포장재와 접촉한 식품의 섭취 　- 유아가 비스페놀A가 포함되어 있는 제품을 만진 후 손을 입에 넣어 노출 　- 와인 및 캔 식품이 주된 노출원인 • **기준규격 및 규제** 　- 영·유아용 기구 및 용기·포장 제조 시: 비스페놀 A 사용 금지 　- 용출규격: 페놀 및 터셔리부틸페놀 성분포함 2.5ppm 이하, 단 비스페놀 A 단독으로 0.6ppm 이하
프탈레이트	• 열가소성수지 중에서 각종 PVC 제품의 제조 시 가소제로 첨가되어 유연성을 제공 • 지용성 / 종류: DEHP, DBP DOP, BBP, DEHA 등 • **노출경로** 　- PVC 제품의 제조 시 플라스틱과 단단한 결합이 어려워 용출 　- 식품용 포장재, 용기, 알루미늄 호일로부터 식품으로 이행 • **기구 및 용기·포장의 용도별 규격** 　- 기구 및 용기·포장의 제조 시 DEHP 사용금지 　　(다만, DEHP가 용출되어 식품에 혼입될 우려가 없는 경우는 제외) 　- 영·유아용 기구 및 용기·포장 제조 시 DBP, BBP 사용금지 　- 랩 제조 시 DEHA 사용금지

01 수산 식품에 의한 중독증은 생선 중독증과 조개류 중독증으로 나눌 수 있다. ○ X

02 테트로도톡신(tetrodotoxin)은 복어에 의해 유래되는 독성 물질로 복어 체내에서 자체적으로만 생성된다. ○ X

03 조개류 중독증은 플랑크톤으로부터 농축된 독소를 함유한 조개류에 기인한다. ○ X

04 시구아톡신(ciguatoxin)은 열대 및 아열대에 서식하는 어류에 기인한다. ○ X

05 아크롤레인(acrolein)은 지질분해로 생성된 글리세롤에 염소가 결합하여 생성된다. ○ X

06 에틸카바메이트(ethylcarbamate)는 효모의 대사과정에서 생성된 요소(urea)가 알코올과 반응하여 생성되며 이때 숙성기간과 온도에 영향을 받는 것으로 알려져 있다. ○ X

07 다환방족 탄화수소(polycyclic aromatic hydrocarbon)는 육류를 고온에서 조리할 때 생성되며 그중 트립토판의 분해산물인 Trp-P-1 및 Trp-P-2는 돌연변이성이 매우 강한 것으로 알려져 있다. ○ X

08 이환방향족 아민(heterocyclic amine)은 산소가 부족한 상태에서 유기물을 가열할 때 생기는 타르상 물질로 그중 3,4-벤조피렌(3,4-benzopyrene)은 강력한 발암물질로 알려져 있다. ○ X

09 콩, 완두, 강낭콩 등에는 적혈구를 응집시키는 아미그달린(amygdalin)이라는 독소물질이 함유되어있다. ○ X

10 미얀마콩과 카사바 뿌리에는 리나마린(linamarin)이라는 사이안배당체가 함유되어 있다. ○ X

11 복어의 유독성분은 호흡곤란을 유발하는 테트로도톡신(tetrodotoxin)이다. ○ X

12 독미나리에는 시쿠톡신(cicutoxin)이라는 독성분이 땅속줄기에 함유되어 있다. ○ X

13 과황산암모늄(ammonium persulfate)은 밀가루 개량제로 사용되는 식품 첨가물이다. ○ X

14 급성독성시험은 실험 동물에 시험물질의 투여량을 비교적 많게 하여 1회 또는 24시간 이내에 반복투여한 다음, 수일 내지 14일 동안 관찰하여 비발암물질의 1일섭취허용량(Acceptable Daily Intake, ADI)을 설정할 수 있다. ○ X

15 만성독성시험은 쥐, 생쥐는 20~30개월, 개 등은 6~12개월 동안 지속적으로 시험물질을 투여하여 나온 결과를 이용하여 반수 치사량, LD_{50}(Lethal Dose)를 결정할 수 있다. ○ X

16 1일 섭취허용량(ADI) 설정 시 동물실험 결과 산출된 NOAEL 값에 안전계수인 100으로 나누어서 산출할 수 있다. ○ X

17 리나마린(linamarin), 듀린(dhurrin), 파툴린(patulin), 아미그달린(amygdalin)은 식물성 독성물질에 해당한다. ○ X

18 감자, 시리얼 등 전분질 식품을 고온에서 튀기거나 구울 때 생성되고, 유리아미노산의 아미노 그룹과 환원당의 카보닐 그룹 간의 가열반응에 의해 생성되는 식품 유해물질은 아크릴아마이드(acrylamide)이다. ○ X

정 답

01 ○	02 X	03 ○	04 ○	05 X	06 ○	07 X	08 X	09 X	10 ○
11 ○	12 ○	13 ○	14 X	15 X	16 ○	17 X	18 ○		

Part 13 식품의 기능성

1. 식품과 기능성식품

(1) 식품 및 의약품의 정의

① **식품**: 의약품을 제외한 모든 음식물(식품위생법)

② **의약품**: 사람 또는 동물의 질병을 진단, 치료, 경감, 처치 또는 예방의 목적으로 사용되는 물품(약사법)

(2) 식품의 기능

① **1차 기능(영양기능)**

    ㉠ 식품이 가진 기본적인 기능

    ㉡ 신체의 성장 및 활동에 필요한 영양과 에너지를 공급

    ㉢ 우리 몸에 탄수화물, 지질, 단백질, 비타민, 무기질과 같은 영양소를 공급하는 기능

② **2차 기능(감각기능)**

    식품의 맛, 냄새, 색 등이 사람의 감각기관에 작용 ▶ 오감을 만족, 기분을 좋게 하는 기능

③ **3차 기능(생체조절기능)**

    식품 중에 함유된 여러 생리활성물질(bioactive compounds) ▶ 체내의 면역 및 방어 기능에 관여 ▶ 질병의 예방과 건강 증진에 도움을 주는 기능

(3) 기능성 식품

① 식품의 3차 기능을 강조한 것

② 기본적인 영양소를 공급하는 것 이외에 건강에 유익한 효과를 주는 각종 기능(생물학적 방어기구를 향상시키거나 특정 질병을 예방하며, 노화를 지연시키거나 육체적·정신적 상태를 조절해 주는 기능)을 가진 식품

2. 건강기능식품 [기출]

(1) 건강기능식품에 관한 법률

① 2002년 8월 제정

② 제3조(정의)

⊙ 건강기능식품: 인체에 유용한 기능성을 가진 원료나 성분을 사용하여 제조(가공을 포함)한 식품

ⓛ 기능성: 인체의 구조 및 기능에 대하여 영양소를 조절하거나 생리학적 작용 등과 같은 보건 용도에 유용한 효과를 얻는 것

(2) 건강기능식품의 기능성

① **영양소 기능**: 인체의 성장·증진 및 정상적인 기능에 대한 영양소의 생리학적 작용

② **생리활성 기능**: 인체의 정상기능이나 생물학적 활동에 특별한 효과가 있어 건강상의 기여나 기능 향상 또는 건강유지·개선 기능(현재 31개의 기능성 지정)

③ **질병발생위험감소 기능**: 식품의 섭취가 질병의 발생 또는 건강상태의 위험을 감소하는 기능

(3) 생리활성 기능 목록

번호	기능성 분야	번호	기능성 분야	번호	기능성 분야
1	기억력 개선	2	혈행 개선	3	간 건강
4	체지방 감소	5	갱년기 여성 건강	6	혈당 조절
7	눈 건강	8	면역기능	9	관절/뼈 건강
10	전립선 건강	11	피로 개선	12	피부 건강
13	콜레스테롤 개선	14	혈압조절	15	긴장 완화
16	장 건강	17	칼슘흡수 도움	18	요로 건강
19	소화 기능	20	항산화	21	혈중중성지방 개선
22	인지능력	23	운동수행능력 향상 / 지구력 향상	24	치아 건강
25	배뇨 기능 개선	26	면역 과민반응에 의한 피부 상태 개선	27	갱년기 남성건강
28	월경 전 변화에 의한 불편한 상태 개선	29	정자 운동성 개선	30	유산균 증식을 통한 여성의 질 건강
31	어린이 키 성장 개선				

3. 고시형 원료 및 개별인정형 원료

(1) 고시형 원료

① 「건강기능식품의 기준 및 규격」에 등재되어 있는 기능성 원료

② 공전에서 정하고 있는 제조기준, 규격, 최종제품의 요건에 적합할 경우

▶ 별도의 인정절차가 필요하지 않음

③ 영양소(비타민 및 무기질, 식이섬유 등) 등 약 96여 종의 원료가 등재

(2) 개별인정형 원료

① 「건강기능식품의 기준 및 규격」에 등재되지 않은 원료

② 과학적인 평가에 의해 식품의약품안전처장이 개별적으로 인정한 원료

③ 영업자가 원료의 안전성, 기능성, 기준 및 규격 등의 자료를 제출

▶ 관련 규정에 따른 평가를 통해 기능성 원료로 인정을 받아야 원료를 제조 또는 판매할 수 있음

④ 현재까지 200여종 이상의 개별인정형 원료가 등재

▼
개별인정형 원료의 고시형 원료로의 전환

개별 인정된 기능성 원료는 다음 중 하나에 해당될 경우 건강기능식품 공전에 등재되어 고시형 원료로 전환될 수 있다.
① 기능성 원료로 인정받은 일로부터 6년이 경과하고, 품목제조신고 50건 이상(생산실적이 있는 경우에 한함)
② 고시된 원료에 대한 기능성 내용 또는 제조기준 중 원재료 추가는 최초로 인정받은 영업자의 인정일을 기준으로 3년이 경과한 경우 추가 등재

(3) 건강 기능성 원료의 유효성분 및 지표 성분 [기출]

① **유효 성분**: 원료에 함유되어 있는 성분 중에서 효능을 직접 또는 간접적으로 발현한다고 기대되는 물질

② **지표 성분**: 원료 중에 함유되어 있는 화학적으로 규명된 성분 중에서 품질관리의 목적으로 정한 성분(효능을 판단하는 기준이 아닐 수도 있음)

③ 유효 성분과 지표 성분은 동일한 경우도 있지만, 동일하지 않을 수도 있음

1. 보존료(preservatives)
미생물에 의한 품질 저하를 방지하여 식품의 보존기간을 연장시키는 식품첨가물

나타마이신
치즈류의 표면에 한하여 사용하여야 한다.

니신
아래의 식품에 한하여 사용하여야 한다.

1. 가공치즈　　　　　　　　　　　2. 두류가공품

데히드로초산나트륨(sodium dehydroacetate, DHAS)
아래의 식품에 한하여 사용하여야 한다.

1. 치즈류, 버터류, 마가린

소브산(sorbic acid), 소브산칼륨(potassium sorbate), 소브산칼슘(calcium sorbate)
아래의 식품에 한하여 사용하여야 한다.

1. 치즈류
2. 식육가공품(양념육류, 식육추출가공품 제외), 기타동물성가공식품(기타식육이 함유된 제품에 한함), 어육가공품류, 성게젓, 땅콩버터, 모조치즈
3. 콜라겐케이싱
4. 젓갈류(단, 식염함량 8% 이하의 제품에 한함), 한식된장, 된장, 고추장, 혼합장, 춘장, 청국장(단, 비건조 제품에 한함), 혼합장, 어패건제품, 조림류(농산물을 주원료로 한 것에 한함), 플라워페이스트, 드레싱, 소스
5. 알로에전잎(겔포함) 건강기능식품[단, 두가지 이상의 건강기능식품원료를 사용하는 경우에는 사용된 알로에전잎(겔포함) 건강기능식품성분의 배합비율을 적용]
6. 농축과일즙, 과·채주스　　　　　7. 탄산음료
8. 잼류　　　　　　　　　　　　　9. 건조과일류, 토마토케첩, 당절임(건조당절임 제외)
10. 절임식품, 마요네즈　　　　　　11. 발효음료류(살균한 것은 제외)
12. 과실주, 탁주, 약주　　　　　　13. 마가린
14. 당류가공품(시럽상 또는 페이스트상에 한함), 식물성 크림, 유함유가공품
15. 향신료조제품(건조제품 제외)
16. 건강기능식품[액상제품에 한하며, 알로에전잎(겔포함) 제품은 제외]

안식향산(benzoic acid), 안식향산나트륨(sodium benzoate), 안식향산칼륨(potassium benzoate), 안식향산칼슘(calcium benzoate)
아래의 식품에 한하여 사용하여야 한다.

1. 과일·채소류음료(비가열제품 제외)　　2. 탄산음료
3. 기타음료(분말제품 제외), 인삼·홍삼음료
4. 한식간장, 양조간장, 산분해간장, 효소분해간장, 혼합간장
5. 알로에 전잎(겔 포함) 건강기능식품[단, 두 가지 이상의 건강기능식품원료를 사용하는 경우에는 사용된 알로에 전잎(겔 포함) 건강기능식품 성분의 배합비율을 적용]
6. 잼류　　　　　　　　　　　　　7. 망고처트니
8. 마가린　　　　　　　　　　　　9. 절임식품, 마요네즈

빙초산, 자몽종자추출물, 초산칼슘, ε-폴리리신

식품 중에 첨가되는 식품첨가물의 양은 물리적, 영양학적 또는 기타 기술적 효과를 달성하는 데 필요한 최소량으로 사용하여야 한다.

파라옥시안식향산 메틸(methyl ρ-hydroxybenzoate), 파라옥시안식향산 에틸(ethyl ρ-hydroxybenzoate)

아래의 식품에 한하여 사용하여야 한다.

1. 캡슐류
2. 잼류
3. 망고처트니
4. 한식간장, 양조간장, 산분해간장, 효소분해간장, 혼합간장
5. 식초
6. 기타음료(분말제품 제외), 인삼·홍삼음료
7. 소스
8. 과일류(표피부분에 한함)
9. 채소류(표피부분에 한함)

프로피온산, 프로피온산나트륨(sodium propionate), 프로피온산 칼슘(calcium propionate)

아래의 식품에 한하여 사용하여야 한다.

1. 빵류
2. 치즈류
3. 잼류

메타중아황산나트륨(sodium metabisulfite), 메타중아황산칼륨(potassium metabisulfite), 무수아황산(sulfur dioxide), 산성아황산나트륨(sodium bisulfite), 아황산나트륨(sodium sulfite), 차아황산나트륨(sodium hydrosulfite)

아래의 식품에 한하여 사용하여야 한다.

1. 박고지(박의 속을 제거하고 육질을 잘라내어 건조시킨 것)
2. 당밀
3. 물엿, 기타엿
4. 과실주
5. 과일·채소류음료
6. 과·채가공품
7. 건조과일류
8. 건조채소류, 건조버섯류
9. 건조농·임산물, 생지황
10. 곤약분
11. 새우
12. 냉동생게
13. 설탕류, 올리고당류, 포도당, 과당류, 덱스트린
14. 식초
15. 건조감자
16. 소스
17. 향신료조제품
18. 기타수산물가공품(새우, 냉동생게 제외), 땅콩 또는 견과류가공품, 절임류, 빵류, 탄산음료, 과자, 면류, 만두피, 건포류, 캔디류, 코코아가공품류 또는 초콜릿류, 기타음료, 서류가공품(건조감자, 곤약분 제외), 두류가공품, 조림류(농산물을 주원료로 한 것에 한함), 브랜디, 일반증류주, 찐쌀, 잼류, 전분류, 당류가공품, 된장, 유함유가공품
19. 곡류가공품(옥배유 제조용으로서 옥수수배아를 100% 원료로 한 제품에 한함)
20. 과실주 유래 비알코올 음료 21. 기타주류

아질산나트륨(sodium nitrite)

아래의 식품에 한하여 사용하여야 한다.

1. 식육가공품(식육추출가공품 제외), 기타동물성가공식품(기타식육이 함유된 제품에 한함)
2. 어육소시지
3. 명란젓, 연어알젓

질산나트륨(sodium nitrate)

아래의 식품에 한하여 사용하여야 한다.

1. 식육가공품(식육추출가공품 제외), 기타동물성가공식품(기타식육이 함유된 제품에 한함)
2. 치즈류

질산칼륨(potassium nitrate)

아래의 식품에 한하여 사용하여야 한다.

1. 식육가공품(식육추출가공품 제외), 기타동물성가공식품(기타식육이 함유된 제품에 한함)
2. 치즈류
3. 대구알염장품

2. 살균제(germicides, bacteriocides)

식품 표면의 미생물을 단시간 내에 사멸시키는 작용을 하는 식품첨가물

과산화수소(hydrogen peroxide)

최종식품의 완성 전에 분해하거나 또는 제거하여야 한다.

과산화초산(peroxyacetic acid)

아래의 식품에 한하여 살균의 목적에 한하여 사용하여야 하며, 최종식품의 완성 전에 식품 표면으로부터 침지액 또는 분무액을 털어내거나 흘려내리도록 하여야 한다.

1. 과일·채소류   **2.** 식육(포유류, 가금류)

오존수(ozone water), 이산화염소(수)(chlorine dioxide)

과일류, 채소류 등 식품의 살균 목적에 한하여 사용하여야 하며, 최종식품의 완성 전에 제거하여야 한다.

차아염소산나트륨(sodium hypochlorite, NaClO), 차아염소산수(hypochlorous acid water), 차아염소산칼슘(calcium hypochlorite, Ca(ClO)₂)

과일류, 채소류 등 식품의 살균 목적에 한하여 사용하여야 하며, 최종식품의 완성 전에 제거하여야 한다. 다만, 차아염소산나트륨은 참깨에 사용하여서는 아니 된다.

3. 산화방지제(antioxidants)

산화에 의한 식품의 품질 저하를 방지하는 식품첨가물

디부틸히드록시톨루엔(butylated hydroxy toluene, BHT), 부틸히드록시아니솔(butylated hydroxy anisole, BHA)

아래의 식품에 한하여 사용하여야 한다.

1. 식용유지류(모조치즈, 식물성크림 제외), 버터류, 어패건제품, 어패염장품
2. 어패냉동품(생식용 냉동선어패류, 생식용굴은 제외)의 침지액
3. 추잉껌   **4.** 체중조절용 조제식품, 시리얼류   **5.** 마요네즈

몰식자산프로필(propyl gallate)

아래의 식품에 한하여 사용하여야 한다.

1. 식용유지류(모조치즈, 식물성크림 제외), 버터류

레시틴, 몰식자산, 봉선화 추출물, 비타민C, 비타민E, L-아스코브산나트륨(sodium L-ascorbate), L-아스코브산칼슘(calcium L-ascorbate), γ-오리자놀, 차추출물, 차카테킨, 참깨유불검화물, 케르세틴, d-a-토코페릴아세테이트, dl-a-토코페릴아세테이트, d-a-토코페릴호박산, 페룰린산, 포도종자추출물, 효소분해사과추출물, 효소처리루틴

식품 중에 첨가되는 식품첨가물의 양은 물리적, 영양학적 또는 기타 기술적 효과를 달성하는 데 필요한 최소량으로 사용하여야 한다.

L-아스코빌 스테아레이트(ascorbyl stearate)

아래의 식품에 한하여 사용하여야 한다.

1. 식용유지류(모조치즈, 식물성크림 제외)   **2.** 건강기능식품

L-아스코빌 팔미테이트(ascorbyl palmitate)

아래의 식품에 한하여 사용하여야 한다.
1. 식용유지류(모조치즈, 식물성크림 제외)   2. 마요네즈
3. 과자, 빵류, 떡류, 당류가공품, 액상차, 특수의료용도식품(영·유아용 특수조제식품 제외), 체중조절용
   조제식품, 임신·수유부용 식품, 주류, 과·채가공품, 서류가공품, 어육가공품류, 기타수산물가공품,
   기타가공품, 유함유가공품
4. 캔디류, 코코아가공품류 또는 초콜릿류, 유탕면, 복합조미식품, 향신료조제품, 만두피
5. 건강기능식품

에리토브산(erythobic acid), 에리토브산나트륨(sodium erythorbate)

산화방지제 목적에 한하여 사용하여야 한다.

이.디.티.에이. 이나트륨(disodium ethylene diamine tetraacetate),
이.디.티.에이. 칼슘 이나트륨(calcium disodium ethylene diamine tetraacetate)

아래의 식품에 한하여 사용하여야 한다.
1. 소스, 마요네즈   2. 통조림식품, 병조림식품
3. 음료류(캔 또는 병제품에 한하며, 다류, 커피 제외)
4. 마가린   5. 오이초절임, 양배추초절임   6. 건조과일류(바나나에 한한다)
7. 서류가공품(냉동감자에 한한다)   8. 땅콩버터

터셔리부틸히드로퀴논(tert-butyl hydroquinone, TBHQ)

아래의 식품에 한하여 사용하여야 한다.
1. 식용유지류(모조치즈, 식물성크림 제외), 버터류, 어패건제품, 어패염장품
2. 어패냉동품(생식용 냉동선어패류, 생식용굴은 제외)의 침지액   3. 추잉껌

d-α-토코페롤(d-α-Tocopherol Concentrate), d-토코페롤(d-Tocopherol Concentrate, Mixed)

식품 중에 첨가되는 식품첨가물의 양은 물리적, 영양학적 또는 기타 기술적 효과를 달성하는 데 필요한
최소량으로 사용하여야 한다.

메타중아황산나트륨(sodium metabisulfite), 메타중아황산칼륨(potassium metabisulfite),
무수아황산(sulfur dioxide), 산성아황산나트륨(sodium bisulfite),
아황산나트륨(sodium sulfite), 차아황산나트륨(sodium hydrosulfite)

아래의 식품에 한하여 사용하여야 한다.
1. 박고지(박의 속을 제거하고 육질을 잘라 내어 건조시킨 것)   2. 당밀
3. 물엿, 기타엿   4. 과실주   5. 과일·채소류음료
6. 과·채가공품   7. 건조과일류   8. 건조채소류, 건조버섯류
9. 건조농·임산물, 생지황   10. 곤약분   11. 새우
12. 냉동생게   13. 설탕류, 올리고당류, 포도당, 과당류, 덱스트린
14. 식초   15. 건조감자   16. 소스
17. 향신료조제품
18. 기타수산물가공품(새우, 냉동생게 제외), 땅콩 또는 견과류가공품, 절임류, 빵류, 탄산음료, 과자,
    면류, 만두피, 건포류, 캔디류, 코코아가공품류 또는 초콜릿류, 기타음료, 서류가공품(건조감자, 곤약
    분 제외), 두류가공품, 조림류(농산물을 주원료로 한 것에 한함), 브랜디, 일반증류주, 찐쌀, 잼류,
    전분류, 당류가공품, 된장, 유함유가공품
19. 곡류가공품(옥배유 제조용으로서 옥수수배아를 100% 원료로 한 제품에 한함)
20. 과실주 유래 비알코올 음료 21. 기타주류

4. 착색료(coloring matters)
식품에 색을 부여하거나 복원시키는 식품첨가물

[타르색소]

식용색소 녹색제3호(fast green FCF), 식용색소 녹색제3호 알루미늄레이크

아래의 식품에 한하여 사용하여야 한다.

1. 과자
2. 캔디류
3. 빵류, 떡류
4. 초콜릿류
5. 기타잼
6. 소시지류, 어육소시지
7. 과·채음료, 탄산음료, 기타음료
8. 향신료조제품[고추냉이(와사비)가공품 및 겨자가공품에 한함]
9. 절임류(밀봉 및 가열살균 또는 멸균처리한 제품에 한함. 다만, 단무지는 제외)
10. 주류(탁주, 약주, 소주, 주정을 첨가하지 않은 청주 제외)
11. 곡류가공품, 당류가공품, 기타 수산물가공품, 유함유가공품
12. 건강기능식품(정제의 제피 또는 캡슐에 한함), 캡슐류
13. 아이스크림류, 아이스크림믹스류

식용색소 적색제2호(amaranth), 식용색소 적색제2호 알루미늄레이크

아래의 식품에 한하여 사용하여야 한다.

1. 과자(한과에 한함), 추잉껌
2. 떡류
3. 소시지류
4. 음료베이스
5. 향신료조제품[고추냉이(와사비)가공품 및 겨자가공품에 한함]
6. 젓갈류(명란젓에 한함)
7. 절임류(밀봉 및 가열살균 또는 멸균처리한 제품에 한함. 다만, 단무지는 제외)
8. 주류(탁주, 약주, 소주, 주정을 첨가하지 않은 청주 제외)
9. 식물성크림
10. 즉석섭취식품
11. 곡류가공품, 전분가공품, 당류가공품
12. 기타 수산물가공품, 기타가공품, 유함유가공품
13. 건강기능식품(정제의 제피 또는 캡슐에 한함), 캡슐류

식용색소 적색제3호(erythrosine)

아래의 식품에 한하여 사용하여야 한다.

1. 과자, 캔디류
2. 추잉껌
3. 빙과
4. 빵류, 떡류, 만두류
5. 기타 코코아가공품, 초콜릿류
6. 기타잼, 기타설탕, 기타엿
7. 소시지류
8. 어육소시지
9. 과·채음료, 탄산음료, 기타음료
10. 향신료조제품[고추냉이(와사비)가공품 및 겨자가공품에 한함]
11. 소스
12. 젓갈류(명란젓에 한함)
13. 절임류(밀봉 및 가열살균 또는 멸균처리한 제품에 한함. 다만, 단무지는 제외)
14. 주류(탁주, 약주, 소주, 주정을 첨가하지 않은 청주 제외)
15. 즉석섭취식품
16. 곡류가공품, 전분가공품
17. 서류가공품
18. 기타 식용유지가공품, 기타 수산물가공품, 기타가공품, 유함유가공품
19. 당류가공품
20. 건강기능식품(정제의 제피 또는 캡슐에 한함), 캡슐류
21. 아이스크림류, 아이스크림믹스류
22. 커피(표면장식에 한함)

식용색소 적색제40호(allura red), 식용색소 적색제40호 알루미늄레이크

아래의 식품에 한하여 사용하여야 한다.

1. 과자, 캔디류, 추잉껌   **2.** 빙과   **3.** 빵류, 떡류

4. 기타 코코아가공품, 초콜릿류   **5.** 기타잼   **6.** 기타설탕, 기타엿, 당시럽류

7. 소시지류   **8.** 어육소시지

9. 과 · 채음료, 탄산음료류, 기타음료

10. 향신료조제품[고추냉이(와사비)가공품 및 겨자가공품에 한함]

11. 소스   **12.** 젓갈류(명란젓에 한함)

13. 절임류(밀봉 및 가열살균 또는 멸균처리한 제품에 한함. 다만, 단무지는 제외)

14. 주류(탁주, 약주, 소주, 주정을 첨가하지 않은 청주 제외)

15. 식물성크림, 즉석섭취식품

16. 곡류가공품, 전분가공품, 당류가공품, 기타 수산물가공품, 기타가공품, 유함유가공품

17. 두류가공품, 서류가공품

18. 건강기능식품(정제의 제피 또는 캡슐에 한함), 캡슐류

19. 아이스크림류, 아이스크림믹스류

20. 커피(표면장식에 한함, 식용색소 적색 40호에 한함)

식용색소 적색 제102호(food red No. 102)

아래의 식품에 한하여 사용하여야 한다.

1. 과자(한과에 한함)   **2.** 추잉껌   **3.** 떡류

4. 만두류   **5.** 기타 코코아가공품   **6.** 소시지류

7. 음료베이스   **8.** 향신료조제품[고추냉이(와사비)가공품 및 겨자가공품에 한함]

9. 젓갈류(명란젓에 한함)

10. 절임류(밀봉 및 가열살균 또는 멸균처리한 제품에 한함. 다만, 단무지는 제외)

11. 주류(탁주, 약주, 소주, 주정을 첨가하지 않은 청주 제외)

12. 두류가공품, 서류가공품   **13.** 당류가공품

14. 기타 수산물가공품, 기타가공품, 유함유가공품

15. 건강기능식품(정제의 제피 또는 캡슐에 한함), 캡슐류

식용색소 청색제1호(brilliant blue), 식용색소 청색제1호 알루미늄레이크

아래의 식품에 한하여 사용하여야 한다.

1. 과자   **2.** 캔디류, 추잉껌   **3.** 빙과

4. 빵류   **5.** 떡류   **6.** 만두류

7. 기타 코코아가공품, 초콜릿류 **8.** 기타잼   **9.** 기타 설탕, 기타엿, 당시럽류

10. 소시지류, 어육소시지   **11.** 과 · 채음료, 탄산음료류, 기타음료

12. 향신료조제품[고추냉이(와사비)가공품 및 겨자가공품에 한함] 13. 소스

14. 절임류(밀봉 및 가열살균 또는 멸균처리한 제품에 한함. 다만, 단무지는 제외)

15. 주류(탁주, 약주, 소주, 주정을 첨가하지 않은 청주 제외)   **16.** 식물성크림

17. 즉석섭취식품   **18.** 곡류가공품   **19.** 두류가공품, 서류가공품

20. 전분가공품

21. 기타 식용유지가공품, 당류가공품, 기타 수산물가공품, 기타가공품, 유함유가공품

22. 건강기능식품(정제의 제피 또는 캡슐에 한함), 캡슐류

23. 아이스크림류, 아이스크림믹스류

24. 커피(표면장식에 한함, 식용색소 청색 1호에 한함)

식용색소 청색제2호(indigo carmine), 식용색소 청색제2호 알루미늄레이크

아래의 식품에 한하여 사용하여야 한다.

1. 과자
2. 캔디류, 추잉껌
3. 빙과
4. 빵류
5. 떡류
6. 기타 코코아가공품, 초콜릿류
7. 기타잼, 기타설탕
8. 소시지류
9. 어육소시지
10. 과·채음료, 기타음료
11. 향신료조제품[고추냉이(와사비)가공품 및 겨자가공품에 한함]
12. 절임류(밀봉 및 가열살균 또는 멸균처리한 제품에 한함. 다만, 단무지는 제외)
13. 주류(탁주, 약주, 소주, 주정을 첨가하지 않은 청주 제외)
14. 곡류가공품
15. 당류가공품
16. 기타가공품, 유함유가공품
17. 건강기능식품(정제의 제피 또는 캡슐에 한함), 캡슐류
18. 아이스크림류, 아이스크림믹스류

식용색소 황색제4호(tartrazine), 식용색소 황색제4호 알루미늄레이크

아래의 식품에 한하여 사용하여야 한다.

1. 과자
2. 캔디류, 추잉껌
3. 빙과
4. 빵류
5. 떡류
6. 만두류
7. 기타 코코아가공품, 초콜릿류
8. 기타잼
9. 기타설탕, 기타엿, 당시럽류
10. 소시지류
11. 어육소시지
12. 과·채음료, 탄산음료, 기타음료
13. 향신료조제품[고추냉이(와사비)가공품 및 겨자가공품에 한함]
14. 소스
15. 젓갈류(명란젓에 한함)
16. 절임류(밀봉 및 가열살균 또는 멸균처리한 제품에 한함. 다만, 단무지는 제외)
17. 주류(탁주, 약주, 소주, 주정을 첨가하지 않은 청주 제외)
18. 식물성크림
19. 즉석섭취식품
20. 두류가공품, 서류가공품
21. 전분가공품, 곡류가공품, 당류가공품, 기타 수산물가공품, 기타가공품, 유함유가공품
22. 기타 식용유지가공품
23. 건강기능식품(정제의 제피 또는 캡슐에 한함), 캡슐류
24. 아이스크림류, 아이스크림믹스류
25. 커피(표면장식에 한함)

식용색소 황색제5호(sunset yellow), 식용색소 황색제5호 알루미늄레이크

아래의 식품에 한하여 사용하여야 한다.

1. 과자
2. 캔디류, 추잉껌
3. 빙과, 빵류, 떡류
4. 만두류
5. 기타 코코아가공품, 초콜릿류
6. 기타잼
7. 기타설탕, 기타엿, 당시럽류
8. 소시지류, 어육소시지
9. 과·채음료, 탄산음료, 기타음료
10. 향신료조제품[고추냉이(와사비)가공품 및 겨자가공품에 한함]
11. 소스
12. 젓갈류(명란젓에 한함)
13. 절임류(밀봉 및 가열살균 또는 멸균처리한 제품에 한함. 다만, 단무지는 제외)
14. 주류(탁주, 약주, 소주, 주정을 첨가하지 않은 청주 제외)
15. 전분가공품, 식물성크림
16. 즉석섭취식품
17. 곡류가공품, 기타 식용유지가공품, 당류가공품
18. 서류가공품
19. 기타 수산물가공품
20. 기타가공품, 유함유가공품
21. 건강기능식품(정제의 제피 또는 캡슐에 한함), 캡슐류
22. 아이스크림류, 아이스크림믹스류

[비타르색소]

동클로로필(copper chlorophyll), 동클로로필린나트륨(sodium copper chlorophyllin), 동클로로필칼륨

아래의 식품에 한하여 사용하여야 한다.

1. 다시마

2. 과일류의 저장품, 채소류의 저장품

3. 추잉껌, 캔디류

4. 완두콩통조림 중의 한천

5. 건강기능식품

6. 캡슐류

산화철

아래의 식품에 한하여 사용하여야 한다.

1. 바나나(꼭지의 절단면, 적색에 한함)

2. 곤약(적색에 한함)

3. 건강기능식품(캡슐부분에 한함), 캡슐류

삼이산화철(iron sesquioxide, Fe$_2$O$_3$)

아래의 식품에 한하여 사용하여야 한다.

1. 바나나(꼭지의 절단면)

2. 곤약

수용성안나토(annatto, water soluble), 카민(carmine)

수용성안나토는 아래의 식품에 사용하여서는 아니 된다.

1. 천연식품[식육류, 어패류, 과일류, 채소류, 해조류, 콩류 등 및 그 단순가공품(탈피, 절단 등)]

2. 다류

3. 커피

4. 고춧가루, 실고추

5. 김치류

6. 고추장, 조미고추장

7. 식초

8. 향신료가공품(고추 또는 고춧가루 함유제품에 한함)

이산화티타늄(titanium dioxide)

이산화티타늄은 아래의 식품에 사용하여서는 아니 된다.

1. 천연식품[식육류, 어패류, 채소류, 과일류, 해조류, 콩류 등 및 그 단순가공품(탈피, 절단 등)]

2. 식빵, 카스텔라

3. 코코아매스, 코코아버터, 코코아분말

4. 잼류

5. 유가공품

6. 식육가공품(소시지류, 식육추출가공품 제외)

7. 알가공품

8. 어육가공품류(어육소시지 제외)

9. 두부류, 묵류

10. 식용유지류(모조치즈, 식물성크림, 기타 식용유지가공품 제외)

11. 면류

12. 다류

13. 커피

14. 과일 · 채소류음료(과 · 채음료 제외)

15. 두유류

16. 발효음료류

17. 인삼 · 홍삼음료

18. 장류

19. 식초

20. 토마토케첩

21. 카레

22. 고춧가루, 실고추

23. 천연향신료

24. 복합조미식품

25. 마요네즈

26. 김치류

27. 젓갈류

28. 절임류(밀봉 및 가열살균 또는 멸균처리한 절임제품은 제외)

29. 단무지

30. 조림류

31. 땅콩 또는 견과류가공품류

32. 조미김

33. 벌꿀류

34. 즉석조리식품

35. 레토르트식품

36. 특수영양식품, 특수의료용도식품

37. 건강기능식품(정제의 제피 또는 캡슐은 제외)

철클로로필린나트륨(sodium iron chlorophyllin), 카로틴(carotene), β-카로틴(β-carotene)

아래의 식품에 사용하여서는 아니 된다.
1. 천연식품[식육류, 어패류, 과일류, 채소류, 해조류, 콩류 등 및 그 단순가공품(탈피, 절단 등)]
2. 다류   3. 커피   4. 고춧가루, 실고추
5. 김치류   6. 고추장, 조미고추장   7. 식초

탄산칼슘

식품 중에 첨가되는 식품첨가물의 양은 물리적, 영양학적 또는 기타 기술적 효과를 달성하는 데 필요한 최소량으로 사용하여야 한다.

[기타색소]

감색소, 고량색소, 김색소, 루틴, 마리골드색소, 무궁화색소, 사프란색소, 스피룰리나색소, 시아너트색소, 심황색소, β-아포-8′-카로티날, 알팔파추출색소, 양파색소, 오징어먹물색소, 자적색소, 치자청색소, 치자황색소, 카카오색소, 클로로필, 타마린드색소, 토마토색소, 파피아색소, 포고과피색소, 피칸너트색소, 홍국황색소, 홍화황색소

아래의 식품에 사용하여서는 아니 된다.
1. 천연식품[식육류, 어패류, 과일류, 채소류, 해조류, 콩류 등 및 그 단순가공품(탈피, 절단 등)]
2. 다류   3. 커피   4. 고춧가루, 실고추
5. 김치류   6. 고추장, 조미고추장   7. 식초

금박

금박은 아래의 식품에 한하여 사용하여야 한다.
1. 주류, 잼류   2. 기타식품(외부 코팅 또는 외부 장식에 한함)

락색소, 베리류색소, 비트레드, 안나토색소, 자단향색소, 자주색고구마색소, 자주색옥수수색소, 자주색참마색소, 적무색소, 적양배추색소, 차즈기색소, 코치닐추출색소, 파프리카추출색소, 포도과즙색소, 홍국색소, 홍화적색소

아래의 식품에 사용하여서는 아니 된다.
1. 천연식품[식육류, 어패류, 과일류, 채소류, 해조류, 콩류 등 및 그 단순가공품(탈피, 절단 등)]
2. 다류   3. 커피   4. 고춧가루, 실고추
5. 김치류   6. 고추장, 조미고추장   7. 식초
8. 향신료가공품(고추 또는 고춧가루 함유 제품에 한함)

진주빛색소

아래의 식품에 한하여 사용하여야 한다.
1. 과실주, 일반증류주, 리큐르

카라멜색소 I, 카라멜색소 II, 카라멜색소 III, 카라멜색소 IV

아래의 식품에 사용하여서는 아니 된다.
1. 천연식품[식육류, 어패류, 과일류, 채소류, 해조류, 콩류 등 및 그 단순가공품(탈피, 절단 등)]
2. 다류(고형차 및 희석하여 음용하는 액상차는 제외)
3. 인삼성분 및 홍삼성분이 함유된 다류   4. 커피
5. 고춧가루, 실고추   6. 김치류   7. 고추장, 조미고추장
8. 인삼 또는 홍삼을 원료로 사용한 건강기능식품

흑당근추출색소

아래의 식품에 한하여 사용하여야 한다.
1. 캔디류

5. 발색제(color fixatives)
식품의 색을 안정화시키거나, 유지 또는 강화시키는 식품첨가물

아질산나트륨(sodium nitrite)
아래의 식품에 한하여 사용하여야 한다.
1. 식육가공품(식육추출가공품 제외), 기타동물성가공식품(기타식육이 함유된 제품에 한함)
2. 어육소시지   3. 명란젓, 연어알젓

질산나트륨(sodium nitrate)
아래의 식품에 한하여 사용하여야 한다.
1. 식육가공품(식육추출가공품 제외), 기타동물성가공식품(기타식육이 함유된 제품에 한함)
2. 치즈류

질산칼륨(potassium nitrate)
아래의 식품에 한하여 사용하여야 한다.
1. 식육가공품(식육추출가공품 제외), 기타동물성가공식품(기타식육이 함유된 제품에 한함)
2. 치즈류   3. 대구알염장품

6. 표백제(bleaching agents)
식품의 색을 제거하기 위해 사용되는 식품첨가물

메타중아황산나트륨(sodium metabisulfite), 메타중아황산칼륨(potassium metabisulfite),
무수아황산(sulfur dioxide), 산성아황산나트륨(sodium bisulfite), 아황산나트륨(sodium sulfite),
차아황산나트륨(sodium hydrosulfite)

아래의 식품에 한하여 사용하여야 한다.
1. 박고지(박의 속을 제거하고 육질을 잘라내어 건조시킨 것)   2. 당밀
3. 물엿, 기타엿   4. 과실주   5. 과일 · 채소류음료
6. 과 · 채가공품   7. 건조과일류   8. 건조채소류, 건조버섯류
9. 건조농 · 임산물, 생지황   10. 곤약분   11. 새우
12. 냉동생게   13. 설탕류, 올리고당류, 포도당, 과당류, 덱스트린
14. 식초   15. 건조감자   16. 소스
17. 향신료조제품
18. 기타수산물가공품(새우, 냉동생게 제외), 땅콩 또는 견과류가공품, 절임류, 빵류, 탄산음료, 과자, 면류, 만두피, 건포류, 캔디류, 코코아가공품류 또는 초콜릿류, 기타음료, 서류가공품(건조감자, 곤약분 제외), 두류가공품, 조림류(농산물을 주원료로 한 것에 한함), 브랜디, 일반증류주, 찐쌀, 잼류, 전분류, 당류가공품, 된장, 유함유가공품
19. 곡류가공품(옥배유 제조용으로서 옥수수배아를 100% 원료로 한 제품에 한함)
20. 과실주 유래 비알코올 음료 21. 기타주류

7. 밀가루 개량제(flour improvers)
밀가루나 반죽에 첨가되어 제빵 품질이나 색을 증진시키는 식품첨가물

과산화벤조일(희석, diluted benzoyl peroxide), 과황산암모늄(ammonium persulfate), 아조디카르본아미드(azodicarbonamide), 염소(chlorine)

아래의 식품에 한하여 사용하여야 한다.
1. 밀가루류

L-시스테인염산염(L-cysteine monohydrochloride)

아래의 식품에 한하여 사용하여야 한다.
1. 밀가루류   **2.** 과일주스   **3.** 빵류 및 이의 제조용 믹스

요오드산칼륨(potassium iodate), 요오드칼륨(potassium iodide)

식품 중에 첨가되는 식품첨가물의 양은 물리적, 영양학적 또는 기타 기술적 효과를 달성하는 데 필요한 최소량으로 사용하여야 한다.

이산화염소(수)(chlorine dioxide)

아래의 식품 또는 목적에 한하여 사용하여야 한다.
1. 빵류 제조용 밀가루

8. 감미료(non-nutritive sweetners)
식품에 단맛을 부여하는 식품첨가물

감초추출물, 락티톨(감미료, 습윤제), D-리보오스, 만니톨(감미료, 습윤제), D-말티톨(감미료, 습윤제), 말티톨시럽, D-소비톨(감미료, 습윤제), D-소비톨액, 에리스리톨, 이소말트, D-자일로오스, 자일리톨(감미료, 습윤제), 토마틴, 폴리글리시톨시럽

식품 중에 첨가되는 식품첨가물의 양은 물리적, 영양학적 또는 기타 기술적 효과를 달성하는 데 필요한 최소량으로 사용하여야 한다.

글리실리진산이나트륨(disodium glycyrrhizinate)

아래의 식품에 한하여 사용하여야 한다.
1. 한식된장, 된장   **2.** 한식간장, 양조간장, 산분해간장, 효소분해간장, 혼합간장

네오탐(neotame)

아래의 식품에 한하여 사용하여야 한다.

1. 추잉껌	**2.** 떡류	**3.** 잼류
4. 농축과 · 채즙	**5.** 특수의료용도식품	**6.** 체중조절용 조제식품
7. 식초	**8.** 소스, 마요네즈	**9.** 토마토케첩
10. 향신료조제품	**11.** 복합조미식품	**12.** 조미액젓
13. 절임식품	**14.** 땅콩 또는 견과류가공품	**15.** 과 · 채가공품
16. 치즈류	**17.** 식물성크림	**18.** 시리얼류
19. 즉석섭취식품	**20.** 즉석조리식품	**21.** 기타 농산가공품
22. 효모식품	**23.** 당류가공품, 유함유가공품	**24.** 유크림류
25. 건강기능식품		

사카린나트륨(sodium saccharin)

아래의 식품에 한하여 사용하여야 한다.

1. 젓갈류, 절임류, 조림류
2. 김치류
3. 음료류(발효음료류, 인삼 · 홍삼음료, 다류 제외)
4. 어육가공품류
5. 시리얼류
6. 뻥튀기
7. 특수의료용도식품
8. 체중조절용조제식품
9. 건강기능식품
10. 추잉껌
11. 잼류
12. 장류
13. 소스
14. 토마토케첩
15. 탁주
16. 소주
17. 과실주
18. 기타 코코아가공품, 초콜릿류
19. 빵류
20. 과자
21. 캔디류
22. 빙과
23. 아이스크림류
24. 조미건어포
25. 떡류
26. 복합조미식품
27. 마요네즈
28. 과 · 채가공품
29. 옥수수(삶거나 찐 것에 한함)
30. 당류가공품, 유함유가공품

수크랄로스(sucralose)

1. 과자
2. 추잉껌
3. 잼류
4. 음료류, 가공유, 발효유류
5. 설탕대체식품
6. 시리얼류
7. 특수의료용도식품
8. 체중조절용 조제식품
9. 기타 식품
10. 건강기능식품

스테비올배당체(steviol glycosides), 효소처리스테비아(enzymatically modified stevia)

아래의 식품에 사용하여서는 아니 된다.

1. 설탕
2. 포도당
3. 물엿
4. 벌꿀류

아세설팜칼륨(acesulfame patassium)

1. 과자, 조림류(농산물을 주원료로 한 것에 한함)
2. 추잉껌
3. 소스, 캔디류, 잼류, 절임류, 빙과, 아이스크림류, 아이스크림믹스류, 플라워페이스트
4. 음료류, 가공유, 발효유류
5. 설탕대체식품
6. 시리얼류
7. 특수의료용도식품
8. 체중조절용 조제식품
9. 기타식품
10. 건강기능식품

아스파탐(aspartame)

사용량은 아래 식품에 한해 기준이 정해져 있으며, 기타식품의 경우 제한받지 아니한다.

1. 빵류, 과자, 빵류 제조용 믹스, 과자 제조용 믹스
2. 시리얼류
3. 특수의료용도식품
4. 체중조절용 조제식품
5. 건강기능식품

9. 팽창제(leavening agents, blowing agents, baking powder)
가스를 방출하여 반죽의 부피를 증가시키는 식품첨가물

글루코노-δ-락톤, 메타인산나트륨, 메타인산칼륨, DL-사과산, DL-사과산나트륨, 산성피로인산나트륨, 산성피로인산칼슘, 세스퀴탄산나트륨, 아디프산, 염화암모늄, 제일인산나트륨, 제일인산암모늄, 제일인산칼륨, 제이인산나트륨, 제이인산마그네슘, 제이인산암모늄, 제이인산칼륨, 제삼인산나트륨, 제삼인산마그네슘, 제삼인산칼륨, DL-주석산수소칼륨, L-주석산수소칼륨, 탄산나트륨, 탄산마그네슘, 탄산수소나트륨, 탄산수소암모늄, 탄산수소칼륨, 탄산암모늄, 탄산칼륨(무수), 탄산칼슘, 폴리인산나트륨, 폴리인산칼륨, 피로인산나트륨, 피로인산칼륨, 황산암모늄, 효모

식품 중에 첨가되는 식품첨가물의 양은 물리적, 영양학적 또는 기타 기술적 효과를 달성하는 데 필요한 최소량으로 사용하여야 한다.

산성알루미늄인산나트륨

아래의 식품에 한하여 사용하여야 한다.
1. 과자 및 이의 제조용 믹스, 빵류 및 이의 제조용 믹스, 튀김 제조용 믹스

제일인산칼슘, 제이인산칼슘, 제삼인산칼슘

사용량은 칼슘으로서 식품의 1% 이하이어야 한다. 다만, 특수영양식품, 특수의료용도식품 및 건강기능식품의 경우는 해당 기준 및 규격에 따른다.

황산알루미늄암모늄, 황산알루미늄칼륨

아래의 식품에 한하여 사용하여야 한다.
1. 과자 및 이의 제조용 믹스, 빵류 및 이의 제조용 믹스, 튀김 제조용 믹스
2. 땅콩 또는 견과류 가공품(밤에 한함), 서류가공품(고구마에 한함), 기타 어육가공품, 과ㆍ채가공품
3. 면류 및 이의 제조용 믹스, 기타 수산물가공품, 전분가공품, 만두피
4. 절임식품

10. 산도조절제
식품의 산도 또는 알칼리도를 조절하는 식품첨가물

구연산, 구연산이수소칼륨, 구연산일나트륨, 구연산삼나트륨, 구연산칼륨, 구연산칼슘, 글루코노-δ-락톤, 글루콘산, 글루콘산나트륨, 글루콘산마그네슘, 글루콘산칼륨, 메타인산나트륨, 메타인산칼륨, 비타민C, 빙초산, DL-사과산, DL-사과산나트륨, 산성피로인산나트륨, 산성피로인산칼슘, 산화칼슘, 세스퀴탄산나트륨, 수산화마그네슘, 수산화암모늄, 수산화칼슘, 아디프산, 이타콘산, 인산, 젖산, 젖산나트륨, L-젖산마그네슘, 젖산철, 젖산칼륨, 젖산칼슘, 제일인산나트륨, 제일인산암모늄, 제일인산칼륨, 제이인산나트륨, 제이인산마그네슘, 제이인산암모늄, 제이인산칼륨, 제삼인산나트륨, 제삼인산마그네슘, 제삼인산칼륨, DL-주석산, L-주석산, DL-주석산나트륨, L-주석산나트륨, DL-주석산수소칼륨, L-주석산수소칼륨, 주석산칼륨나트륨, 초산, 초산나트륨, 초산칼륨, 초산칼슘, 탄산나트륨, 탄산마그네슘, 탄산수소나트륨, 탄산수소암모늄, 탄산수소칼륨, 탄산암모늄, 탄산칼륨(무수), 탄산칼슘, 폴리인산나트륨, 폴리인산칼륨, 푸마르산, 푸마르산일나트륨, 피로인산나트륨, 피로인산칼륨, 호박산, 호박산이나트륨, 황산나트륨, 황산칼륨, 황산칼슘

식품 중에 첨가되는 식품첨가물의 양은 물리적, 영양학적 또는 기타 기술적 효과를 달성하는 데 필요한 최소량으로 사용하여야 한다.

글루콘산철

아래의 식품에 한하여 사용하여야 한다.
1. 올리브가공품
2. 조제유류, 영아용 조제식, 성장기용 조제식, 영·유아용 곡류조제식, 기타 영·유아식, 영·유아용 특수조제식품
3. 건강기능식품

글루콘산칼슘

1. 빵류   2. 기타식품

산성알루미늄인산나트륨, 염기성알루미늄인산나트륨

아래의 식품에 한하여 사용하여야 한다.
1. 과자 및 이의 제조용 믹스, 빵류 및 이의 제조용 믹스, 튀김 제조용 믹스

수산화나트륨, 수산화나트륨액, 수산화칼륨, 암모니아

수산화나트륨은 최종식품 완성 전에 중화 또는 제거하여야 한다.

이초산나트륨

아래의 식품에 한하여 사용하여야 한다.
1. 빵류
2. 식용유지류(동물성유지류, 모조치즈, 식물성크림 제외), 식육가공품(식육추출가공품 제외), 알가공품, 캔디류
3. 소스   4. 수프, 과자

제일인산칼슘, 제이인산칼슘, 제삼인산칼슘

사용량은 칼슘으로서 식품의 1% 이하이어야 한다. 다만, 특수영양식품, 특수의료용도식품 및 건강기능식품의 경우는 해당 기준 및 규격에 따른다.

피틴산

피틴산은 아래의 식품에 사용하여서는 아니 된다.
1. 특수영양식품, 특수의료용도식품   2. 건강기능식품

황산알루미늄암모늄, 황산알루미늄칼륨

아래의 식품에 한하여 사용하여야 한다.
1. 과자 및 이의 제조용 믹스, 빵류 및 이의 제조용 믹스, 튀김 제조용 믹스
2. 땅콩 또는 견과류 가공품(밤에 한함), 서류가공품(고구마에 한함), 기타 어육가공품, 과·채가공품
3. 면류 및 이의 제조용 믹스, 기타 수산물가공품, 전분가공품, 만두피5
4. 절임식품

11. 영양강화제(dietary supplements, enriched agents)

식품의 영양학적 품질을 유지하기 위해 제조공정 중 손실된 영양소를 복원하거나,
영양소를 강화시키는 식품첨가물

5′-구아닐산이나트륨, 구연산망간, 구연산삼나트륨, 구연산철, 구연산철암모늄, 구연산칼륨, 구연산칼슘, 글루콘산나트륨, 글루콘산마그네슘, 글루콘산칼륨, L-글루타민, L-글루탐산, 글리세로인산칼륨, 글리신, 디벤조일티아민, 디벤조일티아민염산염, L-라이신, L-라이신염산염, 락토페린농축물, L-로이신, 5′-리뉴클레오티드이나트륨, 5′-리보뉴클레오티드칼슘, DL-메티오닌, L-메티오닌, 메틸테트라히드로엽산글루코사민, 뮤신, L-발린, 분말비타민A, 비오틴, 비타민B$_1$, 비타민B$_2$, 비타민B$_2$ 인산에스테르나트륨, 비타민B$_{12}$, 비타민B$_6$, 비타민C, 비타민D, 비타민E, 산화마그네슘, 산화아연, 산화칼슘, L-세린, 수산화마그네슘, 수산화칼슘, 스테아린산마그네슘, 스테아린산칼슘, L-시스틴, L-아르지닌, L-아스코브산나트륨, L-아스코브산칼슘, L-아스파라진, L-아스파트산, DL-알라닌, L-알라닌, 염화마그네슘, 염화망간, 염화제이철, 염화칼륨, 염화칼슘, 염화콜린, 엽산, 요오드칼륨, 요오드산칼슘, 용성비타민P, 유성비타민A지방산에스테르, 이노시톨, 5′-이노신산이나트륨, 이리단백, L-이소로이신, 인산, 인산철, 전해철, 젖산나트륨, L-젖산마그네슘, 젖산철, 젖산칼륨, 젖산칼슘, 제일인산나트륨, 제일인산칼슘, 제이인산나트륨, 제이인산마그네슘, 제이인산칼륨, 제삼인산나트륨, 제삼인산마그네슘, 제삼인산칼슘, L-주석산나트륨, 주석산수소콜린, L-카르니틴, 타우린, 탄산나트륨, 탄산마그네슘, 탄산수소나트륨, 탄산수소칼슘, 탄산칼륨(무수), 탄산칼슘, 테아닌, d-a-토코페롤, d-토코페롤(혼합형), d-a-토코페릴아세테이트, dl-a-토코페릴아세테이트, d-a-토코페릴호박산, DL-트레오닌, L-트레오닌, DL-트립토판, L-트립토판, L-티로신, 판토텐산나트륨, DL-페닐알라닌, L-페닐알라닌, 푸마르산제일철, L-프롤린, 피로인산제이철, 피로인산철나트륨, 헤스페리딘, 헴철, 환원철, 황산나트륨, 황산마그네슘, 황산망간, 황산제일철, 황산칼슘, 효소처리헤스페리딘, L-히스티딘, L-히스티딘 염산염

식품 중에 첨가되는 식품첨가물의 양은 물리적, 영양학적 또는 기타 기술적 효과를 달성하는 데 필요한 최소량으로 사용하여야 한다.

구연산제일철나트륨, 몰리브덴산나트륨, 몰리브덴산암모늄, 염화크롬

아래의 식품에 한하여 사용하여야 한다.

1. 특수의료용도식품	2. 건강기능식품

글루콘산동

아래의 식품에 한하여 사용하여야 한다.

1. 시리얼류	2. 특수의료용도등식품
3. 체중조절용 조제식품	4. 건강기능식품

글루콘산망간

아래의 식품에 한하여 사용하여야 한다.

1. 빵류	2. 탄산음료류, 기타음료
3. 유가공품	4. 식육가공품(식육추출가공품 제외)
5. 알가공품	6. 어육가공품류
7. 모조치즈	8. 식물성크림
9. 건강기능식품	

글루콘산아연

아래의 식품에 한하여 사용하여야 한다.

1. 음료류(다류, 커피 제외) **2.** 시리얼류 **3.** 특수의료용도등식품
4. 체중조절용 조제식품 **5.** 건강기능식품

글루콘산철

아래의 식품에 한하여 사용하여야 한다.

1. 올리브가공품 **2.** 건강기능식품

글루콘산칼슘

1. 빵류 **2.** 기타식품

글리세로인산칼슘, 판토텐산칼슘

사용량은 칼슘으로서 식품의 1% 이하이어야 한다(다만, 특수영양식품, 특수의료용도식품 및 건강기능식품의 경우는 해당 기준 및 규격에 따른다).

니코틴산

니코틴산은 아래의 식품에 한하여 사용하여야 한다.

1. 특수영양식품, 특수의료용도식품 **2.** 건강기능식품
3. 영양강화밀가루

니코틴산아미드

니코틴산아미드는 아래의 식품에 사용하여서는 아니 된다.

1. 식육 **2.** 선어패류(신선한 어패류를 말한다)

불화나트륨

아래의 식품에 한하여 사용하여야 한다.

1. 일반 환자용 균형영양 조제식품

비타민K₁, 비타민K₂

아래의 식품에 한하여 사용하여야 한다.

1. 특수의료용도식품 **2.** 건강기능식품

셀렌산나트륨, 아셀렌산나트륨

아래의 식품에 한하여 사용하여야 한다.

1. 특수의료용도식품 **2.** 고령자용 영양조제식품 **3.** 건강기능식품

L-시스테인염산염(L-cysteine monohydrochloride)

아래의 식품에 한하여 사용하여야 한다.

1. 밀가루류 **2.** 과일주스 **3.** 빵류 및 이의 제조용 믹스

5′-시티딜산, 5′-시티딜산이나트륨, 5′-아데닐산

아래의 식품에 한하여 사용하여야 한다.

1. 조제유류, 영아용조제식, 성장기용조제식, 영·유아용 이유식, 영·유아용 특수조제식품

L-아스코빌 스테아레이트(ascorbyl stearate)

아래의 식품에 한하여 사용하여야 한다.

1. 식용유지류(모조치즈, 식물성크림 제외) **2.** 건강기능식품

L-아스코빌 팔미테이트(ascorbyl palmitate)

아래의 식품에 한하여 사용하여야 한다.

1. 식용유지류(모조치즈, 식물성크림 제외) **2.** 마요네즈

3. 과자, 빵류, 떡류, 당류가공품, 액상차, 특수의료용도식품(영·유아용 특수조제식품 제외), 체중조절용 조제식품, 임신·수유부용 식품, 주류, 과·채가공품, 서류가공품, 어육가공품류, 기타수산물가공품, 기타가공품, 유함유가공품

4. 캔디류, 코코아가공품류 또는 초콜릿류, 유탕면, 복합조미식품, 향신료조제품, 만두피

5. 건강기능식품

5'-우리딜산이나트륨

아래의 식품에 한하여 사용하여야 한다.

1. 조제유류, 영아용조제식, 성장기용조제식, 영·유아용 이유식, 영·유아용 특수조제식품

2. 표준형 영양조제식품, 기타 환자용 영양조제식품

제일인산칼슘, 제이인산칼슘, 제삼인산칼슘

제일인산칼슘의 사용량은 칼슘으로서 식품의 1% 이하이어야 한다. 다만, 특수영양식품, 특수의료용도식품 및 건강기능식품의 경우는 해당 기준 및 규격에 따른다.

카로틴, β-카로틴(β-carotene)

아래의 식품에 사용하여서는 아니 된다.

1. 천연식품[식육류, 어패류, 과일류, 채소류, 해조류, 콩류 등 및 그 단순가공품(탈피, 절단 등)]

2. 다류   **3.** 커피

4. 고춧가루, 실고추   **5.** 김치류

6. 고추장, 조미고추장   **7.** 식초

황산동

아래의 식품에 한하여 사용하여야 한다.

1. 포도주   **2.** 시리얼류

3. 특수의료용도식품   **4.** 체중조절용 조제식품

5. 건강기능식품

황산아연

아래의 식품에 한하여 사용하여야 한다.

1. 시리얼류, 맥주, 기타주류   **2.** 특수의료용도식품

3. 체중조절용 조제식품   **4.** 건강기능식품

12. 유화제(emulsifiers)

물과 기름 등 섞이지 않는 두 가지 또는 그 이상의 상(phase)을 균질하게 섞어주거나 유지시키는 식품첨가물

구아검, 글루콘산나트륨, 글리세린디아세틸주석산지방산에스테르, 글리세린지방산에스테르, 레시틴, 로커스트콩검, 메틸에틸셀룰로스, 변성전분, 소르비탄지방산에스테르, 스테아린산마그네슘, 스테아린산칼슘, 아라비아검, 알긴산, 알긴산나트륨, 알긴산암모늄, 알긴산칼륨, 알긴산칼슘, 유카추출물, 자당지방산에스테르, 젖산나트륨, 젤라틴, 카나우바왁스, 카라기난, 카라야검, 카제인, 카제인나트륨, 카제인칼륨, 카제인칼슘, 칸델릴라왁스, 퀼라야추출물, 트리아세틴, 폴리글리세린지방산에스테르, 폴리글리세린축합리시놀레인산에스테르, 폴리소르베이트20, 폴리소르베이트60, 폴리소르베이트65, 폴리소르베이트80, 프로필렌글리콜지방산에스테르, 효소분해레시틴

식품 중에 첨가되는 식품첨가물의 양은 물리적, 영양학적 또는 기타 기술적 효과를 달성하는 데 필요한 최소량으로 사용하여야 한다.

라우릴황산나트륨

아래의 식품에 한하여 사용하여야 한다.

1. 건강기능식품, 캡슐류

스테아릴젖산나트륨(sodium stearoyl lactylate)

아래의 식품에 한하여 사용하여야 한다.

1. 빵류 및 이의 제조용 믹스	**2.** 면류, 만두피	**3.** 식물성크림
4. 소스	**5.** 치즈류	**6.** 과자(한과류 제외)

스테아릴젖산칼슘

아래의 식품에 한하여 사용하여야 한다.

1. 빵류 및 이의 제조용 믹스	**2.** 식물성크림	**3.** 난백
4. 과자(한과류 제외)	**5.** 서류가공품	

알긴산프로필렌글리콜

식품의 1% 이하이어야 한다.

암모늄포스파타이드

아래의 식품에 한하여 사용하여야 한다.

1. 기타 코코아가공품, 초콜릿류

염기성알루미늄인산나트륨

아래의 식품에 한하여 사용하여야 한다.

1. 과자 및 이의 제조용 믹스, 빵류 및 이의 제조용 믹스, 튀김 제조용 믹스

프로필렌글리콜

1. 만두류   **2.** 땅콩 또는 견과류가공품   **3.** 아이스크림류

4. 빵류, 떡류, 빙과, 초콜릿류, 당류가공품, 잼류, 식물성크림, 탄산음료, 가공소금, 절임류, 주류, 기타 농산물가공품류, 캡슐류

5. 건강기능식품   **6.** 기타식품

13. 증점제
식품의 점도를 증가시키는 식품첨가물

가티검, 결정셀룰로스, 구아검, 글루코만난, 글루코사민, 담마검, 덱스트란, 로커스트콩검, 메틸셀룰로스, 메틸에틸셀룰로스, 미세섬유상셀룰로스, 변성전분, 분말셀룰로스, 사일리움씨드검, 아라비노갈락탄, 아라비아검, 아미드펙틴, 알긴산, 알긴산나트륨, 알긴산암모늄, 알긴산칼륨, 알긴산칼슘, 에틸셀룰로스, 잔탄검, 젤란검, 카나우바왁스, 카라기난, 카라야검, 카제인, 카제인나트륨, 카제인칼륨, 카제인칼슘, 커드란, 키토산, 키틴, 타라검, 타마린드검, 트라가칸스검, 퍼셀레란, 펙틴, 폴리감마글루탐산, 히드록시프로필메틸셀룰로스, 히드록시프로필셀룰로스, 히알루론산

식품 중에 첨가되는 식품첨가물의 양은 물리적, 영양학적 또는 기타 기술적 효과를 달성하는 데 필요한 최소량으로 사용하여야 한다.

알긴산프로필렌글리콜

사용량은 식품의 1% 이하이어야 한다.

카복시메틸셀룰로스나트륨, 카복시메틸셀룰로스칼슘, 카복시메틸스타치나트륨

사용량은 식품의 2% 이하이어야 한다. 다만, 건강기능식품의 경우 제한받지 아니한다.

폴리아크릴산나트륨

사용량은 식품의 0.2% 이하이어야 한다.

14. 피막제
식품의 표면에 광택을 내거나 보호막을 형성하는 식품첨가물

가교카복시메틸셀룰로스나트륨, 폴리비닐알콜, 폴리에틸렌글리콜

건강기능식품(정제 또는 이의 제피, 캡슐에 한함) 및 캡슐류의 피막제 목적에 한하여 사용하여야 한다.

담마검, 밀납, 석유왁스, 쉘락, 쌀겨왁스, 아라비아검, 올레인산나트륨, 카나우바왁스, 칸델릴라왁스, 풀루란

식품 중에 첨가되는 식품첨가물의 양은 물리적, 영양학적 또는 기타 기술적 효과를 달성하는 데 필요한 최소량으로 사용하여야 한다.

몰포린지방산염, 유동파라핀

과일류 또는 채소류의 표피에 피막제 목적에 한하여 사용하여야 한다.

초산비닐수지

추잉껌기초제 및 과일류 또는 채소류 표피의 피막제 목적에 한하여 사용하여야 한다.

폴리비닐피로리돈

아래의 식품에 한하여 사용하여야 한다.
1. 맥주　　　　　　　　　**2.** 식초　　　　　　　　　**3.** 과실주, 리큐르
4. 건강기능식품(정제 또는 이의 제피, 캡슐에 한함) 및 캡슐류의 피막제 목적

프탈산히드록시프로필메틸셀룰로스

아래의 식품에 한하여 사용하여야 한다.
1. 장용성 캡슐, 과립, 정제형태의 건강기능식품
2. 캡슐류(장용성 건강기능식품 제조용에 한함)

피마자유

캔디류의 이형제 및 정제류의 피막제 목적에 한하여 사용하여야 한다.

15. 껌기초제(chewing gum bases)
적당한 점성과 탄력성을 갖는 비영양성의 씹는 물질로서
껌 제조의 기초 원료가 되는 식품첨가물

검레진, 폴리부텐, 폴리이소부틸렌

추잉껌기초제 목적에 한하여 사용하여야 한다.

글리세린디아세틸주석산지방산에스테르, 글리세린지방산에스테르, 로진, 석유왁스, 소르비탄지방산에스테르, 자당지방산에스테르, 탄산칼슘, 폴리글리세린지방산에스테르, 폴리글리세린축합리시놀레인산에스테르, 트리아세틴

식품 중에 첨가되는 식품첨가물의 양은 물리적, 영양학적 또는 기타 기술적 효과를 달성하는 데 필요한 최소량으로 사용하여야 한다.

에스테르검

아래의 식품에 한하여 사용하여야 한다.

1. 추잉껌기초제   **2.** 탄산음료, 기타음료

초산비닐수지

추잉껌기초제 및 과일류 또는 채소류 표피의 피막제 목적에 한하여 사용하여야 한다.

탤크

식품의 제조 또는 가공상 추잉껌, 여과보조제(여과, 탈색, 탈취, 정제등) 및 정제류에 표면처리제 목적에 한하여 사용하여야 한다.

16. 거품제거제(defoamant, defoaming agents)
식품의 거품 생성을 방지하거나 감소시키는 식품첨가물

규소수지

거품을 없애는 목적에 한하여 사용하여야 한다.

라우린산, 미리스트산, 올레인산, 팔미트산

식품 중에 첨가되는 식품첨가물의 양은 물리적, 영양학적 또는 기타 기술적 효과를 달성하는 데 필요한 최소량으로 사용하여야 한다.

옥시스테아린

아래의 식품에 한하여 사용하여야 한다.

1. 식용유지류(모조치즈, 식물성크림 제외)

이산화규소

고결방지제, 거품제거제 및 여과보조제 목적에 한하여 사용하여야 한다. 다만, 여과보조제로 사용하는 경우 최종식품 완성 전에 제거해야 한다. 고결방지제 또는 거품제거제의 경우 아래의 식품에 한하여 사용하여야 한다.

1. 가공유크림(자동판매기용 분말 제품에 한함)   **2.** 분유류(자동판매기용에 한함)

3. 식염   **4.** 기타식품

17. 추출용제
유용한 성분을 추출하거나 용해시키는 식품첨가물

메틸알콜
건강기능식품의 기능성원료 추출 또는 분리 등의 목적에 한하여 사용하여야 한다..

부탄
아래의 식품 또는 용도에 한하여 사용하여야 하며, 최종식품 완성 전에 제거하여야 한다.
1. 식용유지 제조 시 유지성분의 추출 목적
2. 건강기능식품의 기능성원료 추출 또는 분리 등의 목적

아세톤
아래의 식품 또는 용도에 한하여 사용하여야 한다.
1. 식용유지 제조 시 유지성분을 분별하는 목적(다만, 사용한 아세톤은 최종식품의 완성 전에 제거해야함)
2. 건강기능식품의 기능성원료 추출 또는 분리 등의 목적

이소프로필알콜
아래의 식품 또는 용도에 한하여 사용하여야 한다.
1. 착향의 목적   2. 설탕류
3. 건강기능식품의 기능성원료 추출 또는 분리 등의 목적
4. 식용유지 제조 시 유지성분의 추출 목적

초산에틸
아래의 식품 또는 용도에 한하여 사용하여야 한다.
1. 착향의 목적   2. 초산비닐수지의 용제
3. 건강기능식품의 기능성원료 추출 또는 분리 목적
4. 식용유지 제조 시 유지성분의 추출 목적   5. 다류, 커피의 카페인 제거 목적

헥산
아래의 식품 또는 용도에 한하여 사용하여야 한다.
1. 유지성분의 추출, 분리, 정제의 목적
2. 건강기능식품의 기능성원료 추출 또는 분리 등의 목적

18. 이형제(release agents)
식품의 형태를 유지하기 위해 원료가 용기에 붙는 것을 방지하여
분리하기 쉽도록 하는 식품첨가물

유동파라핀
아래의 식품에 한하여 사용하여야 한다.
1. 빵류   2. 캡슐류
3. 건조과일류, 건조채소류   4. 과일류 · 채소류(표피의 피막제로서)

피마자유
캔디류의 이형제 및 정제류의 피막제 목적에 한하여 사용하여야 한다.

19. 제조용제

식품의 제조·가공 시 촉매, 침전, 분해, 청징 등의 역할을 하는 보조제 식품첨가물

과산화수소

최종식품의 완성 전에 분해하거나 또는 제거하여야 한다.

니켈

아래의 식품에 한하여 경화공정 중 촉매 목적으로 사용 후 최종식품의 완성 전에 제거하여야 한다.
1. 혼합식용유, 가공유지, 쇼트닝, 마가린류

라우린산, 미리스트산, 산소, 스테아린산, 올레인산, 자몽종자추출물, 카프릭산, 카프릴산, 팔미트산

식품 중에 첨가되는 식품첨가물의 양은 물리적, 영양학적 또는 기타 기술적 효과를 달성하는데 필요한 최소량으로 사용하여야 한다.

메톡사이드나트륨

가공유지에 한하여 사용하여야 한다. 다만, 메톡사이드나트륨은 최종식품 완성 전에 분해하여야 하며, 분해물로 생성된 메틸알콜은 제거하여야 한다.

수산, 이온교환수지, 흡착수지

최종식품 완성 전에 제거하여야 한다.

수산화나트륨, 수산화나트륨액, 암모니아, 염산, 황산

최종식품 완성 전에 중화 또는 제거하여야 한다.

수소

아래의 식품 또는 용도에 한하여 사용하여야 한다.
1. 식용유지류(동물성유지류, 모조치즈, 식물성크림 제외) 제조 시 경화처리 목적
2. 음료류(다류, 커피 제외)

이소프로필알콜

아래의 식품 또는 용도에 한하여 사용하여야 한다.
1. 착향의 목적　　　　　　　　　　**2.** 설탕류
3. 건강기능식품의 기능성원료 추출 또는 분리 등의 목적
4. 식용유지 제조 시 유지성분의 추출 목적

지베렐린산

발효주용 및 증류주용의 맥아 제조 목적에 한하여 사용하여야 한다.

질소

식품 중에 첨가되는 식품첨가물의 양은 물리적, 영양학적 또는 기타 기술적 효과를 달성하는 데 필요한 최소량으로 사용하여야 한다. 다만, 액체로서 사용하는 경우, 최종식품에 액체가 잔류하여서는 아니된다.

황산동

아래의 식품에 한하여 사용하여야 한다.
1. 포도주
2. 시리얼류
3. 특수의료용도식품
4. 체중조절용 조제식품
5. 건강기능식품

황산아연

아래의 식품에 한하여 사용하여야 한다.
1. 시리얼류, 맥주, 기타주류
2. 특수의료용도식품
3. 체중조절용 조제식품
4. 건강기능식품

20. 여과보조제
불순물 또는 미세한 입자를 흡착하여 제거하기 위해 사용되는 식품첨가물

규산마그네슘

고결방지제 및 여과보조제 목적에 한하여 사용하여야 한다. 다만, 여과보조제로 사용하는 경우, 최종식품 완성 전에 제거하여야 한다. 고결방지제의 경우, 아래의 식품에 한하여 사용하여야 한다.
1. 가공유크림(자동판매기용 분말 제품에 한함)
2. 분유류(자동판매기용에 한함)
3. 식염

규산칼슘

여과보조제 목적으로 사용하는 경우, 최종식품 완성 전에 제거하여야 하며, 그 외의 목적으로 사용하는 경우, 아래의 식품에 한하여 사용하여야 한다.
1. 가공유크림(자동판매기용 분말 제품에 한함)
2. 분유류(자동판매기용에 한함)
3. 식염
4. 건강기능식품(정제, 캡슐 제품에 한함)

규조토, 백도토, 벤토나이트, 산성백토, 퍼라이트, 활성탄

식품의 제조 또는 가공상 여과보조제(여과, 탈색, 탈취, 정제 등) 목적에 한하여 사용하여야 한다. 다만, 사용 시 최종식품 완성 전에 제거하여야 한다.

메타규산나트륨

식용유지류(동물성유지류, 모조치즈, 식물성크림 제외)에 여과보조제 목적에 한하여 사용하여야 하며, 최종식품 완성 전에 제거하여야 한다.

이산화규소

고결방지제, 거품제거제 및 여과보조제 목적에 한하여 사용하여야 한다. 다만, 여과보조제로 사용하는 경우 최종식품 완성 전에 제거하여야 한다. 고결방지제 또는 거품제거제의 경우 아래의 식품에 한하여 사용하여야 한다.
1. 가공유크림(자동판매기용 분말 제품에 한함)
2. 분유류(자동판매기용에 한함)
3. 식염
4. 기타식품

탤크

식품의 제조 또는 가공상 추잉껌, 여과보조제(여과, 탈색, 탈취, 정제등) 및 정제류에 표면처리제 목적에 한하여 사용하여야 한다. 다만, 여과보조제로 사용하는 경우 최종식품 완성 전에 제거하여야 한다.

폴리비닐폴리피로리돈

여과보조제 목적에 한하여 사용하여야 하며, 최종식품 완성 전에 제거하여야 한다.

21. 두부 응고제
식품성분을 결착 또는 응고시킬 때 사용되는 식품첨가물

글루코노-δ-락톤, 염화마그네슘, 염화칼슘, 황산마그네슘, 황산칼슘

식품 중에 첨가되는 식품첨가물의 양은 물리적, 영양학적 또는 기타 기술적 효과를 달성하는 데 필요한 최소량으로 사용하여야 한다.

조제해수염화마그네슘
두부류 제조 시 응고제 목적에 한하여 사용하여야 한다.

[용도에 따른 품목별 사용기준, 식약처]
제2024-56호 2024. 10. 2. 기준

부록 2 식품첨가물의 사용목적에 따른 분류

식품의 변질·변패를 방지하는 첨가물	보존료, 살균제, 산화방지제, 피막제
식품의 품질개량·품질유지를 위한 첨가물	품질개량제, 밀가루개량제, 증점제(호료), 유화제, 이형제, 피막제, 안정제
식품제조에 필요한 첨가물	제조용제, 추출용제, 거품제거제, 껌기초제, 팽창제, 여과보조제
관능을 만족시키기 위한 첨가물	감미료, 산미료, 착색료, 향료, 발색제, 표백제, 향미증진제
식품의 영양가치를 강화하기 위한 첨가물	영양강화제